21世纪高等学校计算机教育实用规划教材

大学计算机基础

——Windows 7+Office 2013案例驱动教程

韩 勇 刘保利 主 编
杨丽君 李翠梅 副主编

清华大学出版社
北京

内 容 简 介

本书介绍 Windows 7 操作系统及 Office 2013 的使用，讨论基于该系统的网络与安全；重点在于培养学生在 Windows 7 系统环境下应用办公软件处理日常事务的能力，办公软件采用微软最新的 Office 2013 版本，以便提高学生对不同版本软件的适应能力和实际应用能力；最后介绍各种计算机常用工具软件，方便使用者查阅。

本书每章开头提出教学重点和难点，明确教学目标；在操作性强的每节后面都提供简单的教学案例，从而实现"以任务驱动教学、以案例贯穿教学"的教学方法；在每章后面提供综合性强的或者具有知识拓展性的课外实验案例。书中内容由易到难，从简单到综合，符合学生的认知规律。

全书内容选取精细、知识结构新颖合理，力求使学生在掌握计算机基础知识的同时，培养其现代办公能力，真正达到学以致用，为以后的计算机深入学习奠定基础。本书可作为各高等院校计算机公共基础课的教材，也可作为广大读者的参考书。

图书在版编目(CIP)数据

大学计算机基础：Windows 7＋Office 2013 案例驱动教程/韩勇，刘保利主编.—北京：清华大学出版社，2016(2020.8重印)

(21 世纪高等学校计算机教育实用规划教材)

ISBN 978-7-302-45794-7

Ⅰ．①大…　Ⅱ．①韩…　②刘…　Ⅲ．①Windows 操作系统－高等学校－教材　②办公自动化－应用软件－高等学校－教材　Ⅳ．①TP316.7 ②TP317.1

中国版本图书馆 CIP 数据核字(2016)第 287170 号

责任编辑：闫红梅　王冰飞
封面设计：常雪影
责任校对：白　蕾
责任印制：沈　露

出版发行：清华大学出版社
　　　　网　　　址：http://www.tup.com.cn,http://www.wqbook.com
　　　　地　　　址：北京清华大学学研大厦 A 座　　　　　　邮　　　编：100084
　　　　社　总　机：010-62770175　　　　　　　　　　　　邮　　　购：010-62786544
　　　　投稿与读者服务：010-62776969,c-service@tup.tsinghua.edu.cn
　　　　质量反馈：010-62772015,zhiliang@tup.tsinghua.edu.cn
　　　　课件下载：http://www.tup.com.cn,010-83470236
印　装　者：三河市君旺印务有限公司
经　　　销：全国新华书店
开　　　本：185mm×260mm　　　印　　　张：21.5　　　字　　　数：521 千字
版　　　次：2016 年 12 月第 1 版　　　　　　　　　　　　印　　　次：2020 年 8 月第 5 次印刷
印　　　数：13701～17700
定　　　价：45.00 元

产品编号：071365-01

出 版 说 明

随着我国高等教育规模的扩大以及产业结构调整的进一步完善,社会对高层次应用型人才的需求将更加迫切。各地高校紧密结合地方经济建设发展需要,科学运用市场调节机制,合理调整和配置教育资源,在改革和改造传统学科专业的基础上,加强工程型和应用型学科专业建设,积极设置主要面向地方支柱产业、高新技术产业、服务业的工程型和应用型学科专业,积极为地方经济建设输送各类应用型人才。各高校加大了使用信息科学等现代科学技术提升、改造传统学科专业的力度,从而实现传统学科专业向工程型和应用型学科专业的发展与转变。在发挥传统学科专业师资力量强、办学经验丰富、教学资源充裕等优势的同时,不断更新教学内容、改革课程体系,使工程型和应用型学科专业教育与经济建设相适应。计算机课程教学在从传统学科向工程型和应用型学科转变中起着至关重要的作用,工程型和应用型学科专业中的计算机课程设置、内容体系和教学手段及方法等也具有不同于传统学科的鲜明特点。

为了配合高校工程型和应用型学科专业的建设和发展,急需出版一批内容新、体系新、方法新、手段新的高水平计算机课程教材。目前,工程型和应用型学科专业计算机课程教材的建设工作仍滞后于教学改革的实践,如现有的计算机教材中有不少内容陈旧(依然用传统专业计算机教材代替工程型和应用型学科专业教材)、重理论、轻实践,不能满足新的教学计划、课程设置的需要;一些课程的教材可供选择的品种太少;一些基础课的教材虽然品种较多,但低水平重复严重;有些教材内容庞杂,书越编越厚;专业课教材、教学辅助教材及教学参考书短缺,等等,都不利于学生能力的提高和素质的培养。为此,在教育部相关教学指导委员会专家的指导和建议下,清华大学出版社组织出版本系列教材,以满足工程型和应用型学科专业计算机课程教学的需要。本系列教材在规划过程中体现了如下一些基本原则和特点。

(1) 面向工程型与应用型学科专业,强调计算机在各专业中的应用。教材内容坚持基本理论适度,反映基本理论和原理的综合应用,强调实践和应用环节。

(2) 反映教学需要,促进教学发展。教材规划以新的工程型和应用型专业目录为依据。教材要适应多样化的教学需要,正确把握教学内容和课程体系的改革方向,在选择教材内容和编写体系时注意体现素质教育、创新能力与实践能力的培养,为学生知识、能力、素质协调发展创造条件。

(3) 实施精品战略,突出重点,保证质量。规划教材建设仍然把重点放在公共基础课和专业基础课的教材建设上;特别注意选择并安排一部分原来基础比较好的优秀教材或讲义修订再版,逐步形成精品教材;提倡并鼓励编写体现工程型和应用型专业教学内容和课程体系改革成果的教材。

（4）主张一纲多本，合理配套。基础课和专业基础课教材要配套，同一门课程可以有多本具有不同内容特点的教材。处理好教材统一性与多样化，基本教材与辅助教材，教学参考书，文字教材与软件教材的关系，实现教材系列资源配套。

（5）依靠专家，择优选用。在制订教材规划时要依靠各课程专家在调查研究本课程教材建设现状的基础上提出规划选题。在落实主编人选时，要引入竞争机制，通过申报、评审确定主编。书稿完成后要认真实行审稿程序，确保出书质量。

繁荣教材出版事业，提高教材质量的关键是教师。建立一支高水平的以老带新的教材编写队伍才能保证教材的编写质量和建设力度，希望有志于教材建设的教师能够加入到我们的编写队伍中来。

21 世纪高等学校计算机教育实用规划教材编委会

联系人：魏江江 weijj@tup.tsinghua.edu.cn

前　言

本书讲述简单、易用、高效、性能稳定、功能完备的 Windows 7 操作系统的使用,介绍基于该系统的网络与安全;重点在于培养学生在 Windows 7 系统环境下应用办公软件处理日常事务的能力,办公软件采用微软最新的 Office 2013 版本,以便提高学生对不同版本软件的适应能力和实际应用能力;最后介绍各种计算机常用工具软件,方便使用者查阅。

本书特色:

* 一线教学,由浅入深
* 基础应用,内容翔实
* 体系完整,案例丰富
* 接近工作,实用性强
* 强调技巧,设计独特
* 图文并茂,通俗易懂
* 一书在手,办公无忧

全书共分 7 章,第 1 章介绍计算机基础知识;第 2 章介绍 Windows 7 操作系统及其具体操作;第 3 章～第 5 章分别介绍 Office 2013 中常用的办公软件 Word 2013、Excel 2013、PowerPoint 2013 的基本操作方法;第 6 章介绍网络与安全;第 7 章介绍计算机常用工具软件。

本书的编写组由 7 位教师组成,韩勇编写了第 1、6 章,张凯文编写了第 7 章,徐广宇编写了 2.1 节～2.4 节,李翠梅编写了 2.5 节、2.6 节和 3.4 节、3.5 节,蔚淑君编写了 3.2 节、3.3 节,杨丽君编写了 3.1 节和 4.1 节、4.4 节、4.5 节,常桂英编写了 4.2 节、4.3 节,刘保利编写了第 5 章。本书由韩勇、刘保利任主编,杨丽君、李翠梅任副主编。主编对全书进行了统稿和审核,副主编对全书做了修改和核对。

为了配合教学和参考,本书提供了配套的电子教案、教学案例、课外实验,读者可到清华大学出版社网站(http://www.tup.com.cn)上下载。

由于编者水平有限,书中难免有疏漏与错误之处,衷心希望广大读者批评、指正。

编　者

2016 年 9 月

目　录

IX

第1章 计算机基础知识

本章说明

自从1946年世界上第一台电子计算机诞生以来，计算机的发展日新月异，应用深入普及。当今，计算机已经广泛而深入地应用于国民经济及社会生活的各个领域，已成为人们工作、学习和生活的必备工具。计算机科学技术的发展水平、计算机的应用程度已经成为衡量一个国家现代化水平的重要标志。学习并掌握计算机的知识和技能，是现代人文化知识结构中不可或缺的重要组成部分。

本章从认识和理解计算机出发，介绍计算机的基础知识。主要内容包括：计算机的基本概念；计算机的历史与发展；计算机的分类、特点、用途；记数制及数据在计算机中的表示，其中包括二进制、数制之间的转换、存储单位及存储容量、数据编码等；计算机系统组成，其中包括计算机硬件系统、计算机的工作原理、微型计算机的结构、计算机软件系统等；计算机信息安全，其中包括信息技术与信息化、信息安全、信息安全因素、信息安全措施等；知识产权与软件版权保护；信息产业的道德准则等基本知识。

本章主要内容

- 计算机的概念及其发展历史
- 计算机的分类、特点和用途
- 记数制及数据在计算机中的表示
- 计算机系统的构成
- 计算机信息安全

1.1 计算机的概念及其发展历史

📖 **本节重点和难点：**

重点：
- 计算机的概念
- 计算机的发展阶段
- 计算机的发展趋势

难点：
- 计算机的概念
- 计算机的发展阶段

1.1.1 计算机的概念

计算机是电子数字计算机的简称，俗称电脑，诞生于 1946 年，是 20 世纪最重大的发明之一，是人类科学技术发展史中的一个重要里程碑。计算机在诞生的初期主要被用来进行科学计算，因此被称为"计算机"。然而，现在计算机的功能已经远远超过了"计算"这个范围，它可以对数字、文字、图像以及声音等各种形式的数据进行处理。与其叫计算机不如叫信息处理机更为贴切。现代计算机是一种能高速、精确、自动完成信息处理的电子设备。

1.1.2 计算机简史

人类在适应自然、改造自然的过程中，创造并逐步发展了计算工具。原始时代的计算工具主要是人类自身的附属物或已经存在的工具，如手指、石子、绳结、小木棍等。随着生产力的不断提高，人类开始制造和生产计算工具。例如，我国唐末就发明制造出了算盘。

社会生产力的发展使得计算越来越复杂，从而使计算工具不断地得到相应的发展。1642 年，法国人帕斯卡制造出了机械式加法机，首次确立了计算机器的概念。

1674 年，德国著名数学家和哲学家莱布尼兹设计出乘法机，能够实现连续的、简单的乘除运算，并系统地提出了二进制数的运算规则。

1822 年，英国人查尔斯·巴贝奇(Charles Babbage，1791—1871)设计出了差分机。差分机的主要贡献在于，能按照设计者的控制自动完成一连串的运算，体现了计算机最早的程序设计思想。这种程序设计思想为近代计算机的发展开辟了道路。

1834 年，巴贝奇设想制造一台通用分析机，虽然受当时技术和工艺的限制都没有成功，但是分析机已经具有输入、处理、存储、输出及控制 5 个基本框架。

1936 年美国人霍华德·艾肯(Howard Aiken，1900—1937)提出用机电方法而不是纯机械方法来实现巴贝奇分析机的想法，并在 1944 年研制成功 Mark I 计算机，使巴贝奇的梦想变成了现实。

对电子计算机的理论和模型有重大贡献的是英国数学家阿伦·图灵(Alan Mathison Turing，1912—1954)，他在 1936 年提出了计算机的抽象理论模型，发展了可计算性理论，为后来计算机的诞生奠定了理论基础。

20 世纪 40 年代中期,由于导弹、火箭、原子弹等现代科学技术发展的需要,出现了大量极其复杂的数学问题,原有的计算工具已无法胜任,而电子学和自动控制技术的迅速发展也为研制新的计算工具提供了物质技术条件。

1946 年 2 月,在美国宾夕法尼亚大学,由物理学家(John Mauchly)和工程师(J•P•Eckert)领导的研制小组为精确测算炮弹的弹道特性而研制成功了 ENIAC(Electronic Numerical Integrator And Computer,电子数字积分计算机),如图 1-1-1 所示。这是世界上第一台真正能自动运行的电子数字计算机。虽然它体积庞大、每秒钟只能完成 5000 次加法运算,且存在着许多缺点,但是它为电子计算机的发展奠定了基础。它的问世标志着电子计算机时代的到来。

ENIAC 的研制工作和 ENIAC 的欠缺引起了美籍匈牙利数学家冯•诺依曼(Johon Von Neumann,1903—1957)的注意,他与宾夕法尼亚

图 1-1-1　世界上第一台数字式电子计算机

大学摩尔电机系小组合作,于 1946 年 9 月在"关于电子计算机逻辑设计的初步讨论"的报告中,提出了一个全新的储存"程序"的方案,即通用电子计算机设计方案 EDVAC(Electronic Discrete Variable Automatic Computer,离散变量电子自动计算机),为电子计算机在 ENIAC 之后的迅速发展奠定坚实的理论基础。

1.1.3　计算机的发展阶段

计算机发展的主要标志是电子元件的更新换代。电子元件的发展起着决定性的作用。其次,计算机系统结构和计算机软件技术的发展也发挥了重要的作用。从 1946 年 ENIAC 诞生到现在,计算机的发展大致已经历了四代,如表 1-1-1 所示。

表 1-1-1　电子计算机的发展阶段

代	年　限	硬　件	软　件	运算速度
一	1946 — 1958	电子管、磁鼓	符号语言、汇编语言	数千次/每秒
二	1958 — 1964	晶体管、磁芯	批处理操作系统 高级语言,如 FORTRAN	数万至数十万次/每秒
三	1964 — 1970	中小规模集成电路、磁芯、半导体存储器	分时操作系统 会话式语言 网络软件	数十万至数百万次/每秒
四	1970 —	大、超大规模集成电路、半导体存储器	数据库系统 分布式操作系统 面向对象的语言系统	数千万至数亿次/每秒

第一代计算机的特征是:采用电子管作为计算机的逻辑元件;内存容量小;运算速度只有每秒几千次到几万次的基本运算;用二进制数表示的机器语言或汇编语言编写程序。第一代计算机体积大、功耗大、造价高、使用不便,主要用于军事或科研部门进行数值计算。

其代表机型有 IBM 650、IBM 709 等。

第二代计算机的特征是：用晶体管取代了电子管；大量采取磁芯作为内存储器，内存容量扩大到几十万字；采用磁盘、磁带等作为外存储器；运算速度提高到每秒几十万次的基本运算；其体积缩小、功耗降低、可靠性提高。与此同时，计算机软件技术也有了很大的发展，出现了 FORTRAN、ALGOL 60、COBOL 等高级程序设计语言，极大地方便了计算机的使用。代表机型有 IBM 7094 机、CDC 7660 机。

第三代计算机的特征是：用集成电路(Integrated Circuit，IC)取代了分立元件。集成电路是把多个电子元器件集中在几平方毫米的基片上形成的逻辑电路。第三代计算机的基本电子元件是每个基片上集成几个到十几个电子元件(逻辑门)的小规模集成电路和每片上几十个元件的中规模集成电路；第三代计算机已开始采用性能优良的半导体存储器取代磁芯存储器；在存储器容量、速度和可靠性方面都有了较大的提高。运算速度提高到每秒几十万到几百万次基本运算；计算机的体积更小、寿命更长、功耗和价格进一步下降。同时，计算机软件技术的进一步发展，尤其是操作系统的逐步成熟，是第三代计算机的显著特点，并出现了结构化、模块化程序设计方法。最有影响的是 IBM 公司研制的 IBM 360 计算机系统。

第四代计算机的特征是：以每个芯片上集成几百个到几千个逻辑门的大规模集成电路(Large-scale Integration，LSI)、超大规模集成电路(Very LSI，VLSI)和极大规模集成电路(Ultra LSI，ULSI)来构成计算机的主要功能部件；主存储器采用集成度很高的半导体存储器；运算速度可达到每秒几百万次甚至上亿次基本运算。在软件方面，出现了数据库系统、分布式操作系统等；网络软件大量涌现，计算机网络进入普及时代。应用软件的开发已逐步成为一个庞大的现代产业。第四代计算机中较有影响的是微型计算机，简称微机。它诞生于 20 世纪 70 年代初，20 世纪 80 年代得到了迅速推广，这是计算机发展史上最重要的事件之一。

1.1.4　微型计算机的发展历程

微机系统硬件结构的特点是它的中央处理器(Central Processing Unit，CPU，又称为中央处理器单元)，由大规模或超大规模集成电路构成，做在一个芯片上。这样的 CPU 称为微处理器(Micro Processor Unit，MPU)。微处理器的出现开辟了计算机的新纪元。

1971 年美国 Intel 公司把运算器和逻辑控制电路集成在一个芯片上。研制成功了第一台 4 位微处理器 Intel 4004，并以此为核心组成了微型计算机 MCS-4。1972 年该公司又研制成功了 8 位微处理器 Intel 8008。随后，其他一些公司如 Motorola、Zilog 等公司都竞相推出不同类型的微处理器。微型机的核心是微处理器，微型机的发展，从根本上说也就是微处理器的发展历程，如表 1-1-2 所示。

表 1-1-2　几种微处理器

微处理器	产品年代	字长/位	主频/MHz	微处理器	产品年代	字长/位	主频/MHz
Intel 4004	1971	4	0.7	Intel 80386	1985	32	40
Intel 8080	1974	8	2	Intel 80486	1989	32	66
Intel 80286	1982	16	20	Intel Pentium IV	2000	64	1000

微机技术发展非常迅速,平均每两三个月就有新产品出现,芯片的集成度、性能均成倍提高,性能价格比大幅度提高。这就是说,微机将向着重量更轻、体积更小、运算速度更快、功能更强、携带更方便、价格更便宜和使用更容易的方向发展,如图 1-1-2 和图 1-1-3 所示。

图 1-1-2 台式机

图 1-1-3 笔记本电脑

1.1.5 计算机的发展趋势

1. 巨型化

巨型化是指发展高速、大存储容量和强功能的超大型计算机,这既是诸如天文、气象、军事、航天等尖端科学以及进一步探索新兴科学的需要,也是衡量一个国家、地区、民族的科研及生产力水平的标志。目前巨型机的运算速度已达每秒几千万亿次。2016 年 6 月第 47 届全球顶级超级计算机 TOP500 榜单显示,中国国家并行计算机工程和技术研究中心(NRCPC)研发的天河二号以每秒 93 千万亿次的浮点运算速度,成为全球最快的超级计算机,如图 1-1-4 所示。

图 1-1-4 天河二号超级计算机系统

2. 微型化

大规模、超大规模集成电路的出现,使微机可渗透到诸如仪表、家用电器、导弹弹头等中小型机无法进入的领域。20 世纪 80 年代以来,微机发展异常迅速。未来微机的性能指标将持续提高,而价格将继续下降。

计算机基础知识

3. 多媒体化

多媒体是"以数字技术为核心的图像、声音与计算机、通信等融为一体的信息环境"的总称。多媒体技术的目标是：无论在什么地方，只需要简单的设备就能自由自在地以交互和对话方式收发所需要的信息。多媒体技术的实质就是让人们利用计算机以更接近自然的方式交流信息。

4. 网络化

计算机网络是计算机技术发展中崛起的又一重要分支，是现代通信技术与计算机技术结合的产物。所谓计算机网络，就是在一定的地理区域内，将分布在不同地点、不同型号的计算机和专门的外部设备由通信线路互联组成一个规模大、功能强的网络系统，在网络软件的协调下，共享信息、共享软硬件和数据资源。从单机走向联网，是计算机应用发展的必然结果。

5. 智能化

智能化计算机是在现代科学技术基础上，用计算机来模拟人的感觉、行为及思维过程的机理，使计算机具备"视觉"、"听觉"、"语言"、"思维"、"逻辑推理"等能力。智能化的研究包括模式识别、自然语言的生成和理解、定理的自动证明、智能机器人等。其基本方法和技术是通过对知识的组织和推理求得问题的解答，所以涉及的内容很广，需要对数学、信息论、控制论、计算机逻辑、神经心理学、生理学、教育学、哲学、法律等多方面知识进行综合。人工智能的研究更使计算机突破了"计算"这一初级含义，从本质上拓宽了计算机的能力，可以越来越多地代替或超越人类某些方面的脑力劳动。

为了突破冯·诺依曼型计算机的设计理论及原理，科学家们正在研究不同类型、材料、结构的非冯·诺依曼型计算机。例如，超导计算机（使用超导体元件）、生物计算机（生物电子元件）、量子计算机和光学计算机。

1.2 计算机的分类、特点和用途

📖 **本节重点和难点：**

重点：
- 计算机的分类
- 计算机的特点
- 计算机的用途

难点：
- 计算机的分类
- 计算机的特点

1.2.1 计算机的分类

计算机种类繁多，分类的方法也很多，划分的标准与分类的方法也不尽相同。可以按原理划分，也可以按系统结构、规模、用途划分。目前国内外惯用的分类方法是根据美国电气和电子工程师协会（Institute of Electrical and Electronic Engineers，IEEE）的一个委员会于

1989 年 11 月提出的标准来划分的，即把计算机划分为巨型机、小巨型机、大型主机、小型机、工作站和个人计算机六类。

1. 巨型机（Super Computer）

巨型机也称为超级计算机，在所有计算机类型中价格最贵，功能最强，其运算速度最快已达每秒千万亿次。只有少数几个国家的少数几家公司能够产生。大多用于战略武器（如核武器和反导弹武器）的设计、空间技术、石油勘探、中长期天气预报以及社会模拟等领域。巨型机的研制水平、生产能力及其应用程度已成为衡量一个国家经济实力与科技水平的重要标志。

2. 小巨型机（Minisuper Computer）

小巨型机是小型超级电脑或称桌上型超级计算机，出现于 20 世纪 80 年代中期。该机的功能略低于巨型机，而价格只有巨型机的 1/10。

3. 大型主机（Mainframe Computer）

大型主机也称为大型电脑，它包括国内常说的大、中型机。特点是大型、通用，具有很强的处理和管理能力。主要用于大银行、大公司、规模较大的高校和科研院所。在计算机向网络迈进的时代，仍有大型主机的生存空间。

4. 小型机（Minicomputer 或 Minis）

小型机结构简单，可靠性高，成本较低，不需要长期培训即可维护和使用，对于广大中小用户，比昂贵的大型主机具有更大的吸引力。

5. 工作站（Workstation）

工作站是介于 PC 与小型机之间的一种高档微机，其运算速度比微机快，主要用于特殊的专业领域，例如图像处理、计算机辅助设计等。它与网络系统中的"工作站"，在用词上相同，而含义不同。因为网络上"工作站"这个词常泛指联网用户的节点，以区别于网络服务器，这样的工作站常常只是一般的 PC 而已。

6. 个人计算机（Personal Computer）

个人计算机即平常所说的 PC。因其设计先进、软件丰富、功能齐全、操作简单、价格便宜等优势而拥有广大的用户。PC 的广泛应用，一方面推动了计算机的普及，另一方面也推动了 PC 的发展。

1.2.2 计算机的特点

1. 运算速度快

目前超级计算机的运算速度已达到每秒几千万亿次运算，即使是微型计算机，其运算速度也已经大大地超过了早期大型计算机的运算速度。如我国"天河一号"计算一秒，则相当于全国 13 亿人连续计算 88 年。如果用"天河一号"计算一天，一台当前主流微机得算 160 年。

2. 运算精度高

由于计算机内部采用浮点数表示方法，而且计算机的字长从 8 位、16 位、32 位增加到 64 位甚至更长，从而使处理的结果具有很高的精确度。

3. 具有记忆功能

计算机具有内存储器和外存储器，内存储器用来存储正在运行中的程序和有关数据，外存储器用来存储需要长期保存的数据。目前,市场上微机的内存容量配置一般在几个吉字节(GB)且可进一步扩展,硬盘容量在几百个吉字节,从而可以记忆大量的信息和程序。"天河一号"的存储量则相当于 4 个国家图书馆藏书量之和。

4. 具有逻辑判断能力

能够进行各种逻辑判断,并根据判断的结果自动决定下一步应该执行的指令。

5. 存储程序和程序控制

由于计算机内可以存储程序,并且可以在程序的控制下自动完成各种操作,从而无需人工干预。

1.2.3 计算机的用途

1. 科学计算

科学计算也称为数值计算,这是电子计算机最早最重要的应用领域。从基础数学到天文学、空气动力学、核物理学等领域,都需要利用计算机进行十分庞大和极其复杂的计算,其特点是数据量大且计算复杂。计算机广泛用于军事技术、航空、航天技术以及其他尖端学科和工程设计方面的计算,这不但可以节省大量人力、物力、时间,而且可以解决人力或者其他计算工具所无法解决的问题。例如,24 小时内的气象预报,要解描述大气运动规律的微分方程,以得到天气变化的数据来预报天气情况。

2. 数据处理

这是计算机在社会生产、生活各方面的日常信息处理的应用。计算机的应用从数值(科学)计算发展到非数值计算,是计算机发展史的一个飞跃,也大大地拓宽了它的应用领域。目前,计算机应用最广泛的领域就是事务管理,进行日常事务中的数据处理工作,包括管理信息系统(Management Information System, MIS)和办公自动化(Office Automation, OA)等。信息管理系统,如人事管理系统、仓库管理系统、财务管理系统等。而办公自动化则是行政管理和经济管理领域的一场革命,通过计算机网络把办公的物化设备与人构成一个有机系统,这将大大地提高行政部门的办公效率,提高领导部门的决策水平。

3. 实时控制

实时控制是指对操作数据进行实时采集、检测、处理和判断,从而按最佳值进行调节的过程,也称为过程控制。在现代化的工厂里,计算机普遍用于生产过程的自动控制,例如,在炼钢车间里用于控制加料、调节炉温等,由此提高劳动效率、提高产品质量、节约能源、降低成本。在尖端科学中,如人造卫星、航天飞机、巡航导弹,更离不开计算机的实时控制。

4. 生产自动化

生产自动化(Production Automation, PA)是指计算机辅助设计、辅助制造及计算机集成制造系统等内容。

(1) 计算机辅助设计(Computer Aided Design, CAD)已广泛应用于机械、船舶、汽车、纺织、建筑等行业,是计算机现代应用中最活跃的领域之一。

(2) 计算机辅助制造(Computer Aided Manufacturing, CAM)以数控机床为代表,20 世纪 70 年代后期发展为在一次加工中完成包含多道工序的复杂零件,即所说的数控加工中心。

(3) 计算机集成制造系统(Computer Integrated Manufacturing System, CIMS)是集设

计、制造与管理三大功能于一体的现代的生产系统。它是从 20 世纪 80 年代初期发展起来的新型生产模式,具有生产效率高、周期短等特点,有可能成为 21 世纪制造工业的主要生产模式。当然,CIMS 的运转离不开网络的支持。

5. 人工智能

人工智能(Artificial Intelligence,AI)是研究、解释和模拟人类智能、智能行为及规律的一门学科。就是将人脑进行演绎推理的思维过程、规划和采取的策略、技巧等编制成程序,在计算机中存储一些公理和规则,然后让计算机去自动进行求解。当前人工智能在语言识别、模式识别方面取得了些可喜的成绩,使仪器、仪表具有"智能化"功能,大大地提高了仪器仪表的精确度与自动化度。人工智能主要应用在机器人(robots)、专家系统、模式识别(Pattern Recognition)、智能检索(Intelligent Retrieval)等方面。此外,在自然语言处理、机器翻译、定理证明等方面也得到了应用。

6. 网络应用

网络应用(Networking Application)可以使一个地区、一个国家甚至在世界范围内的各个计算机之间实现软硬件资源共享,这样可以大大地促进地区间、国际间的通信与各种数据的传输与处理。在网上可以浏览、检索信息、下载文件,实现全方位、全天候的资源共享;可以收发电子邮件;可以阅读电子报纸、小说;可以参加电子可视会议、远程医疗会诊等;可以观看体育比赛、欣赏电影、音乐节目;可以发表自己的观点;可以宣传产品、实现电子商务。计算机网络的全面应用,正在引发信息产业的又一次革命,将改变人们的生产、工作、生活、学习及娱乐方式。

除上述所列的各应用领域之外,计算机还将在计算机辅助教学、多媒体发展、文化艺术等方面有广泛的应用。计算机的应用将在广度和深度两个方面同时发展。

1.3 记数制及数据在计算机中的表示

📖 **本节重点和难点:**

重点:

- 数的进制
- 不同进制之间的转换
- 容量单位、存储容量、字和字长

难点:

- 不同进制之间的转换
- 数据在计算机中的表示

1.3.1 数的进制

人们在日常生活中,最常用、最熟悉的计数方法是十进制,是由于人的两只手共有十个手指。但这并非是唯一的计数制,人们还用了其他一些进位制,如六十进制(60 秒为 1 分钟,60 分钟为 1 小时)、十六进制(中国老秤十六市两为一市斤)、十二进制(一年为十二月、一打为十二个)、二进制(一双鞋、一双筷子)等。

计算机是对由数据表示的各种信息进行自动、高速处理的机器。这些数据信息往往是以数字、字符、符号、表达式等方式出现的，它们应以何种形式与计算机的电子元件的状态相对应，并被识别和处理呢？1940年，美国现代著名的数学家、控制论学者维纳（Norbert Wiener，1894—1964），首先倡导使用二进制编码形式，即计算机内部采用二进制数。它解决了数据在计算机中表示的难题，确保了计算机的可靠性、稳定性、高速性及通用性。

1. 十进制数（Decimal Number）

十进制数的特点是：逢十进一，借一当十。即低位满十则向高位进一，向高位借一则低位当作十。因此，十进制数的基本数码是 $0,1,2,\cdots,9$。同一数码处在不同的位置（或数位），其代表的数值是不同的。如 66.66，十位上的 6 代表 6×10^1，个位上的 6 代表 6×10^0，十分位上的 6 代表 6×10^{-1}，百分位上的 6 代表 6×10^{-2}。于是一个十进制数如 1347.56，能将其表示为如下多项式（按权展开式）形式。

$$1347.56 = 1\times10^3 + 3\times10^2 + 4\times10^1 + 7\times10^0 + 5\times10^{-1} + 6\times10^{-2}$$

对于一个任意的十进制数 X，相应的也能将其表示为如下按权展开式。

$$(X)_{10} = A_i\times10^i + A_{i-1}\times10^{i-1} + \cdots + A_2\times10^2 + A_1\times10^1 + A_0\times10^0$$
$$+ A_{-1}\times10^{-1} + A_{-2}\times10^{-2} + \cdots + A_{-j}\times10^{-j}$$

其中，A_k 为系数，A_k 的取值范围是 $0,1,2,\cdots,9$，i 表示 X 的整位数减 1，j 表示 X 的小数位数，10 为基数，10^k 为权。

2. 二进制数（Binary Number）

二进制数与十进制数类似，只不过是逢二进一，借一当二。二进制数的基本数码就是 0 和 1。例如，一个二进制数 1101.11，可按权展开成如下形式。

$$10101.11 = 1\times2^4 + 0\times2^3 + 1\times2^2 + 0\times2^1 + 1\times2^0 + 1\times2^{-1} + 1\times2^{-2}$$

对于一个任意的二进制数 X，相应的也能将其表示为如下按权展开式。

$$(X)_2 = A_i\times2^i + A_{i-1}\times2^{i-1} + \cdots + A_2\times2^2 + A_1\times2^1 + A_0\times2^0$$
$$+ A_{-1}\times2^{-1} + A_{-2}\times2^{-2} + \cdots + A_{-j}\times2^{-j}$$

其中，A_k 为系数，A_k 的取值范围是 0 和 1，i 表示 X 的整位数减 1，j 表示 X 的小数位数，2 为基数，2^k 为权。

3. R 进制数

R 进制数是：逢 R 进一，借一当 R。对于一个 R 进制数 X，也能将其按权展开。

$$(X)_R = A_i\times R^i + A_{i-1}\times R^{i-1} + \cdots + A_2\times R^2 + A_1\times R^1 + A_0\times R^0$$
$$+ A_{-1}\times R^{-1} + A_{-2}\times R^{-2} + \cdots + A_{-j}\times R^{-j}$$

其中，A_k 为系数，A_k 的取值范围是 $0,1,2,\cdots,R-1$，i 表示 X 的整位数减 1，j 表示 X 的小数位数，R 为基数，R^k 为权。

当 $R=10$ 时，为十进制，常用 D（Decimal number）标识。如 (65)D 或 $(65)_{10}$。

当 $R=2$ 时，为二进制，常用 B（Binary digit）标识。如 (1011.01)B 或 $(1011.01)_2$。

当 $R=8$ 时，为八进制，常用 O（Octal digit）标识。

当 $R=16$ 时，为十六进制，常用 H（Hexadecimal digit）标识。

4. 二进制数及其特点

1）易实现

二进制只有 0 或 1 两个数字，因此只要利用具有两个稳定状态的电子元器件就可以表示二进位数,两个稳定状态分别对应表示 0 和 1。如晶体管的导通、截止,磁芯磁化的两个方向,电容器的充电、放电,开关的 ON、OFF,脉冲(电流或电压的瞬间起伏)的有、无以及电位的高、低等。

2)运算规则简单

二进制数的加法规则有如下 4 条。

$$0+0=0$$
$$0+1=1$$
$$1+0=1$$
$$1+1=10$$

由于在计算机的运算器中减法、乘法及除法等均被转换成一系列的加法及补码的加法,故计算机中只需记住这 4 条加法的运算规则即可实现各种运算。

3)易实现逻辑运算

逻辑运算的结果就是"假"、"真"两种,可分别用 0、1 对应表示(用一套电路,稍加控制即可实现逻辑运算,又可实现算术运算)。

4)节省设备

用二进制表示可以节省设备。

1.3.2 不同进制之间的转换

1. R 进制与十进制的转换

虽然各种数据在计算机内部均采用二进制表示,但由于二进制数不直观,通常在实际操作中人们对数据的输入、输出仍使用十进制数。也就是说,人们输入十进制后,计算机首先必须把它转换成计算机能接受的二进制数;处理工作完成后,计算机再把二进制数转换成人们所习惯的十进制数输出。因此,用户在使用计算机时并不需要进行不同数制的转换。在此介绍不同进制的转换只是为让读者了解与计算机有关的基本知识。

1)R 进制转换成十进制

方法是:以 R 为基,按权展开,然后求和。

2)十进制转换成 R 进制

方法是:将十进制数的整数部分除以 R(2、8、16)取余,自下而上排列,即为 R 进制整数部分;将十进制数小数部分乘以 R(2、8、16)取整,自上而下排列,即 R 进制小数部分。

在十进制数转换成八或十六进制时,由于将十进制数除以 8 或 16 时,数值较大,容易出错,但二进制与八、十六进制的转换却较为简单、直观,也不易出错。故通常不直接除以 8 或 16,而是先除以 2 取余,求得二进制数后,再由二进制数转换为八或十六进制数。

2. 二进制与八、十六进制的转换

1)八、十六进制转换成二进制(如表 1-3-1 所示)

方法是:将八(十六)进制数的每一位数码分别转换为对应的 3 位(4 位)的二进制数,通俗地说"一位变 3 位(4 位),不够在前面补 0 凑足",然后合并后将最高位、最低位的 0 去掉。

2)二进制转换成八、十六进制(如表 1-3-1 所示)

方法是:将二进制数的整体部分从右向左 3 位(4 位)一组,分别对应转换为八(十六)进制数,最前面不足 3 位(4 位)补 0;将二进制数的小数部分从左向右 3 位(4 位)一组,分别对应转换为八(十六)进制数,最后面不足 3 位(4 位)补 0;整理后即得到相应的八(十六)进制数。

表 1-3-1   4 种进制数的表示对照表

进制	0	1	2	3	4	5	6	7	8	9	10	11	12	13	14	15
十	0	1	2	3	4	5	6	7	8	9	10	11	12	13	14	15
二	0	1	10	11	100	101	110	111	1000	1001	1010	1011	1100	1101	1110	1111
八	0	1	2	3	4	5	6	7	10	11	12	13	14	15	16	17
十六	0	1	2	3	4	5	6	7	8	9	A	B	C	D	E	F

3. 八进制与十六进制的转换

方法是:先将八进制转换成二进制,再将二进制转换成十六进制。反之亦然。

【案例 1-1】 分别将(10101.11)B、(253.1)O 和(124.2)H 这 3 个二、八、十六进制数转换为十进制数。

案例实现

① $(10101.11)B = 1 \times 2^4 + 0 \times 2^3 + 1 \times 2^2 + 0 \times 2^1 + 1 \times 2^0 + 1 \times 2^{-1} + 1 \times 2^{-2} = (21.75)D$。

② $(253.1)O = 2 \times 8^2 + 5 \times 8^1 + 3 \times 8^0 + 1 \times 8^{-1} = 128 + 40 + 3 + 0.125 = (171.125)D$。

③ $(124.2)H = 1 \times 16^2 + 2 \times 16^1 + 4 \times 16^0 + 2 \times 16^{-1} = 256 + 32 + 4 + 0.125 = (292.125)D$。

【案例 1-2】 将十进制数 26.625 转换为二进制数。

案例实现

① 转换过程参见图 1-3-1。

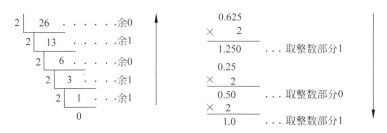

整数部分(除2取余)   小数部分(乘2取整)

图 1-3-1   十进制数转换成二进制数

② $(26.625)D = (11010.101)B$。

【案例 1-3】 将八进制数 235.71、十六进制数 5F3.D6 转换成二进制数。

案例实现

① $(235.71)O \rightarrow (010, 011, 101.111, 001) \rightarrow (10011101.111001)B$。

② $(5F3.D6)H \rightarrow (0101, 1111, 0011.1101, 0110) \rightarrow (10111110011.1101011)B$。

【案例 1-4】 将二进制数(10111110011.1101011)B 转换成八、十六进制数。

案例实现

① 二进制数   (010 111 110   011 . 110 101 100)B
　 八进制数   (2   7   6   3 . 6   5   4)O

② 二进制数   (0101 1111 0011 . 1101 0110)B
　 十六进制数 (5   F   3 .   D   6)H

③ 得到：$(10111110011.1101011)B=(2763.654)O=(5F3.D6)H$。

【案例1-5】 将八进制数 235.43 转换成十六进制数,十六进制数 B3.F 转换成八进制数。

案例实现

① $(235.43)O\rightarrow(010\ 011\ 101\ .\ 100\ 011)\rightarrow(1001\ 1101\ .\ 1000\ 1100)\rightarrow(9D.8C)H$。

② $(B4.F)H\rightarrow(1011\ 0100\ .\ 1111)\rightarrow(010\ 110\ 100\ .\ 111\ 100)\rightarrow(264.74)O$。

1.3.3 容量单位、存储容量及字和字长

1. 容量单位及存储容量

位,称为比特(b),是计算机中储存信息的最小单位。一"位"只能储存二进制数字 0 或 1。

字节(B),是计算机中储存信息的基本单位。通常,微型计算机中一个"字节"由 8"位"组成,这 8 个位是一个整体。

存储容量单位还有 KB(千字节)、MB(兆字节)、GB(吉字节)、TB(太字节)、PB(拍字节)等。1KB(千字节)$=2^{10}$ 个字节$=1024$ 个字节;1MB(兆字节)$=2^{10}$ KB 个字节;1GB(吉字节)$=2^{10}$ MB 个字节;1TB(太字节)$=2^{10}$ GB 个字节;1PB(拍字节)$=2^{10}$ TB 个字节。

计算机存储器所包含的字节数,就是该存储器的容量。目前微机的内存多以兆字节表示,外存多以吉字节表示。

2. 字和字长

"字"是 CPU 在单位时间内(同一时间)一次能处理的一组二进制数,由若干个字节组成。一个字所包含的二进制位数称作"字长"。字长是 CPU 重要标志之一,字长与机器有关。微机 CPU 字长有 8 位、16 位、32 位和 64 位等。字长越长,说明计算机数值的有效位越多、精度就越高、寻址范围就越大。

1.3.4 计算机内的数据表示

计算机所处理的数据(如数值型数据、字母、符号、汉字、图形、音像等)在计算机内部都是用二进制编码表示的。

1. 数值型数据的表示

数值型数据在计算机内如何表示呢? 这里不详细介绍,只简单举例说明。

例如,$(123)D=(1111011)B$,所以十进制数$+123$ 在机内表示为 01111011;十进制数-123 在机内表示为 11111011。最高位 0 表示$+$号、1 表示$-$号。另外,常用的编码还有 BCD 码、格雷码、余 3 码等。

2. 字符的表示(ASCII 编码)

用计算机处理字符,首先要解决字符在计算机内如何表示,即字符编码问题。字符编码,就是采用一种科学可行的办法,为每个字符人为地规定一个唯一的二进制编码,不同字符对应不同的二进制编码,以便计算机辨认、接收和处理。目前采用国际通用的字符编码 ASCII(American Standard Code for Information Interchange),即美国标准信息交换码。

ASCII 码分 7 位编码和 8 位编码两种。7 位 ASCII 码称为基本 ASCII 码,是国际通用

的。7 位 ASCII 码能够表示 128 种字符编码,其中包括 34 种控制字符、52 个英文大小写字母、数字 0～9 以及一些符号等,详见表 1-3-2。

表 1-3-2　7 位基本 ASCII 码表

$b_4 b_3 b_2 b_1$ ＼ $b_7 b_6 b_5$		000	001	010	011	100	101	110	111
		0	1	2	3	4	5	6	7
0000	0	NUL	DLE	SP	0	@	P	`	p
0001	1	SOH	DC1	!	1	A	Q	a	q
0010	2	STX	DC2	"	2	B	R	b	r
0011	3	ETX	DC3	♯	3	C	S	c	s
0100	4	EOT	DC4	$	4	D	T	d	t
0101	5	ENQ	NAK	%	5	E	U	e	u
0110	6	ACK	SYN	&	6	F	V	f	v
0111	7	BEL	ETB	'	7	G	W	g	W
1000	8	BS	CAN	(	8	H	X	h	x
1001	9	HT	EM	)	9	I	Y	i	y
1010	A	LF	SUB	*	:	J	Z	j	z
1011	B	VT	ESC	+	;	K	[	k	{
1100	C	FF	FS	,	<	L	\	l	|
1101	D	CR	GS	-	=	M	]	m	}
1110	E	SO	RS	.	>	N	^	n	~
1111	F	SI	US	/	?	O	_	o	DEL

表 1-3-2 中,$b_7 b_6 b_5$ 为高 3 位,$b_4 b_3 b_2 b_1$ 为低 4 位。第 1 行、第 1 列是二进制(B)表示,第 2 行、第 2 列是十六进制(H)表示,例如,A 的 ASCII 码是二进制(1000001)B,也是十六进制(41)H,为便于记忆,转换成十进制就是(65)D。

注意:7 位 ASCII 码表中的一个字符的机内码(在机内表示)占用一个字节,最高位为 0。例如,字符 A 的机内码表示为 01000001。

3. 汉字编码

用计算机处理汉字,同样要解决汉字编码问题。1980 年,我国颁布了第一个汉字编码的国家标准 GB 2312—80——《信息交换用汉字编码字符集》基本集,1981 年 5 月 1 日实施。GB 2312—80 是在我国计算机汉字信息技术发展初始阶段制定的,其中包含了大部分常用的一、二级汉字和 9 个区的符号。该字符集是几乎所有的中文系统和国际化的软件都支持的中文字符集,这也是最基本的中文字符集。

为使世界上包括汉字在内的各种文字的编码走上标准化、规范化的道路,1992 年 5 月国际标准化组织 ISO 通过了标准 ISO/IEC 10640,即《通用多八位编码集(UCS)》,同时我国也制定了新的国家标准 GB 13000—1993(简称 CJK 字符集)。全国信息标准化技术委员会在此基础上发布了《汉字扩展内码规范》,其中收集了中国、日本、韩国三国汉字共 20 902 个(简称 GBK 字符集),在很大程度上满足汉字处理的要求。

2000 年 3 月 17 日,国家信息产业部和技术监督局联合公布了国际标准 GB 18030—2000——《信息技术、信息交换用汉字编码字符集、基本集的扩充》(简称 CJK 字符集),并宣布 GB 18030—2000 为国家强制执行标准,自发布之日起实施,过渡到 2000 年 12 月 31 日止。GB 18030—2000 是 GB 2312—80 的扩展,共收录了 27 533 个汉字,采用单/双/四字节混合编码,与现有绝大多数操作系统、中文平台在内码一级兼容,可支持现有的应用系统。它在词汇上与 GB 13000—1993 兼容,并且包容了世界上几乎所有的语言文字,为中文信息在 Internet 上的传输和交换提供了保障。该标准的实施为制定统一、标准、规范的应用软件中文接口创造了条件。

GB 18030 目前的最新版本是 GB 18030—2005。GB 18030—2005 与 GB 18030—2000 的编码体系结构是完全相同的。GB 18030—2005 共收录了 70 244 个汉字。为解决人名、地名用字问题提供了方案,为汉字研究、古籍整理等领域提供了统一的信息平台基础。

1) 汉字的区位码

GB 2312—80 编码表由 94 行 94 列组成,其行号 01～94 称为区号,列号 01～94 称为位号。GB 2312—80 共收录 7445 个图形字符,其中汉字 6763 个,非汉字字符 682 个。每个汉字或字符放置在 94×94 方阵中的唯一位置,它所在的区号和位号组合在一起就构成了这个汉字或字符的区位码。所以汉字的区位码通常用 4 位十进制数表示。

01～09 区包含一般符号、数字、拉丁字母、日本假名、希腊字母、俄文字母、拼音符号、注音字母、制表符等,共 682 个。如符号※在 01 区 89 位,若用区位码输入法输入 0189 即得到"※";16～55 区为一级汉字(常用汉字),共有汉字 3755 个,按拼音升序排序,如"啊"字在 16 区 01 位,若用区位码输入法输入 1601 即得到"啊"字;56～87 区为二级汉字,共有汉字 3008 个,按部首/笔画排序;10～15 区及 88～94 为空,可供用户造字等备用。

2) 汉字的国标码

汉字的国标码又称为交换码,它是在不同汉字处理系统间进行汉字交换时所使用的编码。国标码采用两个字节二进制数表示,它与区位码的关系是:国标码是区码、位码分别各加 32(十进制),即区码、位码(两个二进制数)的 2^5 位各加 1。

3) 汉字的机内码

汉字的机内码即汉字在计算机内部表示的代码。由于汉字众多,故一个汉字在机内采用两个字节二进制数表示,机内码是国标码的两个字节分别各加 128(十进制),即国标码的两二进制数的 2^7 位各加 1,也就是两个字节的最高位都为 1。例如,"大"字的区位码是 2083,它的国标码是 00110100 01110011、机内码是 10110100 11110011,参见表 1-3-3。

表 1-3-3　汉字区位码、国标码和机内码对照表

汉字"大"	十进制		二进制		十六进制	
区位码	20	83	00010100	01010011	14	53
国标码	53	115	00110100	01110011	34	73
机内码	180	243	10110100	11110011	B4	F3

4) 汉字的字形码与字库

汉字的字形码也称为字模,顾名思义,它反映和体现汉字的形状和模样,是汉字或字符图形数字化的信息。主要用于汉字在显示器或打印机上输出。以 16×16 点阵为例,就是将每个汉字(视为图形)写在同样大小的 16×16 阵中,有笔画的位置为黑点,用二进制数码 1 表示;没笔画的位置为白点,用二进制数码 0 表示。于是一个汉字就对应一组二进制数,这组二进制数就是该字的字形码,也称为字模。显而易见,形状不同的汉字或字符,它的字形

码一定不同，如图 1-3-2 所示。例如，16×16 点阵"中"字的字形码，第 1 至 2 行都是 00000001 10000000（第 13～16 行也是），第 4、5 行是 01111111 1111110（第 11、12 行也是），第 6～10 行都是 01100001 10000110，共占用 32 个字节。

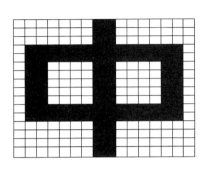

图 1-3-2　16×16 点阵示意图

一个汉字的字型码所占用的字节数＝点阵行数×（点阵列数/8）。汉字字形点阵通常有 16×16、24×24、48×48 等。点阵越大对每个汉字的修饰作用就越强，打印质量也就越高。不同字体的同一个汉字，由于它的形状不同，字形码也不同。同一点阵同一字体的全部汉字的字模构成一个字库，如宋体、楷体、黑体字库等。

汉字库可分为软字库和硬字库。软字库以文件的形式存放在硬盘上，现多用这种方式；硬字库则将字库固化在一个单独的存储芯片中，再和其他必要的器件组成接口卡，插接在计算机上，通常称为汉卡。

汉字的机内码是唯一的，它确定了是哪个汉字，通过汉字的机内码可以在字库中找到该字的字形码，根据字形码实现输出。

5）汉字的输入码

汉字的输入码也称为外码，是用来将汉字输入到计算机中的一组键盘符号。英文字母只有 26 个，可以把所有的字符都放到键盘上，而使用这种办法把所有的汉字都放到键盘上，是不可能的。所以必须为汉字设计相应的汉字输入编码方法，使汉字与键盘能建立对应关系，然后按照规定的编码规则输入每个汉字输入码。汉字输入编码主要分为以下三类。

- 数字编码：如常用的区位码输入法。该方法没有重码，但难以记忆、使用不便。
- 拼音编码：常用的有全拼、智能全拼、双拼及简拼等。该方法优点是易于学习掌握，但由于汉字同音字太多，输入汉字的重码率很高，输入速度较慢且不能盲打。
- 字形编码：如常见的五笔字型汉字输入法。该方法重码率很低且能实现盲打，故输入速度较快，是专业文字录入、排版人员常用的汉字输入法。但输入规则较为复杂，难以掌握。

此外，还有音、型结合的其他输入法。总之，同一个汉字可以采取不同的输入法，不同输入法的输入码也不同，每个人可根据自己的特点选择其输入法。如汉字"王"的区位码输入法输入码为 4585；智能 ABC 输入法为输入 wang，再输入 3；五笔字型输入法是输入 gggg，但其机内码是相同的。

1.4　计算机系统的构成

📖 本节重点和难点：

重点：
- 计算机系统概述
- 计算机硬件系统
- 计算机软件系统

难点：

- 计算机硬件系统
- 计算机的工作原理

1.4.1 计算机系统概述

一个完整的计算机系统是由硬件系统和软件系统两大部分构成。

硬件是指计算机系统中的各种物理装置，由电子的、磁性的、机械的部件组成的物理实体，它是计算机系统的物质基础。硬件包括运算器、控制器、存储器、输入设备和输出设备等5个基本组成部分。

软件则是指存储在计算机的各级各类存储器中的系统及用户的程序和数据，是程序和相关文档的总称，是计算机系统的灵魂。软件包括系统软件和应用软件两类。系统软件是为了对计算机的软硬件资源进行管理、提高计算机系统的使用效率和方便用户而编制的各种通用软件，一般由计算机生产厂商提供。常用的系统软件有操作系统、系统服务程序、程序设计语言和语言处理程序等。应用软件是指专门为某一应用目的而编制的软件，常用的应用软件有文字处理软件、表处理软件、计算机辅助软件、实时控制与实时处理软件、网络通信软件等，以及其他各行各业的应用程序。如图 1-4-1 所示。

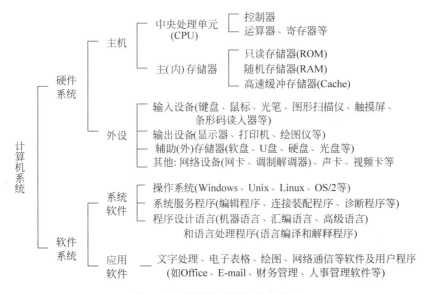

图 1-4-1　计算机系统的基本构成

1.4.2 计算机硬件系统

硬件由运算器、控制器、存储器、输入设备和输出设备五大部件组成。每一部件具有特定的基本功能。各部分之间的关系及控制信号、指令、数据、地址的流动如图 1-4-2 所示。

1. 运算器

运算器（Arithmetic Logic Unit，ALU，算术逻辑单元）是计算机的运算部件。它的功能是进行算术运算和逻辑运算。算术运算就是指加、减、乘、除运算。而逻辑运算就是指"与"、"或"、"非"等操作。

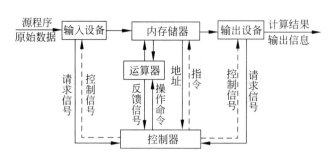

图 1-4-2　计算机硬件组成及工作原理

2. 控制器

控制器(Control Unit)是整个计算机系统的控制中心,它指挥计算机各部分协调工作,保证计算机按照预先存储的程序所规定的操作和步骤有条不紊地进行操作及处理。

控制器一般由程序计数器、指令寄存器、指令译码器(译码电路)及相应的控制电路组成。控制器的作用是负责协调整个计算机的工作。

3. 存储器

存储器(Memory Unit)是具有"记忆"功能的设备。微机的存储器分为内部存储器和外部存储器两种。内部存储器简称为内存或主存。外部存储器简称为外存或辅存。

内存一般由半导体器件构成。在计算机运行中,要执行的程序和数据都必须存放在内存中。内存的主要功能是存储程序和各种数据信息,并能在计算机运行过程中高速、自动地完成程序或数据的存取。断电后内存中信息将丢失,而外存中的信息可以长期保存。

4. 输入设备

用来向计算机输入各种原始数据和程序的设备叫做输入设备(Input Device)。输入设备把各种形式的信息,如数字、文字、图像等转换为数字形式的"编码",即计算机能够识别的用 0 和 1 表示的二进制代码(实际上是电信号),并把它们输入到计算机中存储起来。常用的输入设备有键盘、鼠标、扫描仪等。

5. 输出设备

从计算机输出数据的各类设备叫做输出设备(Output Device)。输出设备把计算机加工处理的结果(仍然是数字形式的编码)变换为人或其他设备所能接收和识别的信息形式输出,如文字、数字、图形、声音、电压等。常用的输出设备有显示器、打印机、绘图仪等。

注意:通常把运算器和控制器统称为中央处理器(Central Processing Unit,CPU),又称为中央处理器单元,它是计算机的核心部件。其性能主要体现在计算机工作速度和计算精度上,对计算机的整体性能有全面的影响,也是衡量一台计算机性能的主要标志。

CPU 和内存储器一起构成了"主机",主机之外的外部存储器、输入和输出等设备则统称为外部设备,简称"外设"。主机与外设组成计算机的硬件系统。

1.4.3　计算机的工作原理

1. 计算机的指令系统

1) 指令及其格式

指令是能被计算机识别并执行的二进制代码,它规定了计算机应完成的某一种操作。

某台计算机所能执行的所有指令的集合称为该台计算机的指令系统。

某一种类型计算机的指令系统中的指令都具有规定的编码格式。一般地,一条指令可分为操作码和地址码两部分。其中操作码规定了该指令进行操作的种类,如加、减、存数、取数等;地址码给出了操作数、结果以及下一条指令的地址。

在一条指令中,操作码是必须有的。地址码可以有多种形式,如四地址、三地址和二地址等。四地址指令的地址部分包括第一操作数地址、第二操作数地址、存放结果的地址和下一条指令的地址。三地址指令的地址部分只包括第一操作数地址、第二操作数地址和存放结果的地址,下一条指令地址则从程序计数器(PC)中获得,计算机每执行一条指令后,PC将自动加1,从而可形成下一条指令的地址,如图1-4-3所示。在二地址指令的地址部分中,存放操作结果的地址先存放某一个操作数的地址,操作结束后该地址再存放操作结果的地址。

操作码	第一操作数地址	第二操作数地址	结果的地址

图 1-4-3　三地址指令的一般形式

2)指令的分类与功能

指令系统中的指令条数因计算机的不同类型而异,少则几十条,多则数百条。无论哪一种类型的计算机一般都具有以下功能的指令。

(1)数据传送型指令。其功能是将数据在存储器之间、寄存器之间以及存储器与寄存器之间进行传送。例如,取数指令将存储器某一存储单元中的数据取入寄存器;存储指令将寄存器中的数据存入某一存储单元。

(2)数据处理型指令。其功能是对数据进行运算和变换。例如加、减、乘、除等算术运算指令;"与"、"或"、"非"等逻辑运算指令;大于、等于、小于等比较运算指令等。

(3)程序控制型指令。其功能是控制程序中指令的执行顺序。例如无条件转移指令、条件转移指令、子程序调用指令和停机指令等。

(4)输入输出型指令。其功能是实现输入输出设备与主机之间的数据传输。例如读指令、写指令等。

(5)硬件控制指令。其功能是对计算机的硬件进行控制和管理。

2. 计算机的工作原理

计算机工作时,有3种信息在流动:数据信息、指令控制信息和地址信息。数据信息是指原始数据、中间结果、结果数据、源程序等,这些信息从存储器读入运算器进行运算,计算结果再存入存储器或传送到输出设备。指令控制信息是由控制器对指令进行分析和解释后,向各部件发出的控制命令,指挥各部件协调地工作。地址信息是为了能够正常地取指令、取操作数、送操作数,而在控制器、运算器及存储器之间传输运算所需的指令及操作数地址。

1.4.4　微型计算机的硬件

1. 微处理器

微机中,采用大规模或超大规模集成电路将CPU集成在一个芯片上,这样的CPU称为微处理器(Micro Processor Unit,MPU),如图 1-4-4 所示。微处理器(MPU)是微机的心脏,它决定微机的性能和档次。美国 Intel 公司是 CPU 的主流厂商。

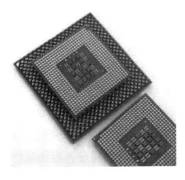

图 1-4-4　CPU

CPU 的主要性能指标是运算速度。通常所说的计算机运算速度(平均运算速度),是指每秒钟所能执行的指令条数,一般用"百万条指令/秒"(Million Instruction Per Second,MIPS)来描述。

微机中 CPU 的主频是很重要的一个性能指标,主频即 CPU 内核工作的时钟频率,通常所说的某 CPU 是多少兆赫兹,这个多少兆赫兹就是"CPU 的主频"。例如,Pentium/133 的主频为 133MHz(MHz 兆赫兹),Pentium Ⅲ/800 的主频为 800MHz,Pentium 4/1.5G 的主频为 1.5GHz。很多人认为 CPU 的主频就是其运行速度,其实不然。CPU 的主频表示在 CPU 内数字脉冲信号震荡的速度,与 CPU 实际的运算能力并没有直接关系。主频和实际的运算速度存在一定的关系,但目前还没有一个确定的公式能够定量两者的数值关系,因为 CPU 的运算速度还要看 CPU 的流水线的各方面的性能指标(缓存、指令集、CPU 的位数等)。由于主频并不直接代表运算速度,所以在一定情况下,很可能会出现主频较高的 CPU 实际运算速度较低的现象。例如,AMD 公司的 Athlon XP 系列 CPU 大多都能以较低的主频,达到英特尔公司的 Pentium 4 系列 CPU 较高主频的 CPU 性能,所以 Athlon XP 系列 CPU 才以 PR(Performance Requirement,性能要求)值的方式来命名。因此,主频仅是 CPU 性能表现的一个方面,而不代表 CPU 的整体性能。CPU 的主频虽不代表 CPU 的速度,但提高主频对于提高 CPU 运算速度却是至关重要的。电脑的整体运行速度不仅取决于 CPU 运算速度,还与其他各分系统的运行情况有关,只有在提高主频的同时,各分系统运行速度和各分系统之间的数据传输速度都能得到提高后,微机整体的运行速度才能真正得到提高。

还有一个重要指标就是字长(前面已介绍)。通常在其他指标相同时,字长越大,计算机处理数据的速度就越快。早期的微型计算机的字长一般是 8 位和 16 位。Pentium、Pentium Pro、Pentium Ⅱ、Pentium Ⅲ、Pentium 4 大多是 32 位,目前生产的微机主要采用 64 位 Pentium 芯片作为微处理器。除 Intel 公司之外,AMD 公司、Motorola 公司、Cyrix 公司也有类似的产品。

另外,今天微处理器已经无处不在,无论是录像机、智能洗衣机、移动电话等家电产品,还是汽车引擎控制,以及数控机床、导弹精确制导等都要嵌入各类不同的微处理器。微处理器不仅是微型计算机的核心部件,也是各种数字化智能设备的关键部件。

2. 内存

内存的实质是一组或多组具备数据输入/输出和数据存储功能的集成电路,微机中的物理部件是内存条,如图 1-4-5 所示。通俗地理解,内存是由成千上万个"单元"构成的,每个"单元"由若干个字节(微机中通常是一个字节,8 位)组成。每个存储单元都有一个唯一的编号,称为该单元的"地址"。就像一幢楼房中有许许多多个房间,每个房间用不同号码区分一样。内存容量的大小与微机的性能有密切的关系,如图 1-4-6 所示。目前内存配置一般在 128MB～4GB。

单元地址	单元内容
0	
1	
2	
3	
4	
⋮	⋮

存储单元

图 1-4-5　安装内存条图　　　　　图 1-4-6　内存示意图

内存储器一般采用动态存储器 DRAM。目前主要用同步动态存储器 SDRAM（Synchronous Dynamic RAM）和双倍速率 DDR SDRAM（Double Data Rate SDRAM）内存储器。RDRAM（Rambus DRAM）是美国 Rambus 公司研究的另一种性能更高、速度更快的内存，有很大的发展前景。

由存储器中取数据称为"读"，向存储器器中存数据称为"写"。微机的内存又可分为只读存储器（Read Only Memory，ROM）和随机存储器（Randon Access Memory，RAM）两种。

1）只读存储器（ROM）

ROM 中的信息只能读出，不能写入。通常用来存放不需要修改的信息，断电后信息仍保存。其信息通常是厂家制造时在脱机情况或者借助专用设备写入的。如基本输入/输出系统（Basic Input/Output System，BIOS）。

2）随机存储器（RAM）

RAM 中的信息可随时读出和写入。RAM 空间越大，计算机所能执行的任务越复杂，相应地计算机的功能越强。RAM 在工作时用来存放用户的程序和数据，也存放调用或执行的系统程序。关机、掉电或重新启动后，RAM 中的内容自动消失，且不可恢复。

3）高速缓冲存储器（cache）

简称高速缓存。由于 CPU 速度越来越快，CPU 每执行一条指令都要访问一次或多次内存，而内存 RAM 的工作速度往往达不到 CPU 的要求，所以 CPU 常处在等待状态，严重地降低了系统的效率。为了匹配高速 CPU 与低速内存之间的工作速度，微机中采用高速缓冲存储器。高速缓存中常保存着内存部分内容的副本。

3. 外部存储器

外部存储器用于存放永久保存的信息。它与内存不同，不是由集成电路组成，而是由磁、光等介质及机械设备组成。它既是输入设备，也是输出设备。微机常见的外存储器有磁盘、光盘、移动存储设备等。

1）软磁盘存储器

简称为软盘（Floppy Disk），由软盘和软盘驱动器组成，软盘是存储介质，软盘驱动器简称为软驱。软盘插入软盘驱动器才能工作。软盘具有携带方便、价格便宜等优点，但其存储容量小，读写速度慢。软盘驱动器为 A 盘和 B 盘，目前已基本淘汰，不再使用。

2）硬磁盘存储器

简称硬盘（Hard Disk），是微机的主要外部存储设备。硬盘机大部分组件都密封在一个

计算机基础知识

金属体内,如图 1-4-7 所示。硬盘的存储容量大、读写速度快。目前的主流硬盘容量为 500GB～2TB。硬盘的转速单位为 rpm(转/每分钟),目前主流硬盘的转速可达 10 000～15 000rpm。数据内部传输速率一般都在 20～50Mbps(兆字节/每秒)。用户为使用方便,通常把硬盘又分为 C、D、E、F……等逻辑盘,并不是有多个硬盘。如 C:为盘符,表示 C 盘。用户可将系统安装在 C 盘,用户的文件放在 D 盘等。

图 1-4-7　硬盘外观及剖面

3)光盘存储器

由光盘和光盘驱动器组成。光盘插入光盘驱动器才能工作。光盘存储器是 20 世纪 70 年代的重大发明,是信息存储技术的重大突破。

光盘的特点是:存储容量大,目前普通光盘 CD-ROM 容量达 650MB,DVD-ROM 可达 5GB 以上;可靠性高,信息保留时间长,可用于文献档案、图书管理和多媒体等;读写速度快;价格低;携带方便。

目前用于计算机系统的光盘,按功能可分为只读型光盘、可写一次型光盘和可重写型光盘 3 个基本类型。

(1)只读型光盘。又称为 CD-ROM(Compact Disk Read Only Memory),特点是由厂家将信息写入光盘,用户使用时将其中的信息读出,用户无法对 CD-ROM 进行写操作。常用于电子出版物、多媒体软件等。

(2)可写一次型光盘。又称为 WORM 或简称 WO 光盘。这种光盘本身没有信息,用户可通过刻录机写入数据,一旦写入数据后就不能再刻写了,但可以多次读取。

(3)可重写型光盘。又称为可擦写光盘或可抹型光盘(Erasable Optical Disk)。主要有 3 种类型:磁光型、相变型和染料聚合型。目前在计算机系统中使用的是磁光型(Magnet-Optic Disk)可抹光盘,简称 MO。

光盘驱动器的盘符通常在硬盘逻辑盘之后,如硬盘已分区为 C、D、E、F,光盘驱动器则是 G 盘。

4)移动存储设备

移动存储设备是广泛应用于台式 PC、笔记本电脑、掌上电脑、数码相机等设备上的数据移动工具。其携带方便,随着技术的发展以及价格的下降,移动存储设备越来越受到人们的关注。目前最常见的移动存储设备主要是 U 盘和移动硬盘。

图 1-4-8　U 盘

(1)U 盘。也称为闪盘、优盘,以闪存(Flash Memory)作为存储介质。闪存是一种半导体存储器,掉电后其中存储的数据不会丢失,可以反复读/写且耗能极低,如图 1-4-8 所示。Windows 2000 以上的操作系统对插入 USB(Universal Serial Bus,通用串行总线)接口上的 U 盘可以实现即插即用。随着技术的进步,U 盘的存储容量也越来越大,价格则越来越低。另外,大多数 MP3、MP4、手机等也具有 U 盘功能。U 盘的盘符通常在光盘之后。如光盘驱动器是 G:盘。U 盘的盘符则是

H:盘。

（2）移动硬盘。它是目前很重要的数字移动存储设备,具有容量大、插拔简便、保密性强、读写速度快等特点,它又分为活动硬盘和新型接口移动硬盘。

活动硬盘一般采用 Winchester 硬盘技术,所以具有固定硬盘的基本特点,速度快,平均寻道时间在 12ms 左右,数据传输速度可达 10MB/S,容量从几十 GB 到几百 GB 都有。活动硬盘的接口方式主要有内置/外置 SCSI,内置 IDE,外置并口等几种。许多活动硬盘的盘片是可以从驱动器中取出和更换的,其存储介质为磁合金碟片。活动硬盘的盘片结构分为单片单面、单片双面、双片双面几种,而相应的驱动器磁头有单磁头、双磁头和四磁头等。

新型接口移动硬盘采用微机外设产品的主流接口 USB 与 IEEE 1394 接口,存储速度为12MB/s～400MB/s。主流 USB 移动硬盘存储产品的容量从几十 GB 到几百 GB 不等。

4. 输入设备

1）键盘（Key Board）

键盘按键大体分为机械式按键与电子式按键两类,电子式按键又分电容式和霍尔效应两种。机械式键盘的优点是信号稳定,不受干扰。缺点是触点容易磨损,击键后弹簧会产生颤动。电容式键盘的触感好,使用灵活,操作省力。

键盘的键位布局大致可分成基本键盘（83 键/84 键）、通用扩展键盘（101 键/102 键）和专用键盘等几种。各种微机配备什么键盘不统一,目前新型微机基本上已不配备 84 键的键盘。为了适应 Windows 操作系统的需要,常增加到 104/105 键。键盘是通过键盘连线插入主板上键盘接口 PS2 与主机相连接。

2）鼠标（Mouse）

鼠标因其外观像一只拖着长尾巴的老鼠而得名。这是一种"指点"设备（Pointing Device）,如图 1-4-9 所示。用它可以方便地将光标移动到显示屏幕上预定位置,比用键盘移动光标方便得多。鼠标与键盘各有长短,二者常混合使用。

目前,使用的主要是光电式鼠标,这种鼠标可以在任何不反光、不透明的物体表面使用。它有较高的分辨率和刷新频率,因此定位非常准确。市场上大部分鼠标采用的都是 USB 接口,USB 接口有非常高的数据传输速度。

目前,市场上还有采用红外、蓝牙、无线电连接方式的鼠标,可在离计算机主机较远的距离使用。但价格相对较高,信号传输相对易受干扰。

图 1-4-9　鼠标

3）图形扫描仪（scanner）

图形扫描仪是图形、图像的专用输入设备。利用它可以迅速地将图形、图像、照片、文本从外部环境输入到计算机中。目前使用最普遍的是由 CCD（Charge Coupled Device,电荷耦合器件）阵列组成的电子扫描仪。这种扫描仪可分为平板式扫描仪和手持式扫描仪两类。若按灰度和彩色来分,有二值化扫描仪、灰度扫描仪和彩色扫描仪 3 种。

5. 输出设备

1）显示器

显示器有普通 CRT（Cathode Ray Tube,阴极射线管）显示器和主流液晶显示器 LCD

（Liquid Crystal Display），如图 1-4-4-10 所示。

显示器的性能指标如下。

- 像素，即光点。
- 点距，指屏幕上相邻两个荧光点之间的最小距离。点距越小，显示质量就越好。目前，CRT 显示器光点点距大多为 0.20～0.28mm，LCD 的点距多为 0.297～0.32mm。
- 分辨率，水平分辨率×垂直分辨率，如 1024×768，表示水平方向包含 1024 个像素，垂直方向有 768 条扫描线。
- 直刷新频率，也称为场频，是指每秒钟显示器重复刷新显示画面的次数，以 Hz 表示。这个刷新的频率就是通常所说的刷新率。
- 水平刷新频率，也称为行频，是指显示器一秒内扫描水平线的次数，以 Hz 为单位。在分辨率确定的情况下，它决定了垂直刷新频率的最大值。
- 宽带，显示器处理信号能力的指标，单位为 MHz。是指每秒钟扫描像素的个数，可以用"水平分辨率×垂直分辨率×刷新率"这个公式来计算宽带的数值。

2）显示适配器

显示适配器又称为显卡，它是连接主机与显示器的接口卡，其作用是将主机的输出信息转换成字符、图形和颜色等信息传送到显示器上显示。显卡插在主板的 AGP 或 PCI-E 扩展插槽中，也有一些主板集成了显示芯片。如图 1-4-11 所示。

图 1-4-10　液晶显示器

图 1-4-11　显示适配器

显示适配器的主要性能指标如下。

- 显示存储器，也称为显示内存、显存。显存容量大，显示质量高，特别是对图像。显示储存空间＝水平分辨率×垂直分辨率×色彩数目。
- 显示标准，显示标准有 CGA（Color Graphics Adapter，彩色图形显示控制卡）、EGA（Enhanced Graphics Adapter，增强型显示控制卡）、SVGA（Super VGA）和 TVGA，几种。目前流行的分辨率可达 1024×768，甚至可达 1024×1024、1280×1024。

3）打印机

打印机是计算机最常用的输出设备，也是各种智能化设备重要的输出设备之一。打印机的种类和型号很多，一般按成字的方式分为击打式和非击打式两种。针式打印机属于击打式，而激光打印机和喷墨打印机则属于非击打式打印机。

（1）针式打印机。也称为点阵式打印机。它打印的字符、图形是以点阵的形式构成的。

24

它的打印头是由若干根打印针和驱动磁铁组成,打印时,相应的针头接触色带击打纸面来完成。主要特点是价格便宜,使用方便,但打印速度慢、噪音大。有些场合如票据打印必须使用击打式打印机。

图1-4-12 激光打印机

（2）激光打印机。它是激光扫描技术与电子照相机技术相结合的产物。激光打印机的光源是激光,而激光光束能集成很细的光点,因此能打印出分辨率很高且色彩很好的图形。其分辨率已达600DPI以上。激光打印机是逐页打印的,速度一般为4～10ppm(每分钟4～10页),最快的则在120ppm以上。激光打印机是一种速度高、精度高、噪音小的非击打式打印机,已成为办公领域的首选产品,如图1-4-12所示。

（3）喷墨打印机。它是靠墨水通过精细的喷头喷到纸面而产生图像的,也是一种非击打式打印机。它体积小、重量轻、操作简单、噪音小,其性能与价格都介于一般激光打印机与点阵打印机之间。

6. 微机的总线结构

计算机中的各个部件,包括CPU、内存储器、外存储器和输入输出设备的接口之间是通过一条公共信息通路连接起来的,这条信息通路称为总线(bus),如图1-4-13所示。总线是多个部件间的公共连线,信号可以从多个源部件中的任何一个通过总线传送到多个目的部件。微机多采用总线结构,系统中不同来源和去向的信息在总线上分时传送。微机总线分为数据总线、地址总线和控制总线三类。

1）数据总线

数据总线DB(Data Bus)用于在各部件之间传递数据(包括指令、数据等)。数据的传送是双向的,因而数据总线为双向总线,其位数反映了CPU一次可以接收数据的能力。

2）地址总线

地址总线AB(Address Bus)用于传送CPU发出的地址信号,包括内存单元地址和I/O设备地址(地址即存储器单元号或输入输出端口的编号)。其包含的位数越多,则其寻址范围越大,即可直接访问的地址或端口就愈多,反之亦然。如

图1-4-13 主板

16根地址线其直接寻址范围是64KB,20根地址线其寻址范围是1MB。

3）控制总线

控制总线CB(Control Bus)用于在各部件之间传递各种控制信息。有的是微处理器到存储器或外设接口的控制信号,如复位、存储器请求、输入输出请求、读信号、写信号等,有的是外设到微处理器的信号,如等待信号、中断请求信号等。

在微机中采用总线结构给微机系统的设计、生产、使用和维护带来许多优越性。目前微机总线的结构特点是标准化和开放性。从发展过程来看,微机总线结构有以下几种类型:早期是IBM PC/XT总线、ISA(Industry Standard Architecture)工业标准总线。在PC 386、

486阶段,又出现了微通道结构总线(MCA总线)和扩展工业标准结构总线(EISA总线)。目前主要有VL-BUS总线、PCI总线、SCSI总线和可选择总线。不同的总线类型有不同的性能,不同的微机系统适合采用不同的总线结构。

1.4.5 计算机软件系统

软件是相对于硬件而言的。从狭义的角度上讲,软件是指计算机运行所需的各种程序;从广义的角度上讲,还包括手册、说明书和有关的资料。软件系统着重解决如何管理和使用机器的问题。光有硬件而没有软件的计算机称为"裸机",只有配上软件的计算机才成为完整的计算机系统。计算机软件又可分为"系统软件"和"应用软件"两大类。

1. 系统软件

系统软件是管理、监督和维护计算机软硬件资源的软件。系统软件的作用是缩短用户准备程序的时间、控制和协调计算机各部件、扩大计算机处理程序的能力、提高其使用效率、充分发挥计算机的各种设备的作用等。系统软件主要有操作系统、系统维护程序、诊断系统程序、服务程序、各种程序设计语言和语言处理程序等。

2. 应用软件

应用软件指专门为解决某个应用领域内的具体问题而编制的软件。它涉及应用领域的知识,并在系统软件的支持下运行。由软件厂商提供或用户自行开发。如财务管理系统、统计、仓库管理系统、字处理、电子表格、绘图、课件制作、网络通信等软件。

系统软件与应用软件之间并没有严格的界限。有些软件介于它们二者中间,不易分清其归属。例如,有些专门用来支持软件开发的软件系统,包括各种程序设计语言(编译和调试系统)、各种软件开发工具等。它们不涉及用户具体应用的细节,但是能为应用开发提供支持。它们是一种中间件,这些中间件的特点是:它们一方面受操作系统的支持,另一方面又用于支持应用软件的开发和运行。有时也把上述这类工具软件称为系统软件。

3. 计算机语言

人们用计算机解决问题时,必须用计算机可识别和可执行的"语言"来和计算机进行交流。这种"语言"称为计算机语言。具体地说,就是人们用某种计算机语言来编写程序,然后让计算机识别和运行这个程序,得到结果。编写程序的过程称为程序设计,故计算机语言也称为程序设计语言。程序设计语言按其发展的先后可分为机器语言、编汇语言和高级语言。

1) 机器语言

机器语言是最早产生和使用的计算机语言。每条指令都是以"0"和"1"构成的一串二进制代码,每条指令对应一个基本操作。例如,某种型号的计算机以八位二进制代码10000000表示做加法$A＋B→A$。所有机器指令的集合就是这种型号的计算机的机器语言。

机器语言的特点是:计算机可以直接识别和执行,不需任何翻译,执行速度快。但机器语言与人所习惯的语言,如自然语言、数学语言等差别很大,因此存在着编程费时、费力、难以记忆、不便阅读等缺点。另外,它是一种面向机器的语言,即不同的计算机其机器指令通常是不一样的,在某类计算机上可执行的机器语言程序一般不能在另一类计算机上运行,无通用性。这是第一代计算机语言,属于低级语言。

2）汇编语言

汇编语言是用一些简单的助记符（如用与指令实际含义相近的英文缩写词、字母和数字等符号）来表示指令代码。例如，用 ADD A，B 表示 A＋B→A。因此，亦称为"符号语言"。

汇编语言的特点是：用汇编语言编写的源程序必须由一个翻译程序，将它翻译成计算机硬件可以直接识别并执行的机器语言，这个翻译程序被称为"汇编程序"。与机器语言相比，用汇编语言编写的程序必须经过翻译才能执行，故执行速度慢、占用内存多。另外，汇编语言仍然是一种面向机器的语言。在使用汇编语言时，虽然不需要直接用二进制 0 和 1 来编写程序，不必熟悉计算机的机器指令代码，但是必须熟悉 CPU、内存等硬件结构。因此编写难度较大，维护也比较困难。它是第二代计算机语言，仍属低级语言。

3）高级语言

高级语言是第三代计算机语言，也称为算法语言，于 20 世纪 50 年代中期开始使用。目前世界上有几百种高级语言，常用的和流传较广的有几十种。在我国常用的高级语言包括 Basic、Pascal、Fortran、C 等。Basic 便于初学者学习，也可以用于中小型事务处理；Fortran 语言适用于大型科学计算；Pascal 适用于数据结构的分析；C 语言特别适用于编写应用软件和系统软件。

高级语言的共同特点是：通用性强。它从根本上摆脱了语言对机器的依附，使之独立于机器，由面向机器改为面向过程；可读性强。其所用语句符号、标记等形式更接近人们的自然语言形式，易于编制、修改、调试程序；易于维护、移植；但必须翻译成机器语言才能执行。

用高级语言编写的程序称为源程序，必须由翻译程序翻译成机器指令形式的目标程序，才能由计算机来执行。通常有"编译"与"解释"两种不同翻译方式。编译方式是：将高级语言源程序输入计算机后，调用编译程序（事先设计并存储在计算机磁盘中的专用于翻译的程序）将其整个翻译成机器指令表示的目标程序，然后计算机执行该目标程序。解释方式是：将源程序输入计算机以后，用该种语言的解释程序将其逐条翻译，逐条执行，执行完后只得运行结果，而不保存解释后的机器代码，下次运行此程序时还要重新解释执行。编译方式与解释方式最本质的区别在于翻译过程中是否生成目标程序。

近年来，第四代非过程语言、第五代智能性语言相继出现，其结果是使计算机的功能更强，使人们对计算机的使用更加便捷。

4）新型软件开发工具

今天计算机之所以能够应用于人类社会的各个方面，一个重要原因是有了大量成功的软件。软件开发已经发展成为一种庞大的产业，各种软件开发工具也应运而生。今天，许多程序已经和传统意义上的语言有了很大的不同。它们不但功能强大，而且其适应范围、程序形成的方法、程序的形式等都有了极大的改进。例如，可视化编程技术可以使编程人员不编写代码，依据屏幕的提示回答一连串问题，或在屏幕上执行一连串的选择操作之后，就可以自动形成程序。另外，传统的高级语言和数据库管理系统有比较明确的界限，但近年来逐渐流行的编程语言大多有很强的数据库管理功能。目前，面向对象程序设计方法和方便实用的可视化编程语言，如 Visual Basic、Visual C++、Delphi、Power Builder、Java 等，已经取代了传统的 Basic、Pascal 等高级语言，成为软件开发的主要工具。

事实上，当今软件开发工具的功能已不能用程序设计语言一词概括。例如，由 BASIC

语言发展而来的 Visual Basic 就是由程序设计语言、组件库、各种支撑程序库,以及编辑、调试、运行程序的一系列支撑软件组合而成的集成开发环境。

需要说明的是,硬件与软件并没有一个明确的界线。软、硬件是可以转化的,今天的软件可能就是明天的硬件,反之亦然。因为任何一个由软件所完成的操作也可以直接由硬件来实现,而任何一个要硬件所执行的命令也能够用软件来完成。

1.5　计算机信息安全

📖 **本节重点和难点:**

重点:
- 数据和信息
- 计算机信息安全因素
- 计算机信息安全措施

难点:
- 数据和信息

1.5.1　信息技术与信息化

1. 数据和信息

1) 数据(data)

数据是用于描述事实、概念的一种特殊的符号。例如学生的姓名、考试成绩;职工家庭住址、照片等。其表现形式有数字、文字、图形、图像等多种。任何事物的属性都是通过数据来表示的。数据经过加工之后,成为信息。

2) 信息(information)

信息是经过加工之后的数据,会对人类社会实践和生产经营活动产生决策影响。例如,根据一个班级全部学生的考试成绩(数据),可获得最高分、平均分、及格率等信息。

由此可见,数据和信息是两个既有联系又有区别的概念。可以广义地理解为:信息是一组被加工成特定形式的数据。这种数据形式对使用者来说是有确定意义的,对当前和未来的活动能产生影响并具有实际价值。

2. 信息技术和信息化

1) 信息技术

一般说来,信息技术(Information Technology,IT)是研究信息的获取、传输和处理的技术,由计算机技术、通信技术、微电子技术结合而成,有时也称作"现代信息技术"。

信息技术包括计算机技术、通信技术、多媒体技术、自动控制技术、视频技术、遥感技术等。其中,计算机技术和通信技术是现代信息技术的重要组成部分,是构成现代信息技术的核心内容。

获取信息的途径很多。可以从生产、生活、科研等活动中直接获取信息,也可以从收听广播、收看电视、阅读报纸杂志等日常生活中获取间接的信息。从互联网上搜寻是获得信息的一条重要途径。

2）信息化

是指在国家统一规划和组织下，各行各业及社会生活各个方面都应用现代信息技术，深入开发、广泛利用信息资源，加速实现国家现代化的进程。

信息化是一个不断发展的过程，需要国家统一规划和统一组织信息化建设，各个领域要广泛应用现代信息技术，深入开发利用信息资源。

信息化已经成为世界经济和社会发展的大趋势，作为信息化最重要基础的互联网正在全球飞速发展。信息化的发展程度是衡量一个国家和地区国际竞争力、现代化程度、综合国力和经济成长能力的重要标志，它对世界范围的政治、经济、军事、文化等方面产生越来越广泛的影响。信息化有力地推动了世界经济的增长，推动世界从传统的工业社会向现代信息社会发展。

1.5.2 信息安全

1. 信息安全的重要性

信息安全的需求在过去几十年中发生了很大变化。在数据处理设备（特别是计算机）广泛使用以前，企业、公司等单位主要通过物理手段和管理制度来保证信息的安全。各单位一般是通过加锁的铁柜来保存敏感信息，通过对工作人员政治素质等方面的监督确保信息的不泄露。

随着计算机技术的发展，人们越来越依赖于计算机等自动化设备来储存文件和信息。但是计算机储存的信息特别是分时的共享式系统的信息都存在一种新的安全问题。

分布式系统和通信网络的出现和广泛使用，对当今信息时代的重要性是不言而喻的。随着全球信息化过程的不断推进，越来越多的信息将依靠计算机来处理、储存和转发，信息资源的保护又成为一种新的问题。它不仅涉及传输过程，还包括网上复杂的人群可能产生的各种信息安全问题。用于保护传输的信息和防御各种攻击的措施称为网络安全。

2. 信息安全及其特性

计算机信息安全是指计算机系统的硬件、软件、网络以及系统中的数据受到保护，不会由于偶然的或者恶意的原因而遭到破坏、更改、泄露，保证系统连续可靠正常地运行，保证信息服务畅通和可靠。

信息安全主要涉及信息存储的安全、信息传输的安全以及对网络传输信息内容的审计方面。从广义来说，凡是涉及信息的完整性、可用性、保密性、可控性和真实性的相关技术和理论都是信息安全所要研究的领域。计算机信息安全具有以下5方面的特性。

1）完整性

完整性是指信息在存储或传递过程中保持不被修改、不被破坏和不丢失的特性。信息从真实的发信者传送到真实的收信者手中，要求保持信息的原样。破坏信息的完整性是对信息安全攻击的最终目的。

2）可用性

可用性是指允许合法用户访问并按需求使用，保证合法用户在使用信息时正常请求能及时、正确、安全地得到响应。信息系统（包括网络）部分受损或需要降级使用时，仍能为授权用户提供有效服务。

3）保密性

保密性是指只允许授权用户使用的特性。军事信息、商业信息、金融信息尤为注重信息的保密性。

4）可控性

可控性是指保证管理者对信息的传播及内容具有监控和管理能力，即指授权机构可以随时控制信息的保密性。"密钥托管"、"密钥恢复"等措施就是实现信息安全可控性的例子。

5）真实性

真实性也称为不可否认性，不可否认性是指信息的行为人要对自己的信息行为负责，不能抵赖自己曾经有过的行为，也不能否认曾经接收到对方的信息，即所有参与者都不能否认或抵赖曾经完成的操作和承诺。不可否认性在交易系统中尤为重要，通常通过数字签名和公证机制来保证。

1.5.3　计算机信息安全因素

计算机网络的发展，使信息共享应用日益广泛与深入。信息系统的网络化提供了资源的共享性和用户使用的方便性，通过分布式处理提高了系统效率、可靠性和可扩充性。但是这些特点也增加了信息系统的不安全性。信息在公共通信网络上存储、共享和传输，会被非法窃听、截取、篡改或毁坏。尤其是银行系统、商业系统、管理部门、政府或军事领域对公共通信网络中存储与传输的数据安全问题更为关注。

信息的安全所面临的威胁来自很多方面，这些威胁可以宏观地分为自然威胁和人为威胁。自然威胁可能来自于各种自然灾害、恶劣的场地环境、电磁辐射和电磁干扰以及设备自然老化等。人为威胁又分为两种：一种是以操作失误为代表的无意威胁（偶然事故），另一种是以计算机犯罪为代表的有意威胁（恶意攻击）。人为的偶然事故没有明显的恶意企图和目的，但它会使信息受到严重破坏。最常见的偶然事故有：操作失误（未经允许使用、操作不当和误用存储媒体等）、意外损失（漏电、电焊火花干扰）、编程缺陷（经验不足、检查漏项）和意外丢失（被盗、被非法复制、丢失媒体）。恶意攻击主要包括计算机犯罪、计算机病毒、电子入侵等，通过攻击系统暴露的要害或弱点，使得网络信息的保密性、完整性、真实性、可控性和可用性等受到伤害，造成不可估量的经济和政治损失。

1. 计算机犯罪的类型

计算机犯罪是指利用各种计算机程序及其装置，故意泄露或破坏计算机信息系统中的机密信息，危害系统实体安全、运行安全和信息安全的违法行为。计算机罪犯主要有以下 4 种类型。

1）雇员

大部分的计算机犯罪是了解、熟悉计算机应用系统的人，如雇员、本系统的系统管理员及工程技术人员。这些人能够轻易地进入计算机系统，能够非授权进入计算机网络或应用系统，非法获取信息。有时雇员则是出于愤恨而犯罪。

2）外部使用者

有时一些供应商或客户也会侵入一个公司的计算机系统。例如，银行客户可以通过使用自动出纳机以达到目的。跟雇员一样，这些授权的用户可以获取机密的密码或找到其他进行计算机犯罪的方法。

3）黑客（Hacker）

一般指的是计算机网络的非法入侵者，他们大都是程序员，对计算机技术和网络技术非常精通，了解系统的漏洞及其原因所在，喜欢非法闯入并以此作为一种智力挑战而沉醉其中。有的黑客仅仅是为了验证自己的能力而非法闯入，并不会对信息系统或网络系统进行破坏，但也有很多黑客非法闯入是为了窃取机密的信息，盗用系统资源或出于报复心理而恶意毁坏某个信息系统等。

4）有组织的犯罪

有组织犯罪集团的成员可以像合法企业中的人一样使用计算机，但却是出于非法的目的。例如，造假者使用微机和打印机制造外表复杂的诸如支票和驾驶执照等。

2. 计算机犯罪的形式

1）破坏

雇员有时会试图破坏计算机、程序或者文件。黑客和解密者会创建和传播恶意的计算机病毒程序。

2）偷窃

偷窃的可以是计算机硬件、软件、数据或者是计算机时间。其中也有白领犯罪。窃贼可能会偷取机密信息中的诸如重要用户列表之类的数据。未经授权而复制程序以用于个人营利的偷窃行为被称为软件盗版。根据1980年美国的软件复制法案，一个程序的所有者只能为其自己做程序的备份，这些备份不能非法再次出售或分发。在美国违法的惩罚措施是最高250 000美元的罚款和5年的监禁。

3）操纵

找到并能够进入他人计算机系统、网络的途径，并留下一句笑话或特殊的图示，看起来可能很有趣，然而这样做也是违法的。而且，即使这样的操纵看起来无害，它也可能会引起极大的焦虑，并浪费网络用户的时间。1986年美国的计算机反欺诈和滥用法案认为未经授权的人即使是通过计算机越过国境来浏览数据也是一种犯罪，更不要说复制和破坏了。这项法律也禁止非法使用由联邦保障的金融机构的计算机和政府的计算机。违法者最多将会被判刑20年并被处以罚金100 000美元。使用计算机从事其他的犯罪，如贩卖欺骗性的产品也是违法的。

对于计算机系统和数据库而言，除了人为犯罪外，还有很多其他不安全因素。

（1）技术失误。

例如，由于某地区电源的大幅波动，可能导致硬件的烧毁，导致磁盘中数据的丢失。由于软件设计技术上的缺陷，导致系统易于被病毒、黑客攻击，使系统、网络无法正常工作或数据丢失等。

（2）人为错误。

数据输入错误可能很最普遍的，程序员发生错误的频率很高。一些错误是由于设计错误引起的，而一些错误可能是由于过程繁杂引起的。还有由于用户忘记了给硬盘上的数据作备份，导致数据丢失、无法恢复等。

1.5.4　计算机信息安全措施

目前国际社会及我国已出台了许多计算机信息安全的法律法规，也研制了许多计算机信息安全的防范技术手段。总体上可分为以下三个方面。

1. 安全立法

法律是规范人们一般社会行为的准则。它从形式上分有宪法、法律、法规、法令、条令、条例和实施办法、实施细则等多种形式。有关计算机系统的法律、法规和条例在内容上大体可以分成两类，即社会规范和技术规范。

2. 安全管理

安全管理主要指一般的行政管理措施，即介于社会和技术措施之间的组织单位所属范围内的措施。建立信息安全管理体系（Information Security Management Sytem，ISMS）要求全面地考虑各种因素，人为的、技术的、制度的和操作规范的，并且将这些因素综合进行考虑。

建立信息安全管理体系，通过对组织的业务过程进行分析，能够比较全面地识别各种影响业务连续性的风险，并通过管理系统自身（含技术系统）的运行状态自我评价和持续改进，达到一个保持的目标。完善系统运行、操作规范。

通过信息安全管理系统明确组织的信息安全的范围，规定安全的权限和责任。信息的处理（包括提供、修改和使用）必须在相应的控制措施保护的环境下进行。

3. 安全技术

安全技术措施是计算机系统安全的重要保障，也是整个系统安全的物质技术基础。实施安全技术，不仅涉及计算机和外部、外围设备，即通信和网络系统实体，还涉及到数据安全、软件安全、网络安全、数据库安全、运行安全、防病毒技术、站点的安全以及系统结构、工艺和保密、压缩技术。安全技术措施的实施应贯彻落实在系统开发的各个阶段，从系统规划、系统分析、系统设计、系统实施、系统评价到系统的运行、维护及管理。计算机系统的安全技术措施是系统的有机组成部分，要和其他部分内容一样，用系统工程的思想、系统分析的方法，对系统的安全需求、威胁、风险和代价进行综合分析，从整体上进行综合最优考虑，采取相应的标准与对策，只有这样才能建立起一个有安全保障的计算机信息系统。

1.5.5 知识产权与软件版权保护

知识产权是指人类通过创造性的智力劳动而获得的一项智力性的财产权。知识产权不同于动产和不动产等有形物，它是在生产力发展的一定阶段后，才在法律中作为一种财产权利出现的。包括工业产权、版权、发明权、发现权等，它是受到法律保护的。1967年在瑞典斯德哥尔摩签订公约，成立世界知识产权组织，该组织于1974年成为联合国的一个专门机构。我国于1980年3月加入该组织。计算机软件是脑力劳动的创造性产物，正式软件是有版权的，它是受法律保护的一种重要的知识产权。

版权，亦称著作权、作者权，源自英文Copyright，意即抄录、复制之权。一般认为，版权是一种民事权利，作为法律观念，是一种个人权利，又是一种所有权。主要表现为作者对其作品使用的支配权和享受报酬权。软件版权属于软件开发者，软件版权人依法享有软件使用的支配权和享受报酬权。对计算机用户来说，应该懂得：只能在法律规定的合理的范围之内使用软件。如果未经软件版权人同意而非法使用其软件，例如，将软件大量复制并赠给自己的同事、朋友，通过变卖该软件等手段获利等，都是侵权行为。侵权者是要承担相应的民事责任的。

软件作品从其创作完成之时起就享有版权,从其发表之时起就受到保护。超过版权保护期的软件,或仍处于版权保护期,但版权人明确表示放弃版权的软件,不再受版权保护而进入公用领域。

事实上,在现代社会中,由于信息的大众传播、拷贝和复制,已经使信息的利用非常廉价和方便了。但是从信息本身的价值来看,信息却可能是非常昂贵的。因为无论从创造发明者的脑力劳动价值来看,还是信息资源对受益者的实用价值来看,信息都不应该是免费的。对于软件开发企业和生产者而言,它们的力量所在就是他们所发明创造的软件。一旦软件被盗窃,它们的创造力量就会受到打击,严重时甚至可能使其夭折。这种情况如果广泛出现,就会极大地打击开发者的工作积极性和进一步发展的可能性,进而影响整个社会信息化的进程。

计算机软件已经形成一个庞大的产业,全世界每年产值在 500 亿美元以上。而每年由于非法盗用计算机软件的活动所造成的损失已超过 100 亿美元。因此,依法保护计算机软件版权人的利益,调整软件在开发、传播和使用中发生的利益关系,鼓励计算机软件的开发和流通,是促进计算机事业发展的必然趋势。

从 1991 年 10 月 1 日起,我国开始施行《计算机软件保护条例》,这就为在全社会形成一个尊重知识、尊重人才的氛围创造了良好环境,为促进我国计算机产业的发展提供了基本的保证。随着计算机的广泛应用,学习条例、应用条例应当成为每个公民的自觉行动。

在版权意义上,软件可分为公用软件、商业软件、共享软件和免费软件。

1. 公用软件

公用软件通常具有下列特征。

- 版权已被放弃,不受版权保护。
- 可以进行任何目的的复制,不论是为了存档还是为了销售,都不受限制。
- 允许进行修改。
- 允许对该软件进行逆向开发。
- 允许在该软件基础上开发衍生软件,并可复制、销售。

商业软件、共享软件和免费软件都不属于公用软件,因而都享有版权保护。用户从软件出版单位和计算机商家购买软件,取得的只是使用该软件的许可,而软件的版权人和出版单位则分别保留了软件的版权和专有出版权。软件许可合同的作用,就是指导如何使用软件和对软件的使用进行限制。

2. 商业软件

商业软件通常具有下列特征。

- 软件受版权保护。
- 为了预防原版软件意外损坏,可以进行存档复制。
- 只有将软件应用于实际的计算机环境时才能进行必要的修改,否则不允许修改。
- 未经版权人允许,不得对该软件进行逆向开发。
- 未经版权人允许,不得在该软件基础上开发衍生软件。

3. 共享软件

共享软件实质上是一种商业软件,因此也具有商业软件的上述特征。但它是在试用基础上提供的一种商业软件,所以也称为试用软件。共享软件的作者通常通过公告牌(BBS)、在线服务、出售磁盘和个人之间的复制来发行其软件。一般只提供目标文本而不提供源文本。软件的共享版可以包含软件的全部功能，也可能只包含软件的部分功能。发行软件共享版的目的为了让潜在的用户通过试用来决定是否购买。通常作者会要求，如果试用者希望在试用期过后继续使用该软件，就要支付少量费用并加以登记，以便作者进一步提供软件的更新版本、故障的排除方法和其他支持。

4. 免费软件

免费软件是免费提供给公众使用的软件，常通过与共享软件相同的方式发行。免费软件通常有下列特征。

- 软件受版权保护。
- 可以进行存档复制，也可以为发行而复制，但发行不能以营利为目的。
- 允许修改软件并鼓励修改。
- 允许对软件进行逆向开发，不必经过明确许可。
- 允许开发衍生软件并鼓励开发，但这种衍生软件也必须是免费软件。

知识产权与保护涉及许多部门及领域，同时也涉及到法律、执法及计算机软件产业及每一个普通计算机用户。我国的知识产权保护法律正在逐步完善，人们对知识产权保护的意识也正在加强。但也存在许多问题：盗版软件较为普遍，正版软件价格普通计算机用户难以接受，如国内正版会计财务软件普遍在 2 万～3 万元人民币。这需要软件开发商、知识产权立法与执法者及广大用户的共同努力才能逐步完善。商品化的软件是受到国际公约和国家著作权法保护的知识产品。每个计算机应用者必须建立起自觉保护知识产权的公民法制意识，这不仅有利于计算机软件业的健康发展，也可切实保护合法软件使用者的个人利益。因为，盗版软件得不到开发商的应有的技术支持，不能有效地发挥其正常功能，而且，盗版软件常常残缺不全，给应用带来麻烦，更严重的是，盗版软件常常隐藏着各种计算机病毒，直接威胁着计算机系统的正常工作和数据安全。

1.5.6 信息产业的道德准则

1. 网络用户行为规范

目前几乎所有的计算机均连接在互联网上，互联网已把全世界连接成了一个"地球村"，几乎每个人的日常工作、生活、学习、娱乐均离不开计算机系统与网络系统，人类都生活在一个共同的信息空间中。由此产生了互联网络文化、计算机信息、网络公共道德和行为规范。例如，网络礼仪、行为守则和注意事项等。没有规矩，不成方圆。为维护每个计算机用户及网民的合法权益，大家必须用一个统一的公共道德和行为规范约束自己。

1）网络礼仪

网络礼仪是网民之间交流的礼貌形式和道德规范。网络礼仪是建立在自我修养和自重自爱的基础上的。网络礼仪的基本原则是自由和自律。网络礼仪主要内容包括使用电子邮件时、上网浏览时、网络聊天时及网络游戏时应该遵守的规则。

网民彼此之间交流应该遵守网络公共道德守则：彼此尊重，宽以待人；允许不同意见，保持平静；助人为乐，帮助新手；健康、快乐、幽默。

2）行为守则

在网上交流，不同的交流方式有不同的行为规范，主要交流方式有"一对一"方式（如

E-mail)、"一对多"方式(如电子新闻、BBS)、"信息服务提供"方式(如 www 和 FTP)。

(1) "一对一"方式交流行为规范。

- 不发送垃圾邮件。
- 不发送涉及机密内容的电子邮件。
- 转发别人的电子邮件时,不随意改动原文的内容。
- 不给陌生人发送电子邮件,也不要接收陌生人的电子邮件。
- 不在网上进行人身攻击,不讨论敏感的话题。
- 不运行通过电子邮件收到的软件程序。

(2) "一对多"方式交流行为规范。

- 将一组中全体组员的意见与该组中个别人的言论区别开来。
- 注意通信内容与该组目的的一致性,如不在学术讨论组内发布商业广告。
- 注意区分"全体"和"个别"。与个别人的交流意见不要随意在组内进行传播,只有在讨论出结论后,再将结果摘要发布给全组。

(3) 以信息服务提供方式交流行为准则。

- 要使用户意识到,信息内容可能是开放的,也可能针对特定的用户群。因此,不能未经许可就进入非开放的信息服务器,或使用别人的服务器作为自己信息传送的中转站,要遵守信息服务器管理员的各项规定。
- 信息服务提供者应该将信息内容很好地组织,以便于用户使用。
- 信息内容不应该偏激。
- 除非有安全措施保证,否则不能让用户无条件地信任从网上所获得的信息。

2. 计算机职业道德规范

计算机已被广泛应用于商业、工业、政府、医疗、教育、娱乐和整个社会的各个领域,软件工程师将直接参与设计、开发各种软件系统,其软件产品的质量将直接关系到计算机用户的信息系统的安全性。即他们有能力为他人做好事或带来危害,因此,软件工程师的行为必须遵守如下的职业规范。

(1) 遵守公民道德规范标准和中国软件行业基本公约。

(2) 诚信,坚决反对各种弄虚作假现象,不承接自己能力尚难以胜任的任务,对已经承诺的事,要保证做到,忠实做好各种作业记录,不隐瞒、不虚构,对提交的软件产品及其功能,在有关文档上不作夸大不实的说明。

(3) 遵守国家的有关的法律、法规。遵守行业、企业的有关的法律、法规。遵循行业的国际惯例。

(4) 良好的知识产权保护观念,自觉抵制各种违反知识产权保护的行为,不购买和使用盗版的软件,不参与侵犯知识产权的活动,在自己开发的产品中不拷贝复用未取得使用许可的他方内容。

(5) 正确的技能观,努力提高自己的技能,为社会和人民造福,绝不利用自己的技能去从事危害公众利益的活动,包括构造虚假信息和不良内容、制造计算机病毒、参与盗版活动、非法解密存取、进行黑客行为和攻击网站等。提倡健康的网络道德准则和交流活动。

(6) 履行合同和协议规定,有良好的工作责任感。不能以追求个人利益为目的,不随意或有意泄露企业的机密与商业资料。自觉遵守保密规定,不随意向他人泄露工作和客户机密。

（7）自觉跟踪技术发展动态，积极参与各种技术交流、技术培训和继续教育活动，不断改进和提高自己的技能，自觉参与项目管理和软件过程改进活动。能注意对自己个人软件过程活动的监控和管理。研究和不断地改进自己的软件生产率和质量，不能以个人的技能与技术，作为换取不正当收入的手段。

（8）提高自己的技术和职业道德素质，力争做到与国际接轨，提交的软件和文档资料技术上能符合国际和国家的有关标准。在职业道德规范上，也能符合国际软件工程职业道德规范标准。

第2章
Windows 7 操作系统

本章说明

操作系统管理和控制计算机系统的硬件和软件资源,并能给用户提供一个可以方便地使用计算机的良好界面。本章学习的 Windows 7 操作系统在用户界面、应用程序功能、安全、网络、管理性等方面有了大幅度的改善,同时其各方面性能也有大幅度提升。本章主要介绍 Windows 7 操作系统的基本知识与操作,学习、理解并熟练地掌握 Windows 7 的各种功能与操作方法,为下一步学习 Office 组件的相关操作及后续各种应用软件打好基础。

Windows7 操作系统的"开始"菜单项存放操作系统的大部分命令,通过对"开始"菜单的设置,几乎可以完成系统的使用、管理和维护的工作,并进行 Windows 7 几乎所有的操作。本章主要介绍开始菜单中的控制面板、附件、运行、帮助和支持几个重要的菜单项,并学习最常用的启动程序操作的基础知识。

文件是计算机中存储信息的项,文件以图标的形式表示,并存储在磁盘上;文件夹是存储文件的容器。文件和文件夹的操作与管理是 Windows 7 非常重要的内容。本章基于文件和文件夹的管理工具,对文件或文件夹的创建、查看、复制、移动、删除、压缩和解压缩等基本操作进行详细讲解,以便对后面的操作奠定基础。

本章主要内容

    ⎇ Windows 7 操作系统概述

    ⎇ Windows 7 桌面操作

    ⎇ Windows 7 控制面板

    ⎇ Windows 7 的附件

    ⎇ Windows 7 系统文件和文件夹的操作

2.1 Windows 7 操作系统概述

📖 本节重点和难点：

重点：
- Windows 发展进程
- Windows 7 运行环境

难点：
- Windows 7 的安装

2.1.1 微软桌面客户端发展进程

微软桌面客户端操作系统 Windows 命名方式，前三代依次是 Windows 1.0、Windows 2.0 和 Windows 3.0，到第四代 Windows 4.0 第一次按照年代命名，也就是里程碑式的 Windows 95。接下来的 Windows 98、98SE、Millennium(ME) 分别是 4.0.1988、4.10.2222、4.90.3000，所以 Windows 9x 系列都是基于 4.0 版代码的，属于同一家族。与此同时，微软还开发了 Windows NT 架构，而 2000 年全新出炉的 Windows 2000 综合了桌面 Windows 9x 和 Windows NT 两种架构的优秀特性，性能及稳定性都达到了空前的程度，同时代码版本也升级到 5.0。

Windows XP 是微软公司 2001 年推出的操作系统，Windows XP 整合了 Windows NT/2000 和 Windows 3.1/95/98/ME，使用了 Windows NT 5.1 的内核，它的发行标志着 Windows NT 进入家庭客户的市场。Windows XP 被认为是微软 Windows 产品线最成功的操作系统。

Windows Vista 是微软公司 2007 年推出的操作系统。Windows Vista 包含了上百种新功能，在内核和外壳架构方面做了重大改变，核心代码版本进入了 6.0，这也是发布初期导致大量应用程序不兼容的关键原因。Vista 由于它的价格高、兼容能力差、运行不稳定等问题被用户称为毁誉参半的操作系统。

Windows 7 是微软公司于 2009 年 10 月 22 日正式发布的操作系统。Windows 7 相对以前的版本更易于使用、快速、安全。核心代码版本从 Windows NT 6.0 升级到 Windows NT 6.1，一方面确保它能延续 Windows Vista 的优秀特性，另一方面也能最大程度地保证应用程序的兼容性，避免迁移更新过程中的麻烦。Windows 7 可供家庭及商业工作环境、笔记本电脑、平板电脑、多媒体中心等使用。

2.1.2 Windows 7 的运行环境和安装

在安装 Windows 7 之前，要求计算机的配置必须已达到了 Windows 7 对计算机运行环境的基本要求。

1. 中文版 Windows 7 的运行环境

Windows 7 对电脑的硬件需求非常低，不仅远远低于 Vista 系统，一些用户甚至发现安装 Windows 7 比 Windows XP 的硬件需求还要低。它所需的最低配置如下。

- CPU 最低 1GHz 或更高的 32 位或 64 位兼容微处理器，一般双核处理器都在 1GHz 以上。
- 内存 RAM 1GB(基于 32 位处理器)，或 2GB(基于 64 位处理器)。
- 硬盘空间可用 16GB(基于 32 位处理器)，或 20GB(基于 64 位处理器)。目前的硬盘一般在 500GB 以上，所以绝大多数电脑都可以满足条件。
- 显示器要求分辨率在 1024×768 像素及以上(低于该分辨率则无法正常显示部分功能)，或可支持触摸技术的显示设备。
- 显卡带有 WDDM 1.0 或更高版本的驱动程序的 DirectX 9 图形设备，否则有些特效显示不出来。

若要使用某些特定功能，还有下面一些附加要求。

- Internet 访问(可能会有网络宽带费)。
- 根据分辨率，播放视频时可能需要额外的内存和高级图形硬件。
- 一些游戏和程序可能需要图形卡与 DirectX 10 或更高版本兼容，以获得最佳性能。
- 对于一些 Windows 媒体中心功能，可能需要电视调谐器以及其他硬件。
- Windows 触控功能和 Tablet PC 需要特定硬件。
- 家庭组需要网络和运行 Windows 7 的微机。
- 制作 DVD/CD 时需要兼容的光驱。
- Windows XP 模式需要额外的 1GB 内存和 15GB 可用的硬盘空间。
- 音乐和声音需要音频输出设备。

2. 中文 Windows 7 的安装

微软的最新的操作系统 Windows 7 安装大约需要时间为：光盘大约 30 分钟，USB 闪存 18 分钟，移动硬盘 13 分钟左右。

1) 安装 Windows 7 前的准备工作

Windows 7 系统可以从零售商处购买。对于不含内置 DVD 驱动器的上网本或其他计算机，在线购买是安装 Windows 7 的一种简便方法。为了节省时间并避免安装期间出现问题，请执行以下操作。

- 查找产品密钥。可以在计算机上或 Windows 包装盒内的安装光盘盒上找到产品密钥。如果在线购买并下载了 Windows 7，则还可以在确认电子邮件找到它。产品密钥不干胶标签格式为：×××××-×××××-×××××-×××××-×××××。
- 记下计算机名称。如果计算机连接到网络，则在 Windows 7 安装完毕后可能会要求提供计算机名称。
- 备份文件。可以将文件备份到外部硬盘、DVD 或 CD，或者网络文件夹。建议用户使用 Windows 传送备份文件和设置。
- 决定要安装 32 位还是 64 位版本的 Windows 7。Windows 7 安装光盘盒同时包含 32 位和 64 位版本的 Windows 7。

2) 升级模式安装 Windows 7

升级选项可以保留当前版本 Windows 的文件、设置和程序。打开计算机以便正常启动 Windows 系统。若要执行升级，则不能从 Windows 7 安装介质启动或引导计算机。在 Windows 启动之后，执行下列操作之一。

- 如果已下载 Windows 7，则找到所下载的安装文件，然后双击它。
- 如果有 Windows 7 安装光盘，将光盘插入电脑，安装过程应自动开始。如果没有自动开始，则依次单击"开始"按钮和"电脑"，再双击 DVD 驱动器，以打开 Windows 7 安装光盘，然后双击 setup.exe。
- 如果已将 Windows 7 安装文件下载到 USB 闪存驱动器上，将该 USB 插入计算机，安装过程自动开始。否则，依次单击"开始"|"我的电脑"，找到 Setup.exe 文件，双击，在"安装 Windows"页面上单击"立即安装"按钮。
- 在"请阅读许可条款"页面上，单击"我接受许可条款"按钮。
- 在图 2-1-1 所示"您想进行何种类型的安装？"页面上，单击"升级"按钮。

图 2-1-1　选择安装类型

3）自定义模式且不格式化磁盘安装 Windows 7

使用"自定义"选项可以在选择的分区上安装 Windows 7 的新副本。此操作会擦除文件、程序和设置，所以备份好在选择的分区上要保留的所有文件和设置，以便安装完成后可以还原它们。操作步骤如下。

（1）在"您想进行何种类型的安装？"页面上，单击"自定义"按钮。

（2）在"您想将 Windows 安装在何处？"页面上，选择包含以前版本的 Windows 的分区（通常为计算机的 C 盘），然后单击"下一步"按钮。

（3）按照提示信息完成 Windows 7 安装，包括为计算机命名以及设置初始用户账户等。

4）自定义模式且格式化磁盘安装 Windows 7

若要在 Windows 7 安装过程中对硬盘格式化，则需使用 Windows 7 安装光盘或 USB 闪存驱动器启动或引导计算机。

在 Windows 7 自定义安装期间格式化硬盘会永久擦除格式化的分区上的所有内容，包括文件、设置和程序。所以备份好硬盘上要保留的所有文件和设置，以便安装完成后可还原它们。操作步骤如下。

（1）打开计算机以便 Windows 正常启动，插入 Windows 7 安装光盘或 USB 闪存驱动器,然后关闭计算机,重新启动计算机。

（2）收到提示时按任意键,然后按照显示的说明进行操作。

（3）在图 2-1-2 所示"安装 Windows"页面上,输入语言和其他选项,单击"下一步"按钮。

图 2-1-2　安装 Windows 页面

（4）在"请阅读许可条款"页面上,单击"我接受许可条款",然后单击"下一步"按钮。

（5）在"您想进行何种类型的安装?"页面上,单击"自定义"按钮。

（6）在"您想将 Windows 安装在何处?"页面上,单击"驱动器选项(高级)"按钮。

（7）单击要更改的分区,单击要执行的格式化选项,然后按照说明进行操作,完成格式化后,单击"下一步"按钮。

（8）完成 Windows 7 的安装,包括为计算机命名及设置初始用户的账户。

2.1.3　Windows 7 的启动和退出

1. Windows 7 的启动

Windows 7 系统安装后,启动按照先外设后主机的顺序,首先打开显示器、音箱电源开关,然后打开计算机主机电源,计算机进行自检和初始化(主机箱上硬盘显示灯闪烁),如果计算机中只安装了 Windows 7 操作系统,会自动启动 Windows 7。如果计算机中安装了多个操作系统,在启动计算机时会出现一个选择菜单,使用键盘上的方向键,选择 Windows 7 操作系统后,按 Enter 键即可。

Windows 7 启动后,显示 Windows 7 桌面或者启动用户登录界面,要求选择用户与输入密码,选择输入用户与密码后,按 Enter 键,进入 Windows 7 的桌面。

2. Windows 7 的退出

退出 Windows 7 切记不可直接关闭电源,否则有可能会造成数据丢失,甚至会造成操作系统或计算机的损坏,导致不可挽回的后果。正确操作步骤如下。

（1）单击任务栏左侧的"开始"按钮,打开"开始"菜单。

（2）在"开始"菜单中,选择"关机"按钮,即可关闭打开的所有程序,关闭 Windows 7,关闭计算机,如图 2-1-3 所示。

图 2-1-3 退出 Windows 7 页面

也可单击"关机"按钮右侧的箭头，打开电源按钮操作列表，可选择"重新启动"命令、"切换用户"命令、"注销"命令、"锁定"命令或"休眠"命令等。

2.2 Windows 7 基本操作

📖 本节重点和难点：

重点：
- 桌面操作
- 任务栏操作
- 设置"开始"菜单的属性

难点：
- 桌面快捷菜单的操作
- "开始"菜单部分属性的设置

2.2.1 Windows 7 桌面操作

桌面是 Windows 面向用户的第一个界面，Windows 7 的桌面由桌面图标、桌面背景、任务栏、开始按钮、语言栏和通知区域组成。

1. 添加桌面图标

Windows 7 常用的桌面图标有计算机、用户文件、网络、回收站和控制面板，初次使用 Windows 7 时桌面上只会显示"回收站"图标，用户可根据需要和习惯在桌面上放置显示的图标、一些常用的文件、文件夹或应用程序的快捷方式，如果要添加常用的桌面图标，可以按照以下步骤进行操作。

（1）在桌面空白处右击，打开快捷菜单中"个性化"窗口，如图 2-2-1 所示。

图 2-2-1 "个性化"窗口

（2）单击左侧窗格中"更改桌面图标"，在弹出的"桌面图标设置"对话框中勾选要显示图标的复选框，如图 2-2-2 所示。

图 2-2-2 桌面图标设置

Windows 7 操作系统

2. 桌面快捷方式的创建

在桌面除了能够添加常用的桌面图标外,还可以创建常用文件、文件夹或程序的快捷方式。通过快捷方式可以快速地打开它指向的文件、文件夹或程序(有关快捷方式的详细内容请参考第 4 章的文件和文件夹操作)。

在桌面上创建某对象的快捷方式有多种方法,下面以 Word 程序为例,介绍在桌面上创建快捷方式的 3 种操作方法。

1) 用"快捷菜单"创建快捷方式

选择"开始"|"所有程序"| Microsoft Office,右击 Microsoft Word,在弹出的快捷菜单中选择"发送到"中的"桌面快捷方式"项,即可创建 Word 的桌面快捷方式,如图 2-2-3 所示。

图 2-2-3　利用"快捷菜单"创建快捷方式

2) 用快捷方式向导创建快捷方式

在桌面空白处右击,选择"新建"|"快捷方式",如图 2-2-4 所示。

在对话框的文本框中输入存放 Word 程序的路径和程序名称,如"C:\Program Files\Microsoft Office\Office 14\WINWORD. EXE",或单击"浏览"按钮,查找到文件 winword .exe;单击"下一步"按钮,在弹出的对话框中输入快捷方式的名称或保留默认的名称,单击"完成"按钮,即可在桌面上建立 Word 的快捷方式图标。

3) 用拖放法创建快捷方式

从"开始"按钮逐层展开直到找到 Word 后,按右键拖到桌面的空白区域,在弹出的快捷菜单中选择"在当前位置创建快捷方式"即可。

3. 桌面其他操作

1) 建立文件夹

右击桌面空白处,在弹出的快捷菜单中选择"新建"|"文件夹"项,在文件夹名称文本框中输入文件夹名称后按 Enter 键即可。

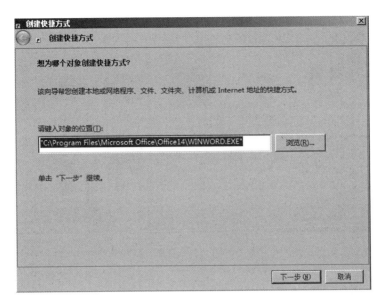

图 2-2-4　用向导创建快捷方式

2）排列桌面图标

可以将桌面上的图标按自己的需要排列。右击桌面空白处，在图 2-2-5 所示的菜单中单击"排序方式"中名称、大小、项目类型和修改日期 4 个不同的排列方式。

注意：若选择了"查看"|"自动排列图标"选项，则用户就不可以通过鼠标拖动把图标放置在任意位置。

3）隐藏桌面图标

用户可以根据使用习惯显示与隐藏桌面图标。右击桌面空白处，单击快捷菜单中"查看"|"显示桌面图标"命令，取消其左侧复选框的勾选即可。

对桌面上所隐藏的图标，只是暂时不显示，并不是进行了删除操作。再次单击快捷菜单中的"查看"|"显示桌面图标"命令，桌面上的图标就被显示出来。

图 2-2-5　排列桌面图标

4）更改桌面图标大小

用户可以根据使用习惯重新设置图标的大小。右击桌面空白处，单击快捷菜单中的"查看"|"大图标|中等图标|小图标"命令，改变桌面图标的大小。也可在桌面上，按住 Ctrl 键的同时滚动鼠标滚轮更改桌面图标的大小。

5）桌面小工具

Windows 中包含称为"小工具"的小程序，可以提供即时信息以及可轻松访问常用工具的途径。可以使用小工具显示图片幻灯片、查看不断更新的标题或查找联系人、可以在打开程序的旁边显示新闻标题，这样在工作时跟踪发生的新闻事件，则无需停止当前工作就可以切换到新闻网站。

右击桌面，然后单击"小工具"，出现图 2-2-6 所示的窗口。其中有"日历"、"时钟"、"天气"等小工具。单击右下方的按钮可以联机获得更多小的工具。

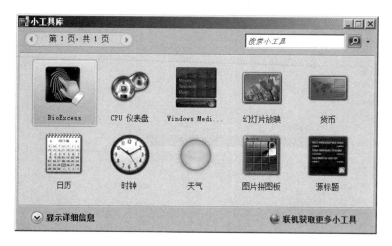

图 2-2-6 "小工具库"窗口

2.2.2 Windows 7 任务栏操作

任务栏是位于屏幕底部的水平条,它是 Windows 桌面中的一个重要工具条,通过任务栏,用户可以完成各种设置和任务管理以及访问最重要的文件及程序。任务栏与桌面不同的是,桌面可以被打开的窗口覆盖,而任务栏几乎始终可见。它有以下三个主要部分。

- 最左侧的"开始"按钮:用于打开"开始"菜单。
- 中间部分:主要显示已打开的程序和文件,并可以在它们之间快速切换。
- 通知区域:位于任务栏的右侧,包括时钟以及一些告知特定程序和计算机设置状态的图标。

本节介绍任务栏的中间部分和通知区域,有关"开始"菜单的操作在后面章节介绍。

1. 中间部分

任务栏左端的"开始"按钮和右端的"通知区域"之间的部分称为中间部分。这个区域上主要显示已打开的程序和文件,还可以显示锁定到任务栏上的程序图标和包括语言栏的工具栏。

1)查看所打开窗口的预览

将鼠标指针移向任务栏上打开窗口对应的按钮时,会出现该窗口的标题内容。

2)将程序锁定到任务栏上

Windows 7 里面虽然取消了快速启动工具栏,但是快速启动的功能仍然存在。可以将程序锁定到任务栏,用的时候一样可以方便打开,而无需在"开始"菜单中浏览该程序。

操作方法:如果此程序已运行,则右击任务栏上此程序的图标(或将该图标拖向桌面),打开此程序的跳转列表,然后选择"将此程序锁定到任务栏",如图 2-2-7 所示。

图 2-2-7 将程序锁定到任务栏

若程序没有运行,则单击"开始"按钮,找到此程序的图标,右击图标并单击"锁定到任务栏"。如图 2-2-8 所示。

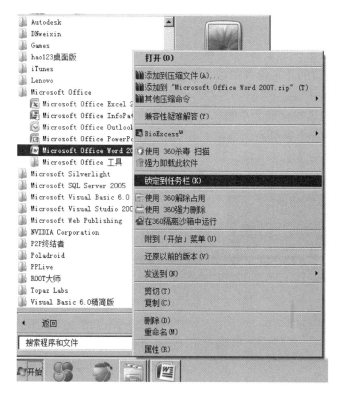

图 2-2-8　通过"开始"菜单将程序锁定到任务栏

此外,还可以通过将程序的快捷方式从桌面或"开始"菜单拖动到任务栏来锁定程序。

注意:若要从任务栏中删除某个锁定的程序,右击该程序,单击"将此程序从任务栏解锁"。

3)将工具栏添加至任务栏

工具栏是一行、一列或一组按钮或图标,代表可以在程序中执行的任务。一些工具栏可以出现在任务栏上。

操作方法:右击任务栏的空白区域,然后指向"工具栏",单击列表中的任一项目(地址、链接或桌面)可添加或删除它。旁边带有复选标记的工具栏名称已显示在任务栏上。可以单击"新建工具栏",添加工具栏到任务栏上。

4)语言栏的使用

语言栏是一种工具栏,添加文本服务时,它会自动出现在桌面上。语言栏提供了从桌面快速更改输入语言或键盘布局的方法。可以将语言栏移动到屏幕的任何位置,也可以将其最小化到任务栏或隐藏它。语言栏上显示的按钮和选项集会根据所安装的文本服务和当前处于活动状态的软件程序的不同而发生变化。在语言栏上右击 CH 图标或键盘图标,打开图 2-2-9 所示的菜单,可以对

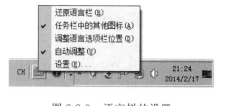

图 2-2-9　语言栏的设置

语言栏进行相关的设置。

　　注意：如果语言栏没有在任务栏的快捷菜单"工具栏"中列出，则表示计算机上没有安装多个输入语言。需要使用"控制面板"中的"区域和语言"来添加其他语言。

2. 通知区域

　　通知区域位于任务栏的最右侧，包括一个时钟和一组图标。这些图标表示计算机上某程序的状态，或提供访问特定设置的途径。图标集取决于已安装的程序或服务以及计算机制造商设置计算机的方式。

　　（1）将指针移向通知区域某个图标时，会看到该图标的名称或某个设置的状态。例如，指向音量图标，将显示计算机的当前音量级别；指向网络图标，将显示有关是否连接到网络、连接速度以及信号强度的信息。

图 2-2-10　插入 U 盘"通知"区域的变化

　　（2）单击通知区域中的某个图标通常会打开与其相关的程序或设置。例如，单击音量图标会打开音量控件；单击网络图标会打开"网络和共享中心"。

　　（3）通知是在任务栏的通知区域显示的弹出小窗口。它们提示有关各种事项的信息，这些事项包括状态、进度及新设备的检测，如插入 USB 后会弹出图 2-2-10 所示的窗口。为了减少混乱，如果在一段时间内没有使用图标，Windows 会将其隐藏在通知区域中。如果图标变为隐藏，则单击"显示隐藏的图标"按钮，可临时显示隐藏的图标。

　　（4）更改图标在任务栏通知区域中的显示方式。新安装操作系统的计算机在通知区域已有一些图标，而且某些程序在安装过程中会自动将图标添加到通知区域。这些程序图标提供有关传入的电子邮件、更新、网络连接等事项的状态和通知。对于这些图标，可以选择是否显示它们。

- 查看隐藏图标：指向通知区域旁边的箭头会提示"显示隐藏的图标"，单击它就能看到隐藏的图标。如果没有箭头，则表示没有隐藏图标。
- 隐藏通知区域中的图标：拖动通知区域中的图标到"显示隐藏的图标"中。
- 将隐藏图标添加到通知区域：单击通知区域旁边的箭头，然后将要移动的图标拖动到任务栏的通知区域。
- 始终显示所有图标：右击任务栏空白处，选择"属性"，打开"任务栏和「开始」菜单属性"对话框，在"通知区域"框架单击"自定义"，在打开的"通知区域图标"对话框中勾选"始终在任务栏上显示所有图标和通知"复选框，单击"确定"按钮。

3. 自定义任务栏

　　任务栏可以自定义风格。例如，可以将整个任务栏移向屏幕的左边、右边或上边。可以使任务栏变大，让 Windows 在不使用任务栏的时候自动将其隐藏等。

　　1）更改任务栏的位置

　　Windows 7 任务栏默认情况下在桌面的底部显示，如果要更改任务栏的位置，首先右击任务栏上的空白处,取消"锁定任务栏"。然后按住任务栏的空白处拖动任务栏到屏幕的四个边缘之一。当任务栏出现在所需的位置时,释放鼠标按钮。

2)调整任务栏大小

为按钮和工具栏创建更多空间。首先将它锁定,然后指向任务栏的边缘,直到指针变为双箭头,然后拖动边框将任务栏调整为所需大小。

3)显示或隐藏任务栏

可以隐藏任务栏以创造更多的空间。如果在屏幕上的任何地方都看不到任务栏,则它可能被隐藏了。右击任务栏,选择"属性",打开"任务栏和「开始」菜单属性"对话框,选中"自动隐藏任务栏"复选框,然后单击"确定"按钮。

4)更改图标在任务栏上的显示方式

任务栏上的按钮可以按下述 4 种方式显示。

(1)始终合并、隐藏标签。这是默认设置。每个程序显示为一个无标签的图标,即使当打开某个程序的多个项目时也是如此。一个图标既表示程序,也表示打开的项目。

(2)当任务栏被占满时合并。该设置将每个项目显示为一个有标签的图标。当任务栏变得非常拥挤时,具有多个打开项目的程序折叠成一个程序图标。单击图标显示打开的项目列表。

(3)从不合并。该设置与"当任务栏被占满时合并"相似,只是图标从不会折叠成一个图标,无论打开多少窗口都是如此。随着打开的程序和窗口越来越多,图标会减小大小并且最终在任务栏中滚动。

设置方法:打开"任务栏和「开始」菜单属性"对话框,在"任务栏按钮"列表中选择"始终合并、隐藏标签"或"当任务栏被占满时合并"或"从不合并"即可,如图 2-2-11 所示。

图 2-2-11　设置更改图标在任务栏上的显示方式

注意:无论是否选择显示展开的图标标签,在任务栏上表示同一程序的多个图标仍然组合在一起。在以前版本的 Windows 中,项目按照打开它们的顺序出现在任务栏上,但在

Windows 7 中,相关的项目始终彼此靠近。

（4）重新排列任务栏上的图标。可以重新排列和组织任务栏上的程序图标（包括锁定的程序和未锁定但正在运行的程序），以便按照自己希望的顺序显示。

操作方法：将图标从当前位置拖动到任务栏上的其他位置。

2.2.3 Windows 7 的"开始"菜单

1."开始"菜单

"开始"菜单可以完成对系统的使用、管理和维护的所有工作,单击屏幕左下角的"开始"按钮或按"Windows"徽标键,打开"开始"菜单,如图 2-2-12 所示。

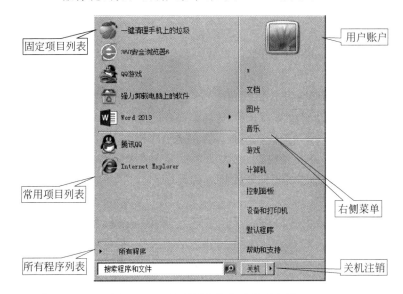

图 2-2-12 "开始"菜单各功能示意图

1）固定项目列表

"固定项目列表"中的程序会始终保留在列表中,它不会随着对程序使用的频繁情况发生变化。这里一般包含的是 IE 浏览器和 Outlook 电子邮件收发程序的快捷按钮。

2）常用项目列表

"最常使用的程序列表"自动列出经常使用的程序,如果以后不再使用这些程序了,其他正频繁使用的程序名字取代这些程序名字。

3）所有程序列表

当单击"所有程序"项时,弹出一个"所有程序"的子菜单列表,列有计算机中所安装的所有程序的菜单,单击就可以执行,如图 2-2-13 所示。再单击"返回"按钮,则回到"开始"菜单。

4）用户账户区

用户账户区显示的是当前登录用户的账户名和用户图片。

5）右侧菜单列表

右侧列表中显示了"文档"、"计算机"、"音乐"等菜单,单击便可打开相应的窗口。

单击"控制面板"菜单,便可打开 Windows 的"控制面板"窗口,用户可以在该窗口中设

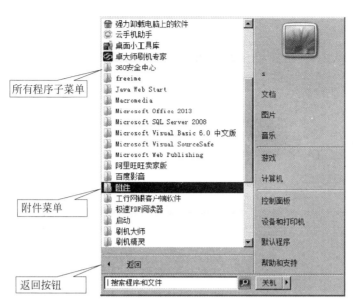

所有程序子菜单

附件菜单

返回按钮

图 2-2-13 "所有程序"菜单中的"附件"子菜单

置计算机的外观和功能、并对计算机的各种硬件组成、软件进行设置,安装或卸载程序、设置网络连接和管理用户账户等。

单击"帮助和支持",打开"Windows 帮助和支持"窗口,在此可以学习如何使用 Windows 7,并获取一些疑难解答信息。

单击"运行"菜单,输入或浏览找到程序的路径和名称,可以打开对应的项目。

在"搜索"框输入关键字,可以查找需要查找的项目。

6）关闭、注销区

单击"关机"按钮,关闭计算机；单击"关机"按钮右侧的箭头,可以选择"切换用户"、"注销"、"重新启动"等。

2. 设置"开始"菜单的属性

为了更方便地使用"开始"菜单,系统允许用户根据需要和喜好自定义"开始"菜单。

1）在"开始"菜单添加软件的快捷启动

如将 Word 2013 添加到"开始"菜单,操作是：在"开始"菜单中单击"所有程序",打开 Microsoft Office 2013,在 Word 2013 上右击,选"附到「开始」菜单",Word 2013 即可附加到"开始"菜单固定项目列表。若要解除程序图标,右击它,单击"从开始菜单解锁",若要更改固定项目的顺序,将程序图标拖动到列表中的新位置。

2）跳转列表

"跳转列表"就是最近使用文件、文件夹或网站的项目列表,这些列表按照所使用的程序进行组织。无论是在"开始"菜单上,还是在任务栏上查看,在程序的"跳转列表"中看到的项目是相同的。要使用跳转列表,可以选择下列操作之一。

（1）"开始"菜单中的跳转列表。

使用跳转列表可以快速地启动最近使用文件、文件夹或其他项目。如将鼠标指向"开始"菜单中的 Word 2013 时,自动打开该程序的跳转列表,看到最近使用的 Word 2013 文件，如图 2-2-14 所示。

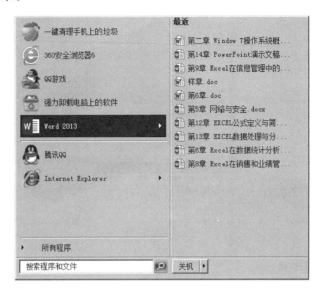

图 2-2-14　"开始"菜单中的跳转列表

（2）"任务栏"中的跳转列表。

右击任务栏上的程序图标，会打开该程序的跳转列表。

除了可以使用"跳转列表"打开最近使用的项目之外，还可以将收藏夹锁定到"跳转列表"，以便可以快速地访问每天使用的项目。

（3）将项目锁定到跳转列表。

单击"开始"按钮，打开应用程序（如 Word 2013）的跳转列表，右击要锁定的项目，然后单击"锁定到此列表"按钮，该项目便固定到该程序的跳转列表中，如图 2-2-15 所示。

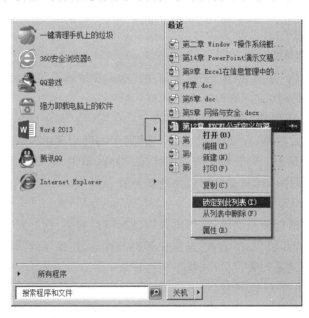

图 2-2-15　锁定项目到跳转列表

3. 清除"开始"菜单中最近打开的文件或程序

清除"开始"菜单中最近打开的文件或程序不会将它们从计算机中删除,只是删除"开始"菜单中的图标。

操作方法:右击"开始"按钮,选择"属性"项,在"任务栏和「开始」菜单属性"对话框中,单击"「开始」菜单"选项卡。取消复选框"存储并显示最近在「开始」菜单中打开的程序"或"存储并显示最近在「开始」菜单和任务栏中打开的项目"的勾选,如图 2-2-16 所示,可以清除最近打开的程序或项目。

4. 设置"开始"菜单自定义属性

右击"开始"按钮,选择"属性",在"任务栏和「开始」菜单属性"对话框中,单击"「开始」菜单"选项卡,然后单击"自定义"按钮。可实现如下几个内容。

1)调整频繁使用的程序的快捷方式的数目

在"要显示的最近打开过的程序的数目"框中,输入想在"开始"菜单中显示的程序数目,如图 2-2-17 所示,之后确定。

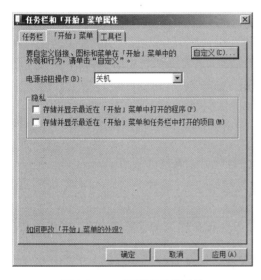
图 2-2-16 "开始"菜单属性

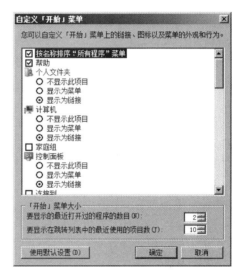
图 2-2-17 设置"开始"菜单自定义属性

2)自定义"开始"菜单的右窗格

可以添加或删除出现在"开始"菜单右侧的项目,如计算机、控制面板和图片。还可以更改一些项目,以使它们显示为链接或菜单。在图 2-2-17 所示"自定义「开始」菜单"对话框中,从列表中选择所需选项,单击"确定"按钮。

3)还原"开始"菜单默认设置

可以将"开始"菜单还原为其最初的默认设置。在"自定义「开始」菜单"对话框中,单击"使用默认设置"按钮,之后确定。

2.2.4 Windows 7 的窗口和对话框

1. 窗口

在 Windows 7 中,每启动一个应用程序或者打开一个文件夹,系统都会打开一个窗口用于使用和管理相应的内容。当一个应用程序窗口被关闭时，也就终止了该应用程序的运行；而当一个应用程序窗口被最小化时它仍然在后台运行。尽管各种应用程序的功能大相径庭，然而 Windows 窗口的形式基本一致。窗口的组成包括菜单栏、标题栏、工具栏、"最小化"按钮、"最大化"按钮、"关闭"按钮、滚动条和边框。

以"计算机"窗口为例，说明窗口的组成部分，如图 2-2-18 所示。

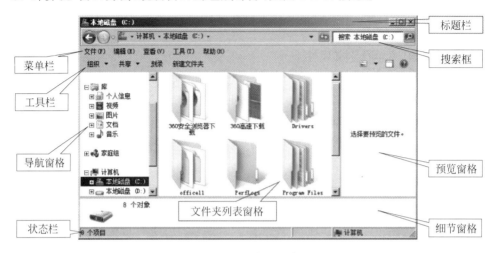

图 2-2-18　窗口组成

（1）标题栏：标题栏在该窗口的顶部，它的左边是"控制菜单"按钮和该窗口的名称，右边是"最小化"、"最大化"、"还原"和"关闭"按钮。

（2）菜单栏：菜单栏列出了当前窗口操作的各项命令和属性设置入口。

（3）边框和角：每个窗口都有 4 条边，将鼠标移到边上，指针会变成一个双箭头，这时按住拖动就可以改变窗口的大小。

（4）地址栏：标题栏下边是地址栏，地址栏显示现在所在的文件夹位置，单击旁边的黑三角下拉按钮可以切换位置。

（5）工具栏：在菜单栏下边是工具栏，有两个工具按钮"组织"和"新建文件夹"；单击"组织"，弹出菜单，可以进行一些相关的操作；右侧有"更改视图"、"预览窗格"等 3 个按钮。

（6）窗格：一般窗口有细节窗格、预览窗格、导航窗格等若干个区域，各部分都有特定的功能。

（7）状态栏：窗口底部灰色的条，图 2-2-18 中显示"8 个项目"的位置。

2. 窗口的基本操作

1）最小化、最大化、还原窗口

通过窗口的"最大化"、"最小化"、"还原"按钮进行。最小化窗口在桌面上消失而不将其关闭，只在任务栏上显示为按钮。要使最小化的窗口重新显示在桌面上，单击其任务栏按钮；在窗口的标题栏上双击可以快速进行最大化和还原的操作。

2）在窗口间切换

当打开多个窗口的时候，只有一个是当前活动窗口。切换窗口可以通过鼠标单击，或者通过单击任务栏窗口对应的图标，使其成为活动窗口。

3）自动排列窗口

可以在桌面上按自己喜欢的方式排列窗口。操作方法：右击任务栏的空白区域，单击"层叠窗口"、"堆叠显示窗口"或"并排显示窗口"。

4）使用"对齐"排列窗口

"对齐"将在移动的同时自动调整窗口的大小，或将这些窗口与屏幕的边缘"对齐"。可以使用"对齐"并排排列窗口、垂直展开窗口。

- 并排排列窗口：将窗口的标题栏拖动到屏幕的左侧或右侧，直到出现展开窗口的轮廓时为止。
- 垂直展开窗口：鼠标指向窗口的上下边缘，指针变为双向箭头时，拖动到屏幕顶端或底部，直到出现窗口轮廓为止。

3. 菜单

大多数程序包含几十个甚至几百个使程序运行的命令(操作)。其中很多命令组织在菜单下面，就像餐厅的菜单一样，程序菜单也显示选择列表。为了使屏幕整齐，会隐藏这些菜单，只有在标题栏下的菜单栏中单击菜单标题之后才会显示菜单。

1）菜单的分类和作用

在 Windows 中，菜单是计算机与用户交互的主要方式。菜单会在很多地方出现，表现形式也多种多样，具体种类有"开始"菜单、控制菜单、文件夹和应用程序窗口的下拉菜单和快捷菜单等。它们均是把很多命令和选项集中在一起，并用层次结构组织起来，便于用户选择和操作。

2）菜单选项

使用菜单的前提是先选定要操作的文件与文件夹，菜单中的主要内容是菜单选项，菜单选项也称为命令选项。每个菜单选项由一个图标和提示文字所组成，菜单选项的一些特征含义如下。

- 正常的与暗淡的菜单选项：正常的菜单选项是用黑色字符显示出来的，用户可随时选取它。暗淡的菜单选项表示在当前情形下处于不可用状态。
- 菜单选项名称后带省略号…：表示选择该菜单选项后会出现对话框，要求用户输入进一步的信息或改变某些设置。
- 菜单选项名称前的√符号：是复选标记，在菜单分组中，可选多项。有该符号表示选中，该项起作用；若再次单击，则取消了这个标记，该项就不起作用了。
- 菜单选项名称前有符号●：是单选标记，在菜单分组中，只能选其中之一项。选中则该项起作用，取消则不起作用。
- 菜单名称右侧带有实心黑三角标记：表示该选项下还有下一级子菜单，当鼠标指向时，会弹出一个级联子菜单。
- 菜单名称后边有一字母：称为热键，按热键可执行相应命令，不必用鼠标选取。
- 菜单名称后边有字母组合键：称为快捷键，使用快捷键可直接执行相应的命令，不必通过菜单操作。
- 下拉菜单下面的隐藏标记(向下的双箭头)：表示该下拉菜单下面还有内容，指向它即可显示下面的内容。
- 菜单名称前的其他标记：这种标记一般是该选项的图标，并出现在工具栏中。

3）对话框

在 Windows 7 操作系统中，对话框是用户和微机进行交流的中间桥梁，可以提出问题，允许选择选项来执行任务，或者提供信息，当程序或 Windows 7 需要用户进行响应，它才能继续进行。对话框与常规窗口不同，多数对话框无法最大化、最小化或调整大小，但是它们可以被移动。对话框中的大多数元素如图 2-2-19 所示。一般情况下，对话框中包含各种各样的选项卡、单选按钮、列表框、复选框、命令按钮、文本框。

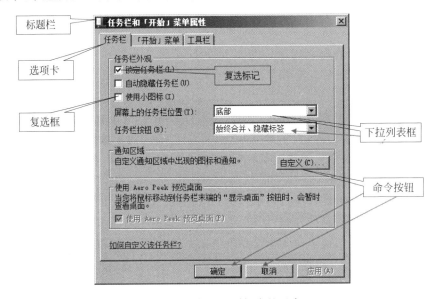

图 2-2-19　部分对话框中的元素

2.2.5　Windows 7 的帮助和支持

Windows7 提供了功能强大的帮助系统，用户在任何时候都可以快速获取常见问题的答案、疑难解答提示以及操作执行说明。Windows 帮助和支持是 Windows 的内置的帮助系统。

打开"帮助和支持"的方法：在"开始"菜单中选择"帮助和支持"命令，或在窗口的菜单栏中，展开"帮助"菜单项，单击"查看帮助"命令。在该窗口可从以下几个方面获得帮助。

1. 使用"搜索"获得帮助

获得 Windows 帮助的最快方法是在搜索框中输入一个或两个词。例如，若要获得 Windows 7 系统"库"的操作帮助信息，则在"搜索框"中输入"库"，然后按 Enter 键或者"搜索"按钮。出现结果的列表中最有用的结果显示在顶部。单击其中一个结果阅读帮助主题，如图 2-2-20 所示。

2. 浏览帮助

用户可以按主题浏览帮助主题。单击"帮助和支持"窗口右上角的"选项"下拉三角，单击"浏览帮助"按钮，出现"目录"列表，然后单击某个主题标题。主题标题可以包含帮助主题或其他主题标题。单击帮助主题将其打开，或单击其他标题更加细化主题列表。

3. 获得程序帮助

几乎每个程序都包含自己的内置帮助系统。打开程序帮助系统的方法：如果程序窗口

图 2-2-20　Windows 7 帮助和支持

有"帮助"菜单,则单击"帮助"菜单,单击列表中的第一项,如"查看帮助"、"帮助主题"或类似短语。还可以通过按 F1 功能键获取帮助。

4. 获得对话框和窗口帮助

除特定程序的帮助以外,有些对话框和窗口还包含有关其特定功能的帮助主题。一般 Windows 标准窗口中都有"帮助"菜单,单击可获得帮助;在对话框中如果看到圆形或正方形内有一个问号,或者带下画线的彩色文本链接,单击它可以打开帮助主题。

2.3　Windows 7 控制面板

📖 **本节重点和难点:**

重点:

- 控制面板
- 附件菜单

难点:

- 安装与卸载应用程序

　　控制面板是 Windows 7 系统"开始"菜单的一个重要组成部分,控制面板是用来对系统本身进行个性化设置的一个工具集,这些设置几乎控制了有关 Windows 外观和工作方式的所有设置,包括外观和个性化、网络和 Internet 连接、硬件和声音、时钟语言和区域、系统和安全、用户账号和家庭安全、安装或卸载程序等操作。本节介绍控制面板中的常用的几种设置。

2.3.1 打开"控制面板"窗口

通过在"开始"菜单右侧窗格中打开"控制面板"窗口,如图 2-3-1 所示,该窗口可以按"类别"将各设置项目分类显示;也可以按小图标或大图标全部显示出来。在控制面板中可以使用两种不同的方法找到要查找的项目。

图 2-3-1　控制面板

1. 使用搜索框

若要查找感兴趣的设置或要执行的任务,则在搜索框中输入单词或短语。例如,输入"声音"可查找与声卡、系统声音以及任务栏上音量图标设置有关的特定任务。

2. 逐级浏览

选择"查看方式"下的"类别",可以通过单击不同的类别查看每个类别下列出的常用任务来浏览"控制面板"。

2.3.2 个性化设置

在使用 Windows 系统时,可以通过控制面板根据个人的喜好或需求对系统进行个性化设置,以增加实用性或美化系统。如自定义桌面背景、屏幕保护程序、声音效果、主题、窗口颜色与外观、鼠标设置等。

1. 设置桌面背景

桌面背景也称为壁纸,可以是个人收集的数字图片、Windows 提供的图片、纯色或带有颜色框架的图片。可以选择一个图像作为桌面背景和显示幻灯片图片。在"控制面板"中单击"类别"查看方式"外观和个性化"下的"更改桌面背景",打开"桌面背景"窗口,如图 2-3-2 所示。

1) 使用颜色或图片作为桌面背景

在"桌面背景"窗口中选择要用于桌面背景的图片或颜色,如果要使用的图片不在桌面

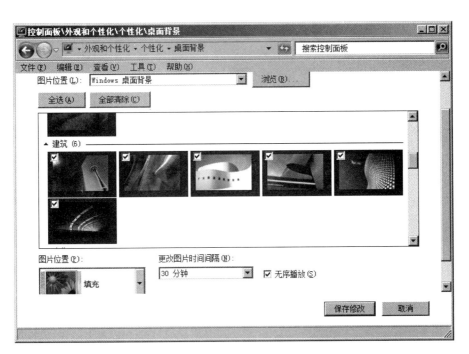

图 2-3-2　桌面背景

背景图片列表中,则单击"图片位置"列表中的"选项"查看其他类别,或单击"浏览"按钮搜索计算机上的图片。找到所需的图片后,双击该图片,它将成为桌面背景。

2)使用幻灯片作为桌面背景

这里的"幻灯片"是指选定的一系列图片,按设置的时间间隔不停变换。在"桌面背景"窗口中选择要用于桌面背景的多张图片,如果要使用的图片不在列表中,可以单击"图片位置"列表中的"选项"查看其他类别,或单击"浏览"按钮,搜索计算机上其他位置的图片。幻灯片中的图片必须位于同一文件夹中。可以为幻灯片调整图片位置、变换的时间间隔和无序播放设置,最后单击"保存更改"按钮。

2.屏幕保护程序

为了减少屏幕的损耗并保障系统的安全,当用户在一段规定的时间内没有使用计算机,则设置并启动屏幕保护程序,如设置了口令,只有用户本人才能恢复屏幕内容。Windows提供了多个屏幕保护程序,还可以使用保存在计算机上的个人图片或从网站上下载的屏幕保护程序。

设置屏幕保护程序的方法:打开"外观与个性化"窗口,单击"更改主题"按钮,在列表框中选择一个屏幕保护程序进行设置。若要停止屏幕保护程序,移动鼠标或按任意键。

3.设置声音效果

Windows附带多种针对常见事件的声音方案(相关声音的集合)。此外,某些桌面主题有它们自己的声音方案。

在"控制面板"中打开"外观与个性化"窗口,打开"硬件与声音"中"更改系统声音"对话框,单击"声音"选项卡,在"声音方案"列表中设置,如图 2-3-3 所示。

若要感觉一下某个声音方案,可单击该方案,在"程序事件"列表中单击不同的事件,然

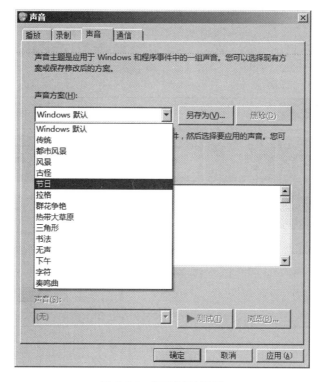

图 2-3-3　"声音"对话框

后单击"测试"倾听该方案中每个事件的发声方式。若要使用的声音没有列出，则单击"浏览"按钮进行查找。

4. 主题

主题是计算机上的图片、颜色和声音的组合。它包括桌面背景、屏幕保护程序、窗口边框颜色和声音方案。某些主题也可能包括桌面图标和鼠标指针。

1）更改主题

Windows 提供了多个主题供用户选择。比如，在"外观与个性化"窗口，单击"更改主题"，打开"个性化"窗口，在"基本和高对比度主题"下，单击"Windows 经典"图标，如图 2-3-4 所示。

如果将主题更改为 Windows 7 经典主题，将不再能够获得完整的 Aero 体验，Aero 是 Windows 7 版本中的高级视觉体验。其特点是具有透明的玻璃图案、窗口动画、Aero Flip 3D 和活动窗口预览。

2）自定义主题

可以分别更改主题的图片、颜色和声音等各个部分来创建新的主题，保存修改后的新主题以供自己使用或与其他人共享。单击打开"个性化"窗口，单击要更改以应用于桌面的主题，执行以下一项或多项操作，如桌面背景、窗口颜色和声音等。修改后的主题将作为未保存主题出现在"我的主题"下。

5. 窗口颜色与外观

1）通过更改主题来更改外观

每个主题都包含不同的窗口颜色，所以更改主题时窗口颜色等外观被自动更改。

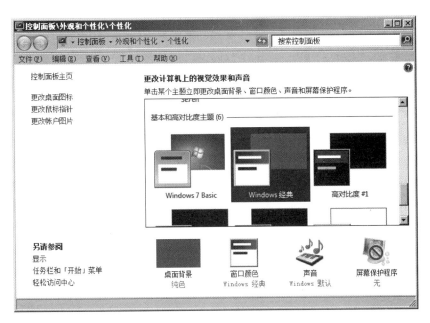

图 2-3-4　更改主题窗口

2）手动更改窗口颜色与外观

可以手动更改当前主题的颜色。在"个性化"窗口中，选择"更改主题"→窗口颜色"按钮并打开图 2-3-5 所示的"窗口颜色和外观"对话框，选择要改变外观的项目名称（如桌面），再修改需要改变的各参数值，然后单击"确定"按钮。

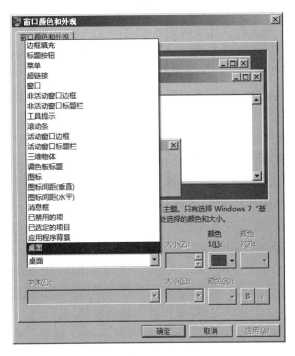

图 2-3-5　"窗口颜色和外观"对话框

6. 设置鼠标

在"控制面板"、"外观与个性化"窗口中,单击"更改主题"按钮,在打开的窗口中单击"更改鼠标指针"按钮,系统再打开"鼠标属性"对话框,通过各选项卡,设置调整鼠标键配置、鼠标指针等属性。

2.3.3 安装与卸载应用程序

使用计算机的主要目的是用其完成特定的任务,任务的完成主要是通过应用程序进行。应用程序来源有两种,一种为 Windows 7 操作系统附件中自带了大量的应用程序。另一种为第三方软件,有些功能必须使用第三方软件来完成。因此就需要选择合适的软件安装到计算机中,如果软件不再使用,可以将其从计算机中卸载,以节省空间。软件的安装卸载与复制删除不同,大部分的软件在安装时会对计算机的某些环境进行配置。

1. 安装程序

应用程序的安装要运行其安装程序,根据提示信息,在计算机的环境中进行相应的配置,才可以正常使用。如何添加程序取决于程序的安装文件所处的位置。通常,程序从 CD 或 DVD、Internet 网络安装。

1) 从 CD 或 DVD 安装程序

将光盘插入计算机,然后按照屏幕上的说明操作,输入提供的密码确认。从 CD 或 DVD 安装的许多程序会自动启动程序的安装向导。如果程序不开始安装,则检查程序附带的安装该程序的说明信息。然后打开程序的安装文件(文件名通常为 Setup. exe 或 Install. exe)。

2) 从 Internet 安装程序

在 Web 浏览器中,单击指向程序的链接,然后执行下列操作之一。

- 若要立即安装程序,可单击"打开"或"运行"按钮,然后按照提示操作。
- 若要以后安装程序,可单击"保存"按钮,然后将安装文件下载到用户的计算机上。做好安装该程序的准备后,双击该文件,并按照提示进行操作。

2. 卸载程序

由于在安装软件时对操作系统进行了相应的配置,因此应用程序的卸载必须使用卸载程序卸载相应的软件,否则会在系统中留下许多残留信息。

在控制面板中单击"程序"类别中的"卸载程序"图标,打开"程序和功能"窗口,如图 2-29 所示,在列表框中选择要卸载的程序名,然后单击列表上边的"卸载/更改"按钮即可。

3. 打开或关闭 Windows 功能

Windows 附带的某些程序和功能(如 Internet 信息服务)必须打开才能使用。

Windows 7 关闭某个功能不会将其卸载,这些功能仍存储在硬盘上,需要时重新打开它们即可。关闭不会减少 Windows 功能使用的硬盘空间量。

在图 2-3-6 所示的窗口中,单击"打开或关闭 Windows 功能",打开"Windows 功能"对话框,若要打开某个 Windows 功能,请选择该功能旁边的复选框。若要关闭某个 Windows 功能,请清除该复选框。

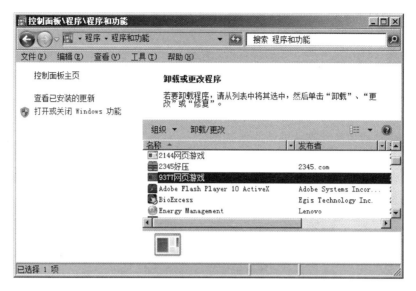

图 2-3-6 "程序"窗口

2.3.4 设置输入法

通常情况下,英文可以直接进行输入,中文则需要选择相应的输入法。目前,中文输入法种类越来越多,而且新输入法也不断涌现。掌握一些输入法的基本操作,可以提高输入法的使用效率与文本录入的速度。

1. 使用语言栏

语言栏是一种工具栏,添加文本服务时,它会自动出现在桌面上。语言栏上显示的按钮和选项根据所安装的文本服务和当前处于活动状态的软件程序的不同而发生变化,如图 2-3-7 所示的语言栏。它由"打开或关闭输入法"按钮、"输入法名称"按钮、"中英文切换"按钮、"全角/半角切换"按钮、"中英文标点切换"按钮和"软键盘"按钮等组成。

1) 打开或关闭输入法

默认情况下,语言栏处于英文输入状态。如果要打开或关闭中文输入法,可以使用快捷键 Ctrl+空格或单击语言栏中的第一个按钮来选择,实现中英文切换。

图 2-3-7 语言栏

2) 选择输入法

如果要选择输入法,单击"语言栏"中的键盘图标,在输入法列表中选择要使用的输入法或用 Ctrl+Shift 组合键来选择。

3) 全角/半角切换

"全角/半角切换"按钮主要是为西文字符的大小而设置的。在中文输入法状态下,在"半角"状态下西文字符占半个汉字位大小;在"全角"状态下,西文字符占一个汉字位大小。根据需要,可单击"全角/半角切换"按钮或者使用键盘的 Shift+Space 组合键在两种状态之间进行切换。

4) 中英文标点切换

单击输入法状态条中的"中英文标点切换"按钮或使用键盘的 Ctrl+.(句点)组合键可

进行中文标点与西文标点之间的切换。

5) 选择软键盘类型

在"软键盘"图标上,单击可以选择打开"软键盘"或"特色符号";右击可以选择输入各类字符。

2. 设置默认输入法

将某个输入法设置为默认输入法后,每次打开"记事本"、"写字板"等能够输入文本的应用程序时,都会自动切换到默认的输入法状态。

在控制面板中打开"时钟、区域和语言",单击"更改键盘或其他输入法"按钮,在打开的"文本服务和输入语言"对话框中(或右击语言栏,选择"设置"命令),单击"默认输入语言"列表框,选择要设置默认的输入法名称,如图 2-3-8 所示。

图 2-3-8 "文本服务和输入语言"对话框

3. 添加与删除输入

Windows 7 包含多种输入语言,使用之前,需要将它们添加到语言列表中。对于那些非 Windows 7 内置的语言输入法,用户可直接运行安装程序进行安装。

在"文本服务和输入语言"对话框中单击"添加"。在打开的"添加输入语言"对话框中选择要添加的语言,单击"确定"按钮,则该输入法的名称出现在"语言栏"的输入法名称列表中。

如果要删除某个输入法,则在"文本服务和输入语言"对话框中的"已安装的服务"列表框中选择要删除的输入法名称,然后单击"删除"按钮。

2.4 Windows 7 的附件

📖 **本节重点和难点:**

重点:

- "写字板"应用程序的使用文件的搜索

- "计算器"应用程序的使用

难点：
- 截图工具与屏幕截图应用
- "画图"程序的应用

Windows 7 操作系统的附件中自带了大量的应用程序，如果计算机中还没有安装字处理及图形图像处理软件(如 Office、PhotoShop 等)，用户利用 Windows 7 自带的"写字板"、"记事本"编辑文档，用"画图"程序编辑图形图像，用"计算器"完成数据的运算就是很实用的选择。本节将介绍"写字板"、"记事本"、"计算器"、"画图"程序和"截图工具"等的使用。

2.4.1 "写字板"应用程序

"写字板"是一个功能较强、使用简单的文字处理程序，利用它可以创建、编辑、排版、打印输出内容较多的文档；并可在文档中插入系统日期与时间、图片、电子表格、音频和视频信息等对象。与记事本不同，写字板文档可以包括复杂的格式和图形，并且可以在写字板内链接或嵌入对象。

单击"开始"按钮，指向"所有程序"中的"附件"，选择"写字板"命令，可打开"写字板"程序窗口。

1. 文件的新建

单击"写字板"菜单按钮，然后单击"新建"菜单命令，则系统先关闭当前的文档，然后新建一个文档。用户可以在文档中输入英文字符或中文字符；还可通过"插入"菜单直接插入系统日期与时间、图形图片等。

2. 文档页面与字体、段落格式的设置

1) 文档页面格式的设置

在"写字板"按钮中选择"页面设置"命令，弹出图 2-4-1 所示的"页面设置"对话框，在其中用户可以选择纸张的大小、来源及使用方向，还可以进行页边距的调整。

2) 字体和段落格式的设置

先选择要设置格式的内容，然后单击"主页"选项卡，在"字体"组中选择相应的字体格式进行设置。

设置段落格式，先选择要设置格式的段落，然后单击"主页"选项卡，在"段落"组中设置。

3. 文件的打开

在"写字板"菜单中选择"打开"命令，在弹出的"打开"对话框中选择一个要打开的文件，即可打开一个已存在的文件。

注意：写字板可以用来打开和保存文本文档(.txt)、多格式文本文件(.rtf)、Word 文档(.docx)和 OpenDocument Text (.odt)文档，其他格式的文档会作为纯文本文档打开，但可能无法按预期显示。

4. 文件的保存

编辑文档过程中第一次进行文件内容保存时，在"写字板"菜单中选择"保存"命令，会打开"另存为"对话框，在"另存为"对话框中选择文件的保存位置及保存类型(默认为.rtf 文件)，并输入文件名称，单击"保存"按钮即可。

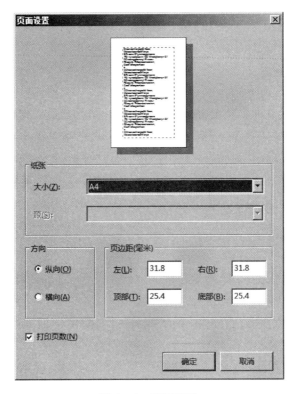

图 2-4-1　页面设置

2.4.2　"记事本"应用程序

1. 记事本的启动

单击"开始"按钮,单击"所有程序"中的"附件",选择"记事本"。

2. 记事本的功能

记事本是一个基本的文本编辑程序,经常用于查看或编辑文本文件。文本文件是通常由. txt 文件扩展名标识的文件类型。在记事本中可创建和编辑一个新文档、打开和修改一个已有的文档,通过"编辑"菜单可插入系统当前时间和日期,也可对文档进行"保存",并可对文档进行格式设置和打印。

2.4.3　"计算器"应用程序

Windows 7 计算器功能强大,除了简单的加、减、乘、除,还能进行更复杂的数学运算,以及日常生活中遇到的各种计算,是名副其实的多功能计算器。单击"附件",打开"计算器"窗口。

1. 4 种类型计算器

默认状况下,每次启动 Windows 7 计算器总是"标准型计算器"。打开"查看"菜单,就可以让 Windows 7 计算器在"标准型"、"科学型"、"程序员"和"统计信息"等 4 种类型中自由切换,图 2-4-2 展示了"科学型"的计算器。

图 2-4-2 "科学型"计算器

2. 其他实用功能

Windows 7 的计算器除了最基本的数学计算之外,还增加了日期计算、单位换算、油耗计算、分期付款、月供计算等功能。还可以设置是否显示历史记录,是否对数字进行分组,以满足不同用户的不同需求。

图 2-4-3 所示是选中了"工作表"|"抵押"命令的计算器。

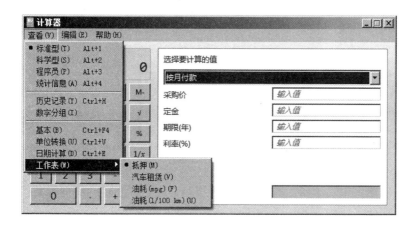

图 2-4-3 计算"抵押"的计算器

2.4.4 "画图"应用程序

使用 Windows 7 画图功能可以绘制、编辑图片及为图片着色。可以像使用数字画板那样使用画图来绘制简单图片、有创意的设计,或者将文本和设计图案添加到其他图片,如那些用数字照相机拍摄的照片。

选择"所有程序"→"附件"→"画图"程序窗口。启动画图便创建了一个"无标题"空白画图文档;绘图和涂色工具位于窗口顶部的功能区中。"画图"程序支持 png、bmp、jpg、img 等的图形格式文件。

在开始绘画前,首先要确定画布的尺寸和颜色。要改变画布的尺寸和颜色,单击"画图"

按钮,选择"属性"命令,图 2-4-4 所示"画图"程序窗口的属性对话框中可设置画布的尺寸和颜色。

图 2-4-4　画图程序的"映像"属性

1. 颜色设置

在"主页"选项卡"颜色"组中,单击"颜色 1",然后单击要使用的某颜色时选择前景色;单击"颜色 2",然后单击要使用的某颜色时选择背景色;若所需颜色在调色板中没有,可通过"编辑颜色"来添加新的颜色到调色板中。

2. 使用工具

画图中的功能区包括绘图工具的集合,如绘制直线、绘制曲线、绘制形状、添加文本和擦除图片中的某部分。使用这些工具创建徒手画并添加各种形状。

1)添加文本

使用文本工具,可以添加简单的消息或标题。

在"主页"选项卡的"工具"组中,单击"文本"工具,在绘图区域拖动指针,输入要添加的文本。在选项卡的"字体"组中单击字体、大小和样式可设置文本格式。

2)擦除图片中的某部分

橡皮擦在默认情况下将所擦除的任何区域更改为白色,可以更改橡皮擦颜色。

单击"橡皮擦"工具;若要改变背景颜色,则单击"颜色 2",然后在要擦除的区域内拖动指针。

3. 保存文件

单击"画图"按钮,如果选择"保存"命令,这将保存上次保存之后对图片所做的全部更改;"另存为"可以选择将文件保存为其他类型。

4. 将图画设置为桌面壁纸

用画图程序打开要作为壁纸的图画,在"文件"菜单中选择"设置为桌面背景"命令,则该图画就作为壁纸显示在桌面上。

2.4.5　截图工具与屏幕截图

Windows 7 自带截图工具。使用截图工具捕获屏幕上任何对象的屏幕快照或截图,然后对其添加注释、保存或共享该图像。

1. 截图工具

Windows 7 的截图工具最吸引人的地方在于可以采取任意格式截图,或截出任意形状的图形。

1) 捕获截图

依次单击"附件"、"截图工具",启动截图工具。在截图工具上单击"新建"按钮右边的小三角按钮,弹出 4 种选择:任意格式图标、矩形截图、窗口截图和全屏幕截图,如图 2-4-5 所示,然后选择要捕获的屏幕区域。

图 2-4-5　截图模式

2) 捕获菜单截图

如果需要获取菜单截图(例如"开始"菜单),按下列方法之一操作。

(1) 打开截图工具,按 Esc 键,然后打开要捕获的菜单。

(2) 按 Ctrl+PrtScn 键。

(3) 单击"新建"按钮旁边的箭头,从列表中选择"任意格式截图"、"矩形截图"、"窗口截图"或"全屏幕截图",然后选择要捕获的屏幕区域。

3) 给截图添加注释

Windows 7 在截图的同时还可以即兴涂鸦,在截图工具的编辑界面,除了可以选择不同颜色的画笔,另外一个非常贴心的功能就是它的橡皮擦工具,任何时候对某一部分的操作不满意,都可以单击橡皮擦工具,将不满意的部分擦去。

4) 保存截图

在捕获某个截图时,会自动将其复制到剪贴板,这样可以快速将其粘贴到其他文档、电子邮件或演示文稿中。

还可以将截图另存为 html、png、gif 或 jpeg 格式的文件。捕获截图后,可以在标记窗口中单击"保存截图"按钮,将其保存。

2. 屏幕捕获

在 Windows 中还可以用快捷键截图。

1) 整个屏幕的捕获

按下 PrtScn 键会将屏幕的图像复制到 Windows 剪贴板,称为"屏幕捕获"或"屏幕快照"。

2) 活动窗口的捕获

按 Alt+ PrtScn 时捕获特定的活动窗口。

注意:在某些键盘上,PrtScn 可能显示为 PrtSc、PrtScn 或类似的缩写。某些缺少 PrtScn 键的便携式计算机和其他移动设备可能使用其他的组合方式(如 FN+Insert)来捕获屏幕。

若要打印屏幕捕获或通过电子邮件将其发送出去,必须首先将其粘贴到"画图"或某些其他图像编辑程序中,然后保存它。

2.5 Windows 7 系统文件和文件夹的操作

📖 本节重点和难点:

重点:

- 文件的创建、移动、复制和删除
- 文件的搜索
- 文件的压缩和解压缩

难点:

- 文件的搜索
- 库操作

2.5.1 文件和文件夹的概念

1. 文件

文件是包含信息(如文本、图像或音乐)的项。在计算机上,文件用图标表示,这样便于通过查看其图标来识别文件类型。Windows 的文件管理系统以文件为对象,按文件名进行管理。

在 Windows 7 中,所有文件都可由一个图标和一个文件名进行标识。通常文件名由两部分组成:文件主名和扩展名,中间用"."隔开。文件主名一般由用户来自行命名,命名的规则如下。

- 文件名最长可以使用 255 个字符。
- 可以是字母、数字、汉字、下划线、空格及其他符号。
- 允许使用空格,但不能包括\、/、:、* 、?、"、<、>、|等字符。
- Windows 系统对文件名中字母的大小写在显示时有不同,但在使用时不区分大小写。

虽然文件在命名时,除了系统规定不能使用的字符之外可以随意命名,但在具体命名时,应适当考虑文件的内容,尽量与内容相关,以便记忆。

文件的扩展名表示文件的类型,和文件的图标相对应,一般由创建文件的应用程序自动创建。文件的扩展名也可以修改,但这意味着改变文件的类型,如果原文件不能转换为新修改的文件,则会出现无法打开或乱码的情况。Windows 通常会隐藏一些已知文件类型的扩展名,如果要显示所有文件的扩展名,可以在"计算机"文件夹窗口中选择"组织"|"文件夹和搜索选项"|"查看",在"高级设置"中取消"隐藏已知文件类型的扩展名"的勾选。

有一类被称之为快捷方式的特殊文件,它是指向一个对象(如文件、程序、文件夹等)的指针,快捷方式文件包含了为启动一个程序、编辑一个文档或打开一个文件夹所需的全部信息。指向文件或文件夹的快捷方式默认在命名的时候会自动加上"快捷方式"字样;快捷方式文件对应的图标有一个共同的特点,就是在它指向对象的图标的左下角都有一个弧形的箭头。这个箭头就是用来表明该图标是一个快捷方式,如图2-5-1所示。

快捷方式是Windows提供的一种快速启动程序、打开文件或文件夹的快捷方法,一般它的扩展名为lnk,在快捷方式文件的属性中能够看到。

图2-5-1 文件和指向文件的快捷方式

快捷方式一般放在桌面上、"开始"菜单里和任务栏上"快速启动"这三个地方,方便用户操作。用户可以根据需要添加或删除快捷方式,这对快捷方式指向的对象没有任何影响。

2. 文件夹

文件夹是可以在其中存储文件和更小文件夹的容器。如果在桌面杂乱地放置非常多的纸质文件,那么查找某个特定文件是很困难的;而如果把纸质文件存储在文件柜内的文件夹中情况就不一样了。计算机上文件夹的工作方式与此相同。磁盘是存储信息的设备,一个磁盘上存储了大量的文件,将文件分门别类存放在不同的文件夹中,也是为了便于管理和提取。文件夹的命名规则与文件的命名规则相同。

文件夹中不但可以存储文件,还可以存储其他文件夹。文件夹中包含的文件夹通常称为"子文件夹"。可以创建多个子文件夹,每个子文件夹中又可以容纳多个文件和其他子文件夹。Windows采用树形结构来组织和管理文件和文件夹,假设树根是磁盘的开始,由树干上分出不同的枝权是文件夹,树叶就是文件。

3. 盘符与路径

计算机处理的各种数据都以文件的形式存放在外存中。存取这些文件时,应明确其所在的盘符、路径及文件名。

1)盘符

盘符是对磁盘存储器的标识符,一般使用26个英文字母加上一个冒号":"来标识。其中软盘使用A:和B:(早期的PC装有两个软盘驱动器);硬盘从C开始,依次编号;其他类型的外存(如光盘等)列在硬盘之后。

2)路径

确定文件存放位置的各级文件夹列表,称为路径。当要找一个文件时,应该知道该文件所在的盘符、路径及文件名,文件夹之间用"\"分隔将这三部分连在一起就形成一个文件的绝对路径,例如,"D:\考试文件夹\成绩.xlsx"。有时根据情况可以省略盘符和部分路径,则称为相对路径。

2.5.2 文件和文件夹的管理工具

在Windows 7中,用于管理文件和文件夹的工具主要有计算机、库和回收站等。其中"计算机"是文件和文件夹的主要管理工具;"库"是Windows 7系统的一项新的功能,为用户提供了文档库、图片库、音乐库和视频库,对文件进行分类管理;"回收站"用于保存、还原、删除已删除的文件和文件夹。

1. 计算机

单击"开始"|"计算机",即可打开"计算机"文件夹窗口,如图2-5-2所示。在该窗口中可以访问硬盘、CD或DVD驱动器以及可移动的其他设备。

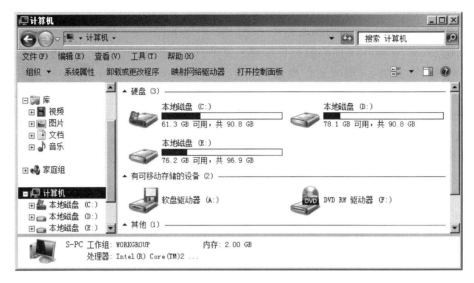

图 2-5-2　"计算机"窗口

"计算机"窗口各部分组成及作用如下。

1）导航窗格

计算机文件夹窗口的左窗格是导航窗格，显示文件夹列表（也叫文件夹树），用来查找文件和文件夹。还可以在导航窗格中将项目直接移动或复制到目标位置。如果在已打开窗口的左侧没有看到导航窗格，则单击"组织"|"布局"|"导航窗格"便可以将其显示出来，也可以用同样的方法隐藏导航窗格。

2）工具栏

工具栏中包含"组织"、"视图"、"预览窗格"、"获取帮助"等按钮，便于执行一些常规的操作。工具栏中的其他按钮可以根据窗口中显示内容的不同而自动改变。

3）"返回"、"前进"按钮和地址栏

单击"返回"按钮，返回到上一次打开的窗口；单击一次"返回"按钮之后，"前进"按钮激活，单击则是"返回"的逆操作；使用"前进"按钮右侧的下拉三角可以导航至已打开过的其他文件夹或库。而使用地址栏也可以选择或通过输入地址的方式更改文件夹。

4）搜索框

搜索框的作用是搜索指定的文件或文件夹。在搜索框中输入搜索关键字，可查找当前文件夹或库中的相关内容。Windows 7 新增了即时搜索功能，随着关键字的输入过程同步进行搜索，而不是等关键字全部输入完才开始搜索。

5）文件列表框

用于显示当前文件夹或库的内容。如果通过在搜索框中输入内容来查找文件，则仅显示与当前查找关键字相匹配的文件和文件夹。

6）预览窗格

文件列表框右侧是预览窗格。使用预览窗格，无须在程序中打开文件便可以查看文件的内容。单击工具栏中的"显示|隐藏预览窗格"按钮，可以打开和关闭预览窗格。

7) 细节窗格

"计算机"窗口的底部是细节窗格,使用细节窗格可以查看与选定文件或文件夹相关联的一些属性。

【案例 2-1】 打开"计算机"文件夹窗口,进行如下操作。

(1) 通过"＋"和"－"图标将 C:\Windows 下的文件夹逐级展开,再逐级折叠;通过双击将 C:\Windows 下的文件夹逐级展开,再逐级折叠,指出两者的区别。

(2) 以"大图标"的方式显示 C:\Windows 下的文件和文件夹。

(3) 找到一个 Word 或 Excel 文件进行预览,找一个文件夹添加到文档库。

案例实现

① 单击"开始"|"计算机",打开"计算机"窗口。

② 单击 C 盘左侧的"＋"图标,展开 C 盘,依次单击 Windows 文件夹及该文件夹下面子文件夹左侧的"＋"图标,展开文件夹;单击"－"图标,折叠文件夹。

③ 双击文件夹展开,再次双击该文件夹则折叠。

④ 展开 C 盘,单击 Windows 文件夹,在右侧文件列表框上方工具栏中单击"更改您的视图"中的"更多选项"按钮,选择"大图标"。

⑤ 展开 D 盘或者其他磁盘上的某个 Word 或 Excel 文件,单击工具栏中"显示预览窗格"按钮。

⑥ 选定某个文件夹,单击工具栏中"包含到库中"|"文档"。

2. 库

在以前版本的 Windows 中,文件管理就是在不同的文件夹和子文件夹中组织这些文件。随着文件数量和种类的增多,加上用户行为的不确定性,往往会造成文件存储混乱、重复文件多等情况。而在 Windows 7 中引入了"库",就如同网页中的收藏夹一样,人们可以把本地或局域网上的文件夹添加到"库",而这些文件夹可以来自于不同磁盘的不同位置或者局域网的任何位置。

库中也可以包含各种各样的子库与文件,和文件夹很像但不同。本质上的区别在于,文件夹中保存的文件或者子文件夹,都是存储在同一个地方的。而在库中存储的文件或文件夹则可以来自于不同的存储位置。

其实库的管理方式类似于快捷方式。库中并不真正存储文件或文件夹,它只是提供一种更加快捷的管理方式。例如,用户可以将硬盘或移动硬盘中的文件或文件夹放置到某个库中,在需要使用的时候,只要直接从库中打开即可,而无需定位原始文件或文件夹的存放位置。当然如果是移动硬盘,前提是要保证该设备连接到了计算机上并被识别。需要注意的是,无法将可移动媒体设备(如 CD、DVD)和某些 USB 闪存驱动器上的文件夹包含到库中。

如图 2-5-3 窗口所示,左侧导航窗格中选定了包含两个文件夹的音乐库,右侧文件列表框中显示这两个文件夹中的内容。

可以对库执行下面的操作。

1) 创建新库

Windows 7 系统默认的有 4 个库:视频、图片、文档和音乐,但用户可以新建库用于其他集合。具体操作方法是,选择"开始"|"用户名"(这样将打开个人文件夹)|"库",或者直接打开"计算机"文件夹窗口,在"库"中的工具栏上单击"新建库",输入库的名称,然后按

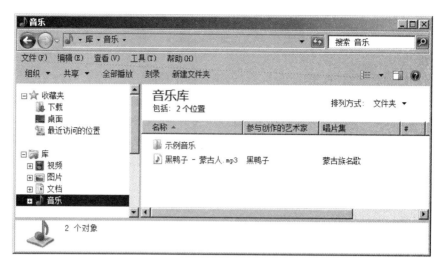

图 2-5-3　"库"窗口

Enter 键。

新建的库中必须包含一个文件夹,然后才能进行将文件复制、移动或保存到库的操作,这个文件夹将自动成为该库的"默认保存位置"。

2）排列库中的项目

可以使用"排列方式"菜单以不同方式排列库中的项目,该菜单位于任何打开库中的库面板(文件列表上方)内。当选择不同的库时,该菜单下拉的菜单项会自动发生变化。

3）在库中包含文件夹

库可以收集不同文件夹中的内容,可以将不同位置的文件夹包含到同一个库中,然后以一个集合的形式查看和排列这些文件夹中的文件。一个库最多可以包含 50 个文件夹。

将文件夹包含到库中有两种方法,一是打开"计算机"窗口,找到要包含到库的文件夹,右击该文件夹,单击"包含到库中"|"具体的库";二是单击图 2-5-3 所示的导航窗格的库,在库窗格(文件列表上方)中,在"包括"旁边,单击"位置",打开"库位置"对话框,单击"添加"按钮,添加文件夹。

4）删除库和在库中删除文件夹

如果删除库,会将库自身移动到"回收站"。可在该库中访问的文件和文件夹存储在其他位置,因此不会删除。如果意外删除 4 个默认库(文档、音乐、图片或视频)中的一个,可以在导航窗格中将其还原为原始状态,方法是右击"库",然后单击"还原默认库"。

如果从库包含的文件夹(一级文件夹,对应库中的一个位置)中删除文件或文件夹,会同时从原始位置将其删除。做这样的删除操作时,如果不想从存储位置将其删除,则应删除包含该项目的文件夹(占一个位置的文件夹)。

同样,如果将文件夹包含到库中,然后从原始位置删除该文件夹,则无法再在库中访问该文件夹。

从库中删除包含到该库的文件夹时,不会从原始位置删除该文件夹及其内容。方法也有两种,一是打开库窗口,单击文件列表框中库包括的位置,打开"库位置"对话框,选中要删除的文件夹,单击"删除"按钮;二是在"计算机"窗口的导航窗格中,双击展开库中包含的文件夹,右击要删除的文件夹,单击"从库中删除位置"菜单项。

5）更改库的默认保存位置

当库中包括若干个位置（文件夹）时,只有一个是默认的保存位置,当进行项目的复制、移动或保存到库的操作时,该项目自动保存在默认文件夹中。新建库添加的第一个文件夹自动成为"默认保存位置",但可以修改。修改的方法如下。

（1）打开要更改的库。

（2）在库窗格（文件列表上方）中,在"包括"旁边,单击"位置"按钮。

（3）在"库位置"对话框中,右击当前不是默认保存位置的库位置,单击"设置为默认保存位置"|"确定"。

【案例 2-2】 打开"库"窗口,新建库,命名为"我的库";添加"我的图片"和"我的音乐"到库,并且设置"我的音乐"为默认位置。

案例实现

① 选择"开始"|"用户（可能会是某个具体的用户名表示的用户）",在打开对话框的左侧导航窗格中选定"库"。

② 单击工具栏上的"新建库"按钮,输入新建库的名称为"我的库"。

③ 双击"我的库"库,打开图 2-5-4 所示的窗口。

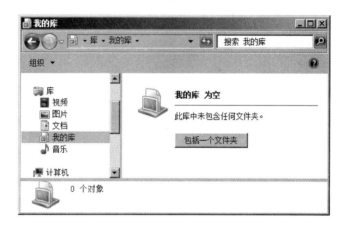

图 2-5-4　新建的"我的库"库

④ 单击"包括一个文件夹"按钮,打开"将文件夹包括在'我的库'中"对话框,单击"我的图片"文件夹后,再单击"包括文件夹"按钮,添加进去,完成后如图 2-5-5 所示。

⑤ 单击图 2-5-5 中"我的库"下方"包括"右侧的"1 个位置",打开"我的库位置"对话框,单击"添加"按钮,找到"我的音乐"文件夹添加进去。

⑥ 再次打开"我的库位置"对话框,右击"我的音乐"命令,单击"设置为默认保存位置"项。

3. 回收站

回收站是一个进行文件和文件夹删除和回收的工具,也是一个标准的文件夹,对应磁盘空间。用户删除的项目被存放到"回收站"中。使用"回收站"的删除和还原功能,用户可将没用的文件或文件夹从磁盘中删除,以便释放磁盘空间;也可把误删除的文件或文件夹还原,如图 2-5-6 所示。

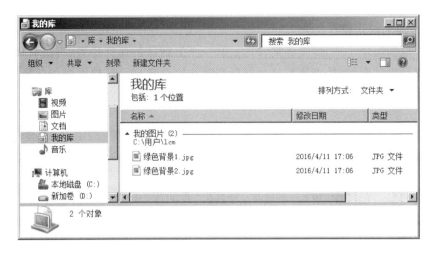

图 2-5-5　添加了"我的图片"文件夹的"我的库"

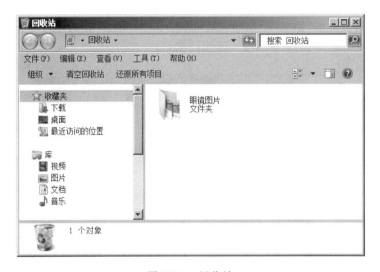

图 2-5-6　回收站

"回收站"的常用操作如下。

1）从回收站中还原被删除的文件或文件夹

单击"回收站"窗口工具栏上的"还原所有项目"命令，或选定要还原的项目，单击"还原此项目"命令，可以还原所有被删除的项目或选定的项目。

2）删除回收站中的文件或文件夹

单击"回收站"窗口工具栏上"清空回收站"命令，可物理删除回收站中的所有项目；右击要删除的文件或文件夹，选择"删除"命令可彻底删除选定项目。

3）设置"回收站"属性

右击桌面上的"回收站"图标，选择"属性"命令，可打开图 2-5-7 所示的"回收站"属性对话框。

用户可根据需要自定义各个磁盘回收站所占空间的大小。如果选中"不将文件移到回收站中。移除文件后立即将其删除(R)"选项，则该磁盘为回收站分配的空间为 0，以后在删

图 2-5-7 "回收站 属性"对话框

除文件或文件夹时便可直接物理删除,而不是放到回收站中;如果勾选"显示删除确认对话框"复选框,在进行删除操作时系统会弹出删除确认对话框,否则不进行提示直接删除。

2.5.3 文件和文件夹的基本操作

文件和文件夹的基本操作包括创建、重命名、移动、复制和删除。在进行文件和文件夹的这些操作时,大多都遵循"先选定后操作"的原则。

1. 创建文件和文件夹

文件和文件夹的创建可以在桌面、计算机文件夹窗口和库中进行。

创建文件夹的方法:在这三个位置的任意空白处,右击,在快捷菜单中单击"新建"|"文件夹",输入新文件夹的名称,然后按 Enter 键确定。

创建文件,右击空白处,在快捷菜单中单击"新建"命令,选择要创建的文件类型。

如果在库中新建文件或文件夹,则新建的对象自动保存于库的默认保存位置。

不能在"计算机"根目录下创建文件和文件夹。

【案例 2-3】 打开"计算机"文件夹窗口,在 D 盘根下创建一个文件夹,命名为"留存文件";在该文件夹中创建文本文件,命名为"信息 1",创建一个 Word 文档,命名为"信息 2",创建一个 Excel 电子表格文件,命名为"信息 3";用"超大图标"的方式显示这些文件;将文件夹添加到文档库中。

案例实现

① 单击"开始"|"计算机",打开"计算机"窗口,在导航窗格中单击"本地磁盘 D"。

② 单击工具栏上的"新建文件夹"按钮,或者在右侧的文件列表框空白处右击,单击"新建"|"文件夹",在文件夹的名称反色显示时,输入新的名称"留存文件"后确定。

③ 双击打开"留存文件"文件夹,在文件夹空白处右击,单击"新建"|"文本文档",输入新名称"信息 1",按 Enter 键确定;用同样的方法建立 Word 和 Excel 文件;完成后效果如图 2-5-8 所示。

④ 单击"返回"按钮,返回到"留存文件"文件夹,单击工具栏中"包含到库中"|"文档"。

图 2-5-8　文件夹"留存文件"中的 3 个文件

思考：如果从库中删除"信息 1"文本文档，原始位置"留存文件"文件夹中还存在该文档吗？

2. 文件和文件夹的重命名

新建文件和文件夹后，自动处于重命名的状态。如果此时不想重命名，则此后进行重命名文件和文件夹的方法主要有以下几种。

1）通过菜单命令重命名

选定要重命名的文件或文件夹，单击"文件"|"重命名"（窗口中进行）；或右击要重命名的文件或文件夹，在出现的快捷菜单中选择"重命名"；当文件或文件夹名称变为反色显示时，输入新名称后确定。

2）选定后单击重命名

选定要重命名的文件或文件夹，直接单击名称部分，当名称变为反色显示时输入新名称之后确定。

3）选定后按 F2 功能键重命名

选定要重命名的文件或文件夹，按 F2 键，当名称变为反色显示时输入新名称后确定。

Windows 7 还提供了一次重命名多个文件和文件夹的方法，在多个相关的文件或文件夹进行分组时非常有用。

选定要重命名的多个文件或文件夹，按 F2 键，此时有一个选中的文件或文件夹名称为反色显示，输入新名称后确定，选中的多个文件或文件夹名称都被更改。如果包含相同类型的文件或文件夹，会将相同类型的文件或文件夹进行编号。

需要注意的是，当文件正在被使用时，不允许修改名称。

3. 文件和文件夹的移动和复制

对文件或文件夹进行复制和移动操作的方法如下。

1）使用菜单

选定要复制或移动的文件和文件夹，右击，在快捷菜单中单击"复制或剪切"；如果是在窗口中进行，也可以选择"编辑"菜单中相应的命令。

打开目标位置，右击，选择粘贴；如果在窗口中，也可以选择"编辑"|"粘贴"。

2）快捷键

选定要复制或移动的文件和文件夹，按 Ctrl+C 键复制或者按 Ctrl+X 键剪切。

打开目标位置，按 Ctrl+V 键粘贴。

注意：无论是用菜单还是快捷键，复制的文件或文件夹可以粘贴多次，而剪切的对象只能粘贴一次。

3）拖动法

如果是复制，选定要复制的文件和文件夹，同一驱动器上按住 Ctrl 键，用鼠标将选定对象拖入到目标位置；不同驱动器上直接用鼠标将选定对象拖到目标位置。

如果是移动，选定要移动的文件和文件夹，同一驱动器上直接用鼠标将选定对象拖到目标位置。不同驱动器上，按住 Shift 键，用鼠标将选定对象拖入到目标位置。

【案例 2-4】　打开"计算机"文件夹窗口，在 D 盘根下创建 3 个文件夹，命名为 a、b 和 c；在 C 盘根下新建文件夹"我的文件夹"，把 a、b、c 复制到"我的文件夹"中；再把这 3 个文件夹复制到图片库中。查看这 3 个文件夹在图片库中的具体位置，为什么？

案例实现

① 单击"开始"|"计算机"，打开"计算机"窗口，在导航窗格中单击"本地磁盘 D"，新建文件夹 a、b 和 c。

② 导航到 C 盘根下，创建文件夹"我的文件夹"。

③ 在 D 盘根下用 Ctrl＋单击，选定 3 个文件夹，按 Ctrl＋C 键复制，切换到 C 盘的"我的文件夹"，按 Ctrl＋V 键粘贴。

④ 在导航窗格切换到 C 盘根下，选定 3 个文件夹，用鼠标拖动到图片库中。

⑤ 可以查看到，拖到图片库中的文件夹存放在"公用图片"文件夹中，因为该文件夹是图片库的默认保存位置。

【案例 2-5】　进行如下操作。

（1）把在【案例 2-3】中 D 盘创建的"留存文件"文件夹中的 3 个文件（文件名分别是"信息 1"、"信息 2"和"信息 3"）通过拖动的方式分别复制到案例【案例 2-4】中 C 盘下"我的文件夹"中对应的 a、b、c 文件夹中。

（2）通过拖动的方式将 3 个文件分别从 a、b、c 这 3 个文件夹中复制到 C 盘根下。

（3）思考：如果用拖动的方式移动文件和文件夹，和复制有什么区别？

（4）选中移动到 C 盘根下的这 3 个文件，通过"复制"和"粘贴"的方式，分别粘贴到 D 盘根下和桌面上，并思考"剪切"的文件或文件夹可以多次粘贴吗？

案例实现

① 单击"开始"|"计算机"，打开"计算机"窗口，在导航窗格中单击"＋"图标展开所有用到的文件夹。

② 单击 D 盘下的"留存文件"，在右侧窗口按下鼠标左键拖动"信息 1"文件到左侧导航窗格 C 盘下的 a 文件夹上；用同样的方法，将"信息 2"文件拖动到 b 文件夹上，将"信息 3"文件拖动到 c 文件夹上即可完成复制。得出结论：不同磁盘之间复制文件或文件夹，直接拖动即可。

③ 和上面操作基本相同，只是在拖动文件的时候需要同时按住 Ctrl 键。得出结论：同一磁盘不同文件夹之间复制文件或文件夹，需要按下 Ctrl 键不放的同时再进行拖动。

④ "剪切"、"复制"和"粘贴"可以通过右击后选择快捷菜单进行，"剪切"的文件或文件夹只能粘贴一次，而"复制"的文件或文件夹可以多次粘贴。

4. 文件和文件夹的删除

文件和文件夹的删除，默认情况下是先删到回收站中。选定要删除的文件或文件夹，执行下列操作之一。

- 选择"文件"|"删除"菜单(窗口)或单击快捷菜单中的"删除"命令，弹出"删除文件"确认对话框，单击"是"按钮。
- 按 Delete 键，弹出"删除文件"确认对话框，单击"是"按钮。
- 用鼠标将选定的内容拖入到"回收站"中。

删除到回收站中的文件和文件夹，如果确定不再需要，可以永久删除。方法是从回收站删除；或清空回收站，删除回收站中所有的文件和文件夹。

若要永久删除文件或文件夹，而不是先将其移至回收站，则选定要删除的对象后，按下组合键 Shift＋Delete，或者右击，按下 Shift 键的同时单击"删除"命令。

也可以通过回收站属性的设置，决定是否直接永久删除对象和是否弹出"删除文件"确认对话框。

如果文件或文件夹已经被打开或正在使用，系统会提示不允许删除。

【案例 2-6】 对【案例 2-4】在 D 盘根下创建的 3 个文件夹 a、b 和 c，进行如下操作。

(1) 选定文件夹 a，用两种方法删除。

(2) 用拖动的方法删除 b。

(3) 直接物理删除文件夹 c。

案例实现

① 打开"计算机"窗口，在导航窗格中单击"本地磁盘 D"，在文件列表框中选定文件夹 a；两种方法之一是按下 Delete 键；之二是右击其中一个文件夹，选择快捷菜单中的"删除"；弹出"删除文件"确认对话框，单击"是"按钮。

② 直接将文件夹 b 用鼠标左键拖动到桌面上的"回收站"中。

③ 选定文件夹 c，按 Shift＋Delete 键，弹出永久性"删除文件"确认对话框，单击"是"按钮。

注意：按 Shift＋Delete 键，其中的 Delete 键是数字指示灯灭时的该键，否则还是删除到回收站。

如果习惯于删除文件都是永久性删除，而不放入回收站，可以通过设置回收站的属性实现。

2.5.4 文件和文件夹的其他操作

搜索、压缩、解压缩和设置属性等也是 Windows 7 文件和文件夹非常重要的操作。

1. 搜索文件和文件夹

Windows 7 提供了搜索文件和文件夹的多种方法。搜索方法无所谓最佳，在不同的情况下可以使用不同的方法。

1) 使用"开始"菜单上的搜索框查找

单击"开始"按钮，然后在搜索框(如图 2-5-9 所示)中输入字词或字词的一部分，就能查找存储在计算机上的基于文件名中的文本、文件中的文本、标记以及其他文件属性的文件、文件夹、程序和电子邮件。

图 2-5-9　搜索框

这种方法搜索,查找的结果显示在"开始"菜单上方,搜索结果中仅显示已建立索引的文件。

计算机上常见的文件都会自动建立索引;包含在库中的所有内容都会自动建立索引,因此给文件或文件夹建立索引最容易的方法是把它们包含到库的文件夹中;如果不使用库而要添加或删除索引位置,则可以单击控制面板中的"索引选项",打开"索引选项"对话框,单击"修改"按钮进行修改。

2）在窗口中使用搜索框来搜索文件或文件夹

要查找的文件位于某个特定文件夹或库时,可以打开文件夹窗口或库窗口,在搜索框中输入字词或字词的一部分,它根据所输入的文本进行筛选。如图 2-5-10 是在"计算机"窗口的导航窗格选中 D 盘,在搜索框中输入"学籍预警"的搜索结果。

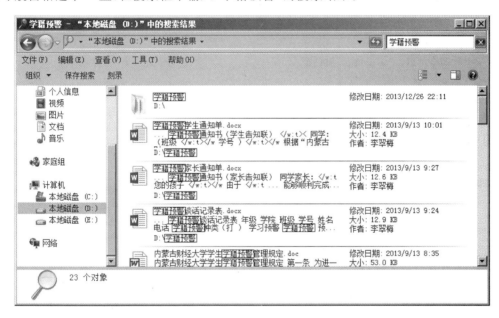

图 2-5-10　文件夹窗口的搜索结果

【案例 2-7】　在索引内容中添加 E 盘,包括 E 盘文件夹及其子文件夹,然后通过"开始"菜单搜索包含"截图"字样的文件和文件夹。

案例实现

① 选择"开始"|"控制面板"|"索引选项",打开"索引选项"对话框,单击"修改"按钮,打开图 2-5-11 所示"索引位置"对话框。

② 勾选 E 盘及其子文件夹,单击"确定"按钮,返回"索引选项"对话框,关闭该对话框。

③ 单击"开始"按钮,在搜索框中输入"截图",搜索结果如图 2-5-12 所示。只要"截图"两个字出现在文件名中或文件中或标记中,都能找到。

 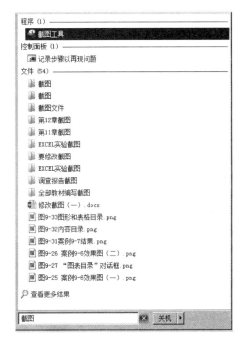

图 2-5-11 "索引位置"对话框   图 2-5-12 搜索结果

【**案例 2-8**】 在"计算机"窗口,搜索 D 盘所有的扩展名是 docx 的 Word 文件。

案例实现

① 打开"计算机"文件夹窗口。

② 单击选中左侧导航窗格中的 D 盘,在右上方的搜索框中输入"＊.docx",系统自动搜索,如图 2-5-13 所示,还可以设置要搜索文件的修改日期、大小以及搜索的范围。

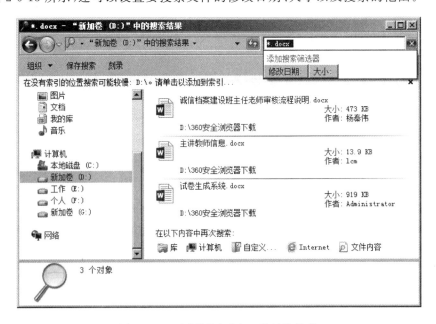

图 2-5-13 在"计算机"窗口进行的搜索

2. 设置文件和文件夹的属性

文件属性提供有关文件的详细信息,如作者姓名或上次修改文件的时间。一个常用的文件属性是标记。可以向文件中添加标记,以使其更容易查找。文件夹的属性相对简单一些。

1) 使用细节窗格查看和设置文件属性

查看和设置文件的常见属性,可以在文件夹窗口的细节窗格中进行。具体方法是:打开包含要更改的文件的文件夹,然后单击文件,在窗口底部的细节窗格中,在要添加或更改的属性旁单击,输入新的属性(或更改该属性),然后单击"保存"按钮。如图 2-5-14 所示。

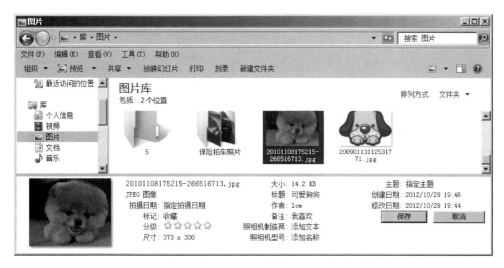

图 2-5-14　在细节窗格修改文件的常用属性

若要添加的某个属性的属性值有多个,则使用分号将它们分隔开。若要使用分级属性对文件进行分级,则单击要应用的代表分级的星星。

注意:

(1) 无法添加或更改某些类型的文件的属性。如无法向 txt 或 rtf 文件添加任何属性。

(2) 文件的可用属性会因文件类型而不同。如可以将分级应用到歌曲文件或图片文件,但无法应用到文本文档。

(3) 某些文件属性(如歌曲文件的长度)无法进行修改。

2) 使用"属性"对话框查看和设置文件和文件夹属性

选定要查看、设置属性的文件或文件夹(基本相同),选择"文件"菜单(窗口)的"属性",或右击,选择"属性"命令,打开图 2-5-15 所示的"文件属性"对话框。

在该对话框中可对文件或文件夹的属性进行查看和设置。

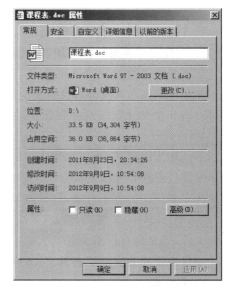

图 2-5-15　"文件属性"对话框

在"常规"选项卡中可以查看文件或文件夹的名称、类型、位置、大小、所占用空间和创建、修改、访问时间等信息;单击"属性"复选框可以设置文件或文件夹为只读或隐藏属性;对于文件还可以修改其打开方式。

在文件夹"属性"对话框中,"共享"选项卡可设置文件夹共享;"自定义"选项卡还可以更改文件夹的图标。

【**案例 2-9**】 在图片库中找到一幅图片,为其添加作者为"LCM"、标记为备用桌面背景、添加分级为 5 颗星、添加主题为"护眼",如图 2-5-16 所示,设置该文件为只读。

图 2-5-16 设置文件属性窗口

案例实现

① 选择"开始"|"计算机"|"库"|"图片",在右侧的文件列表框中单击,选定一幅图片,在下面的细节窗格中要设置哪个属性,就在该属性右侧的文字上单击,输入新值;设置完成后单击"保存"按钮。

② 右击该图片文件,单击"属性",在打开的"属性"对话框中,勾选"只读"。

3. 文件和文件夹的压缩和解压缩

压缩文件占据较少的存储空间,与未压缩的文件相比,可以更快速地传输到其他计算机。使用压缩技术对文件和文件夹进行压缩的主要目的是减少其所占据磁盘空间的大小。还可以将几个文件合并到一个压缩文件中。该功能使得共享一组文件变得更加容易。

1)压缩

不同的压缩软件,操作会有些许的不同,但大同小异。这里介绍的是 Windows 7 自带的压缩软件的操作方法。

选定要压缩的若个对象,打开窗口"文件"菜单,或右击,从弹出的快捷菜单中选择"发送到"|"压缩(zipped)文件夹"命令,系统会自动将选定的对象进行压缩,且在当前窗口中显示压缩文件,该文件可以重命名。

如果被压缩的文件正在被使用,则压缩结果可能不完整。

2)解压缩

Windows 7 为用户提供的解压缩文件夹功能可方便地对 .zip 或 .rar 等压缩格式的文件

夹进行解压缩。

右击压缩文件,从弹出的快捷菜单中单击"全部提取"命令,然后按提示操作。或者直接双击压缩文件,将要提取的文件或文件夹拖动到新位置。

大多数的压缩软件,在解压缩时提供的快捷菜单是"解压到当前文件夹"或"解压到……"等。

在进行压缩和解压缩的操作时应注意以下事项。

- 如果将加密文件添加到压缩文件夹中,则提取之后这些文件将变为未加密状态,这可能会导致加密信息泄露。
- 如果在创建压缩文件夹后,还希望将新的文件或文件夹添加到该压缩文件夹,可将要添加的文件或文件夹拖动到压缩文件夹;同样也可以在压缩文件夹中删除某些多余的文件。

2.6 本章课外实验

2.6.1 在不同位置创建快捷菜单

📖 案例描述

通过附件中"画图"的属性寻找路径,在桌面上创建一个"我的画图工具"的快捷方式图标,并通过属性更改其图标,打开"我的画图工具"画一面国旗,设置为桌面背景,再将其快捷方式设置到"开始"菜单和任务栏中,然后删除桌面的"我的画图工具"快捷图标。

📇 最终效果

在"创建快捷方式"对话框中粘贴画图文件路径,效果如图 2-6-1 所示;桌面背景和修改后的"我的画图工具"图标效果如图 2-6-2 所示;"我的画图工具"在"开始"菜单和任务栏中创建的快捷菜单效果如图 2-6-3 所示。

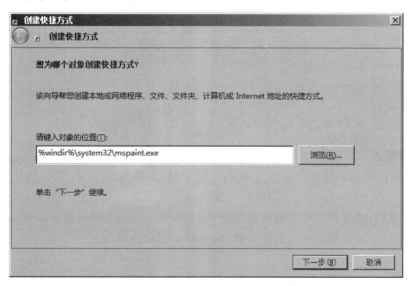

图 2-6-1 在创建快捷方式窗口中粘贴画图文件路径

图 2-6-2 桌面背景和修改后的"我的画图工具"图标

图 2-6-3 "我的画图工具"的两种快捷菜单

2.6.2 安装和卸载五笔输入法

📖 **案例描述**

从互联网上下载五笔输入法的安装程序到 D 盘的"五笔输入法"文件夹中,解压缩,如图 2-6-4 所示,双击"Setup.exe"文件,进行安装。

安装完成后,单击任务栏上输入法图标,可以看到五笔输入法已被添加到输入法中。通过控制面板的"添加删除程序",进行卸载,达到彻底删除的效果。

🖽 **最终效果**

(1) 如图 2-6-5 所示,添加输入法之后的任务栏。

(2) 通过"添加删除程序"卸载程序效果如图 2-6-6 所示。

图 2-6-4　解压缩下载的输入法

图 2-6-5　添加输入法后语言栏

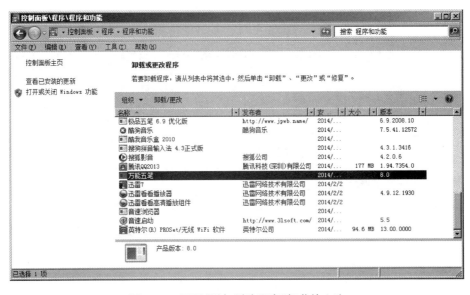

图 2-6-6　通过"添加删除程序"卸载输入法

87

第
2
章

Windows 7 操作系统

2.6.3 创建"库"并添加文件夹

📖 **案例描述**

在桌面上建立以自己的学号＋名字命名(2016010011cm)的文件夹,在文件夹中建立一个文本文件(命名为"我的信息"),在图片库中找一幅图片,为图片添加主题为"绿色风景",作者为 1cm,分级为 5 星,拍摄日期为 2016-3-18,将图片复制到桌面上建立的文件夹中,重命名为"我的图片"。

新建"我的信息"库,将桌面文件夹添加到库中;压缩桌面上的文件夹,压缩文件名和原文件夹同名,移动压缩文件到 D 盘根下,改名为小写字母 a。

⊞ **最终效果**

(1) 桌面上文件夹 2016010011cm 完成的效果如图 2-6-7 所示。

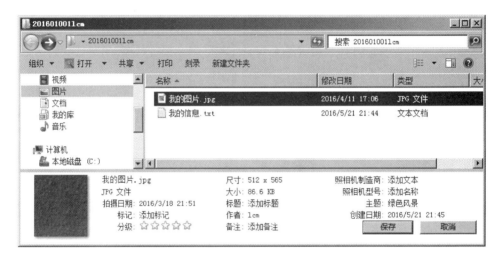

图 2-6-7　文件夹"2016010011cm"的内容

(2) 创建"我的信息"库,添加库文件夹的效果如图 2-6-8 所示。

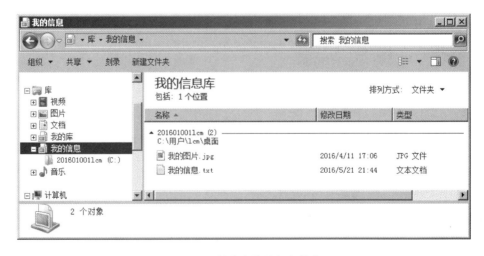

图 2-6-8　创建库并添加文件夹

第3章
常用办公软件之文字处理 Word

本章说明

 Word 是专业的文字处理软件,是常用的办公软件之一。当今文字处理工作诸如各种文章、书信等内容的编写、编辑和排版等几乎都是用文字处理软件来实现的。本章阐述了 Word 2013 文档的基本操作和文档格式化以及 Word 表格与图文混排,最终实现长文档编辑等内容。这些是 Word 基础也是最常用的一些功能,掌握这些内容,可以帮助用户熟练利用 Word 2013 在计算机上进行文档创建、编辑、排版和打印操作的全过程。

本章主要内容

    & Word 文档的基本操作

    & Word 文档格式化

    & Word 表格与图文混排

    & Word 长文档编辑与打印

    & 本章课外实验

3.1　Word 文档的基本操作

📖 **本节重点和难点：**

重点：
- Word 窗口的组成及各种视图
- Word 文档的创建、保存、打开与关闭等
- Word 文档内容的输入

难点：
- 利用学到的编辑方法能正确输入文档内容
- 掌握简单文档创建的全过程

3.1.1　Office 概述与启动

1. Office 概述

Microsoft Office 2013 是运用于 Microsoft Windows 视窗系统的一套办公室套装软件。Office 2013 目前只适用于 Windows 7 和 Windows 8。Microsoft Office 2013 在风格上与 Microsoft Office 2010 保持一定的统一之外，功能和操作上也向着更好支持平板电脑以及触摸设备的方向发展。Microsoft Office 2013 改善了操作界面，并使 PDF 文档完全可编辑，能自动创建书签，内置了图像搜索功能，增加了 Excel 快速分析工具。其常用组件简介如下。

- Access 2013：创建数据库，进行信息管理。
- Excel 2013：执行计算、分析信息以及可视化电子表格中的数据。
- OneNote 2013：搜集、组织、查找和共享用户的笔记和信息。
- PowerPoint 2013：创建和编辑用于幻灯片播放、会议和网页的演示文稿。
- Publisher 2013：创建新闻稿和小册子等专业品质出版物及营销素材。
- Word 2013：创建和编辑具有专业外观文档，如信函、论文、报告和小册子。

Word 2013 是 Microsoft Office 2013 中重要的组件之一，主要用来进行文本的输入、编辑、排版、打印等工作，是目前最流行的文字处理工具。在最新的 Word 2013 中，旨在为用户提供最优秀的文档排版工具，并帮助用户更有效地组织和编写文档。此外，用户还可以将文档存储在云中，进而可以在联机的任何时候进行编辑，随时把握稍纵即逝的灵感，并将其记录到 Word 文档中，甚至可以在同一时间与其他用户协作处理相同的文件。

2. Office 系列软件的启动

Microsoft Office 2013 常用组件的启动，以 Word 为例，一般用以下几种方法。

（1）选择"开始"|"所有程序"|"Microsoft Office 2013"|"Word 2013"。Microsoft Office 2013 常用组件列表如图 3-1-1 所示，打开的 Word 界面如图 3-1-2 所示。

图 3-1-1　Microsoft Office 2013
常用组件列表

图 3-1-2　Word 启动界面

（2）通过 Windows"运行"窗口输入启动程序名，可以启动相应的组件，启动 Word，如图 3-1-3 所示。

图 3-1-3　通过"运行"启动 Word

（3）通过用户文件启动，双击 Word 文档可以启动相应的 Word 组件。

3.1.2　Word 窗口和视图

1. Word 窗口

Word 2013 用户界面（如图 3-1-4 所示）的设计以一种面向结果的方法使人们能够更容易地找到和使用这些应用程序所提供的全部功能，并保持一个井然有序的工作区环境来减少无谓的杂乱干扰，使用户能够将更多的时间和精力放在工作上。

1）标题栏

标题栏中间部分显示当前编辑的文档的名字和正在运行的程序名，右侧提供"最小化"、"最大化"（或"还原"）和"关闭"按钮。

常用办公软件之文字处理 Word

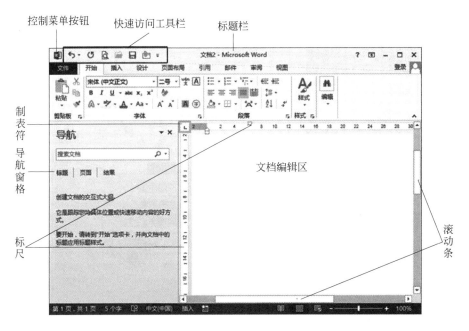

图 3-1-4　Word 窗口

2）快速访问工具栏

使用它可以快速访问频繁使用的工具，也可以通过单击其右侧按钮，将命令添加到快速访问工具栏，从而对其进行自定义。快速访问工具栏也可以显示在功能区的下方。

3）功能区

如图 3-1-5 所示，功能区包含若干个围绕特定方案或对象进行组织的选项卡。而且，每个选项卡的控件又细化为几个组。功能区能够比菜单和工具栏承载更加丰富的内容，包括按钮、库和对话框内容。双击某个选项卡可以折叠和展开功能区。

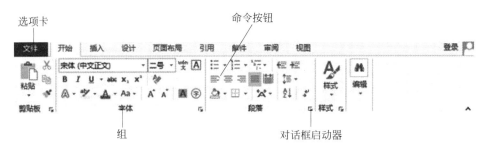

图 3-1-5　功能区

4）对话框启动器

对话框启动器是一些小图标，这些图标出现在某些组中。单击对话框启动器将打开相关的对话框或任务窗格，其中提供与该组相关的更多选项。

5）文档编辑区

文档编辑区是 Word 2013 窗口中的主要组成部分，建立文档的所有操作结果都在此显示。特别是光标位置决定编辑、插入内容的位置。

（1）标尺：使用标尺可以实现一些段落格式化的功能，比如各种缩进和制表符的设置等。

（2）滚动条：通过滚动条的调整可以看到超出窗口范围的内容。另外，滚动条下方的"选择浏览对象"按钮可以帮助选择浏览对象。

（3）状态栏：从最左边起依次显示文档的当前页和总页数、总字数；提供检查校对和选择语言功能；显示输入状态、录制宏的状态；提供文档视图切换按钮、显示比例按钮和调节显示比例控件。

（4）导航窗格：打开导航窗格后，借助于浏览文档中的标题或浏览文档中的页面，用户始终都可以知道自己在文档中的位置，从一个位置到下一位置十分简单。还可以在导航窗格中查找字词、表格和图形等。

（5）库：库提供了一组清晰明确的结果，如图 3-1-6 所示。通过呈现一组简单的可能结果，而不是带有众多选项的复杂对话框，只需用户选取并单击，即可从中获得所需结果。库简化了制作专业外观作品的过程。同时，对于那些希望在更大程度上控制操作结果的用户而言，仍然可以使用传统的对话框界面。

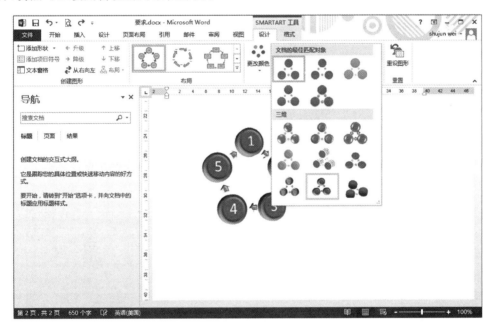

图 3-1-6　功能区上下文选项卡和库呈现的一组结果

（6）实时预览：实时预览是一项新的技术，当用户在库呈现的结果上移动指针时，应用编辑或格式更改的结果便会显现出来。这种新的动态功能简化了布局、编辑和格式设置过程，用户只需花极少的时间和精力便能获得非常好的效果。

（7）Word 的文档操作界面：打开一个文档，并单击"文件"选项卡，在图 3-1-7 所示的界面中可以管理文档和有关文档的相关数据：创建、保存和共享文档，检查文档中是否包含隐藏的元数据或个人信息，设置打开或关闭"记忆式键入"建议之类的选项，等等。

若要从 Word 文档操作界面快速返回到文档，请单击 ⊖ 按钮，或者按 Esc 键。

2. Word 视图

在 Word 2013 中有 5 种视图显示方式，视图切换可以在状态栏实现，也可以在"视图"

常用办公软件之文字处理 *Word*

图 3-1-7　Word 文档操作界面

选项卡中选择。

1）页面视图

页面视图是真正的所见即所得视图，文档中见到的结果和打印的结果是一样的。这种视图也是最常用的一种视图，其布局可直接显示页面的实际尺寸，在页面中会同时出现水平和垂直标尺。在页面视图方式下，上页和下页之间有特别明显的分界并直接显示页边距，如图 3-1-8 所示。

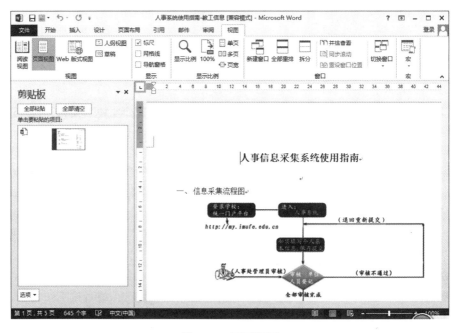

图 3-1-8　页面视图

2）阅读视图

阅读视图提供了文档阅读的最佳方式。阅读视图隐藏了不必要的工具栏，使屏幕阅读更加方便。与其他视图相比，阅读视图字号变大，行长度变小，页面适合屏幕，使视图看上去更加明了，字迹更加清晰，如图 3-1-9 所示。

图 3-1-9　阅读视图

使用"视图"选项卡的"编辑文档"命令返回页面视图。

3）Web 版式视图

Web 版式视图主要用于创建 Web 页，使用 Web 版式视图相当于在浏览器中浏览文档，如图 3-1-10 所示。

4）大纲视图

在大纲视图下可以建立一种具有层次结构的文档。用户在使用时可以折叠文档，只看标题，或者展开文档，查看内容，也可通过"大纲"选项卡"大纲工具"组的命令进行大纲级别的升降。大纲视图的级别包括 9 级，可以由 Shift＋Tab 键升级，由 Tab 键降级，如图 3-1-11所示。

5）草稿

草稿取消了页面边距、分栏、页眉和图片等，仅显示文档中的文本，这对快速编辑很有用，使用户更专注于文本内容。

3.1.3　Word 文档操作介绍

创建 Word 文档的一般流程如图 3-1-12 所示。

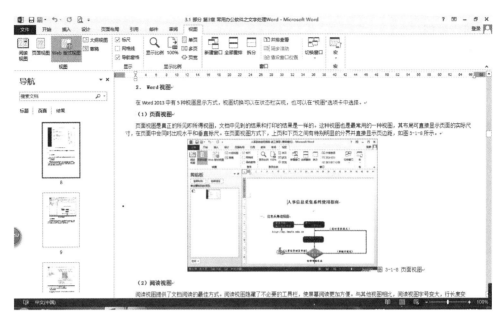

图 3-1-10　Web 版式视图

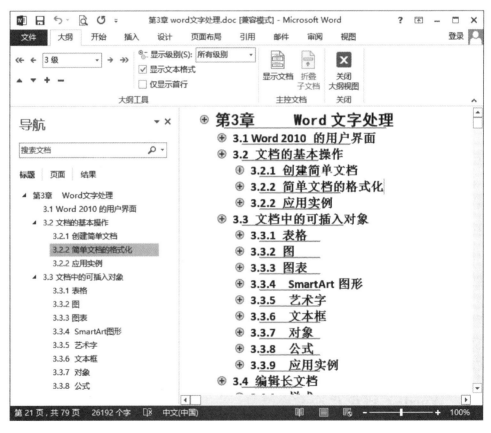

图 3-1-11　大纲视图

图 3-1-12　创建文档的一般流程

在打印文档之前，根据实际工作的要求可以反复对文档进行格式化和打印预览操作，直到满意为止；为防止意外事件（如断电等）造成输入、编辑信息的丢失，一般保存文档可以提前在新建空白文档后和打印文档前的任意步骤间进行，这之后的操作都可以通过单击快速访问工具栏中的"保存"命令，及时地把其对文档的最新编辑结果保存在文件中。

Word 文档整体版面布局如图 3-1-13 所示。

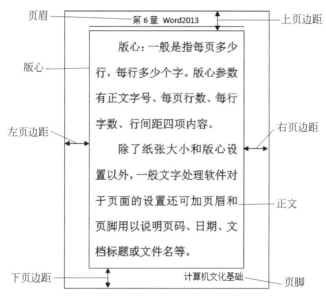

图 3-1-13　文档版面布局

1. 新建文档

每次启动 Word 2013 后，用户都可以选择已安装的模板（扩展名为 dotx），也可以单击类别以查看其包含的模板，或联机搜索更多模板。如果不使用模板，只需单击"空白文档"。要仔细查看任何模板，只需单击便可打开预览视图，如图 3-1-14 所示，若预览合适，单击"创建"按钮即可新建文档。

在文档编辑过程中，若希望再建新的文档，选择"文件"|"新建"。

2. 打开文档

每次启动 Word 2013 后，在图 3-1-2 所示的界面单击"打开其他文档"按钮，或用户已在进行文档编辑，单击"文件"选项卡|"打开"，都可出现图 3-1-15 所示的界面，然后浏览以便找到文件所在的位置。

3. 保存文档

首次保存文档时，选择"文件"选项卡|"保存"，或单击快速访问工具栏中的"保存"按钮，

常用办公软件之文字处理 Word

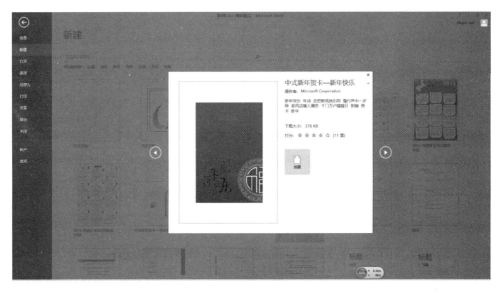

图 3-1-14　模板预览视图

图 3-1-15　打开文件界面

都可以打开图 3-1-16 所示的界面。

　　要将文档保存在计算机上，请选择"计算机"下的一个文件夹，或单击"浏览"。要联机保存文档，请选择其他位置。在文件处于联机状态时，用户可以对文件执行实时共享、提供反馈和协同处理等操作。

图 3-1-16　保存文档界面

　　浏览到要保存文档的位置后,如图 3-1-17 所示,输入文件名,Word 会自动以.docx 文件格式保存文件。若要以非.docx 格式保存文档,单击"保存类型"列表,然后选择所需的文件格式,单击"保存"按钮即可。若想自定义文档的保存方式,可以单击图 3-1-17 中的"工具"按钮,展开图 3-1-18 所示的列表,在其中选择"保存选项",打开图 3-1-19 所示的"Word 选项"对话框后,在其中可以改变已有的设置。

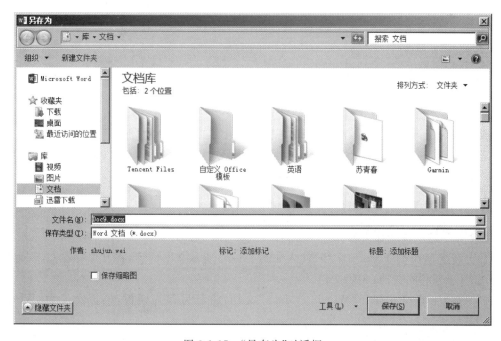

图 3-1-17　"另存为"对话框

常用办公软件之文字处理 Word

图 3-1-18 单击"工具"按钮展开的列表

图 3-1-19 "Word 选项"对话框

要在继续处理文档时保存文档,请单击快速访问工具栏中的"保存"按钮。

若希望将已保存过的文档保留副本或以其他类型保存,可以依次单击"文件"选项卡|"另存为",打开图 3-1-17 所示的对话框进行设置。

4. 关闭文档

依次单击"文件"选项卡|"关闭",就可以关闭文档窗口。

【案例 3-1】 进行如下操作。

(1)新建 Word3-1.docx 文档,输入如图 3-1-20 所示文字内容,将其保存在 C:\,命名为"Word3-1.docx"的文档,关闭文档。

(2)在 C:盘符下打开"Word3-1.docx"文档,将其另存为模板,模板文件为"Word3-1.dotx"。

(3)通过"运行"对话框打开"Word3-1.docx",将文字的字体修改为小一号,标题"学习"设置为宋体小初号,加下画线,保存。结果如图 3-1-20 所示。

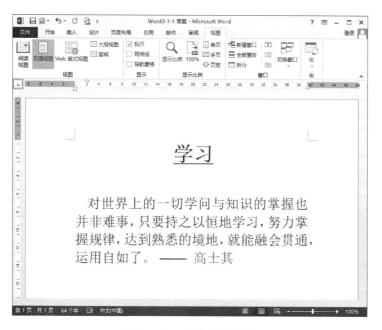

图 3-1-20　最终文档效果

案例实现

① 在桌面上右击,在快捷菜单单击"新建"|"microsoft Word 文档",单击打开空白文档,输入图 3-1-20 所示的"Word3-1"文档内容,单击"文件"选项卡|"保存",在打开图 3-1-16 所示的界面的"保存"对话框中,在路径中选 C:\,保存类型设置为"Word 文档(∗ .docx)",文件名为"Word3-1"。

② 单击"保存"后,关闭文件。

③ 在 C:\打开"Word3-1.docx"文档,单击"文件"|"另存为",在打开的"另存为"对话框中,输入文件名为"Word3-1",保存类型重新设置为"Word 模板",其界面如图 3-1-21 所示。

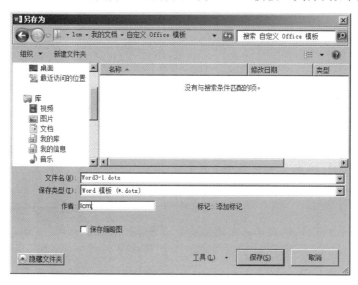

图 3-1-21　"另存为"模板对话框

常用办公软件之文字处理 Word

④ 单击"开始"|"运行",打开"运行"对话框,单击该对话框中的"浏览"按钮,找到"Word3-1.docx"文档,打开。

⑤ 选中正文文字,设置字体为小一号;选中标题文字"学习",将字体修改为小一号,设置字体为宋体,字号为小初,并加下画线,保存文件。

5. 打印预览和打印文档

单击"快速访问工具栏"的"打印预览和打印"按钮,或单击"文件"选项卡,然后单击"打印"。在图 3-1-22 所示界面的右侧可以查看整个文档的版面布局。若要在打印之前返回到文档并进行编辑,单击 按钮,返回。

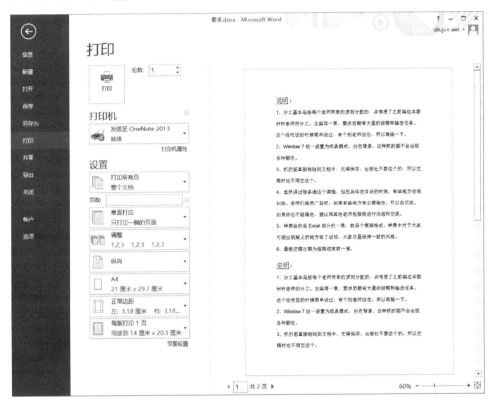

图 3-1-22 打印预览和打印文档界面

若要更改打印相关设置,可在图 3-1-22 的中间部分进行。单击该打印机名称下面的"打印机属性",可以设置纸型、纸张方向和打印的页面顺序等。

图 3-1-22 中选择"设置"区的选项,可以设置单面或双面打印、纸张大小和方向、页边距、出现在一个打印页上的页数等;还可以单击下面的"页面设置"链接,打开"页面设置"对话框进行设置;在"设置"区单击"打印所有页"项,在展开的列表中可以设置打印范围。

预览满意后就可以联机打印。单击图 3-1-22 中间部分的"打印"按钮,就可以进行文档的打印输出了。

【案例 3-2】 打开 Word3-2.docx,将上下页边距设置为 2 厘米,左右页边距为 3 厘米;按 B4 纸纵向打印,打印全部,打印 2 份。

案例实现

① 打开 Word3-2.docx，单击"文件"|"打印"，在"打印预览"页面中设置页边距、纸张大小和纸张方向。

② 在"打印预览"页面中部"份数"输入框中输入 2；在"设置"区设置打印所有页。

③ 单击"打印"按钮，即可打印。

④ 保存文档。

3.1.4 Word 文档编辑

1. 页面设置

页面设置一般可以在编辑文档之前，或者在编辑文档之后打印之前进行。

单击"页面布局"选项卡，在"页面设置"组中可以设置纸张大小、纸张方向及页边距等。

若想详尽设置版面，也可以单击"页面设置"组"对话框启动器"，打开图 3-1-23 所示的"页面设置"对话框，进行个性化设置。

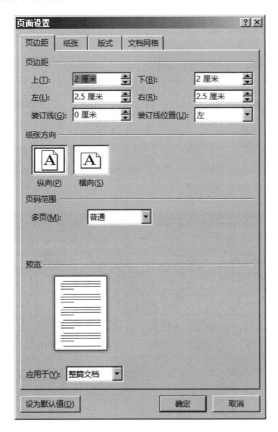

图 3-1-23 "页面设置"对话框

2. 输入文档内容

1）编辑前的定位操作

- 用光标控制键定位光标。
- 用鼠标定位光标。

- 打开"导航窗格",由其中的"标题"、"页面"选项卡定位光标。
- 单击"开始"|"编辑"|"查找"按钮旁的按钮,在其中选择"转到"命令,打开图 3-1-24 所示的"查找和替换"文本框后,利用选定的目标进行定位。该对话框也可以通过"导航窗格"打开。

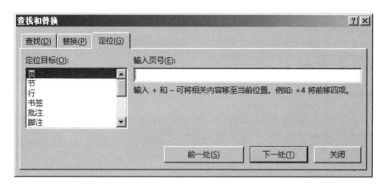

图 3-1-24　实现定位功能的"查找和替换"对话框

2）输入时的注意事项

- 非段落处不回车,满行时系统自动换行。
- 文档标题的居中和段落的缩进可以由相应排版命令实现,最好不要随便加空格。
- 字间距或行间距要用设置字或行间距命令来实现,最好不要输入空格或空行。
- 文档的所有格式可事先设置或事后编排,在输入过程中,没有必要时时注意格式。
- 无法用键盘输入的符号和特殊字符可以通过切换到"插入"选项卡,单击"符号"组"符号"命令后,在展开的列表中选"其他符号",打开图 3-1-25 所示的对话框,可以在其中查找自己需要的符号。

图 3-1-25　"符号"对话框

3）常用的编辑操作

（1）文本内容的选定：在对文档中的文本和插入对象做处理之前一般都要先选定，选定文本的常用方法如下。

- 选定一词：双击该词。
- 选定一句：Ctrl＋单击该句。
- 选定一行：在选定栏（位于页面左边距范围内）中单击该行。
- 选定一段：选定栏中双击该段或段中三击。
- 选定多行：选定栏中用鼠标纵向拖过各行。
- 选定全文：在选定栏中三击或 Ctrl＋单击（快捷键 Ctrl＋A）。
- 选定任意小行块：先在块首（块尾）处按住鼠标，然后往块尾（块首）处拖动。
- 选定任意大行块：先在块首（块尾）单击，然后在块尾（块首）Shift＋单击。
- 选定任意列块：Alt＋拖动鼠标。
- 通过"开始"选项卡"编辑"组"选择"命令按钮，实现全选、对象选定或格式相似文本的选定。

（2）文本内容的复制和移动：在"开始"选项卡的"剪贴板"组中有"剪切"、"复制"和"粘贴"按钮，文本内容的复制：选定对象|"复制"|定位光标|"粘贴"；文本内容的移动：选定对象|"剪切"|定位光标|"粘贴"。近距离的移动可以在选定内容后直接拖动到目标位置，复制可以在拖动的同时按住 Ctrl 键实现。

（3）撤销与恢复：快速访问工具栏中有"撤销"与"恢复"按钮，"撤销"用于对使用该命令之前所做操作的取消，而"恢复"是恢复已撤销的操作，若没有执行过撤销命令，则恢复命令不可用。在创建文档的过程中要善用这两个命令，会加快编辑文档的进程。

（4）查找和替换：编辑长文档时，可能需要对某些已有文本内容进行酌情修改，用查找功能会比较方便；若要对多次出现在不同位置的同样文本内容进行同样的修改时一般用替换功能。

在"开始"选项卡的"编辑"组中有"查找"和"替换"按钮，单击"查找"按钮旁可展开列表的按钮，在其中选择"高级查找"，打开如图 3-1-26 所示的"查找和替换"对话框。若要在全文查找"文档"两个字，在查找内容的文本框中输入"文档"，其中由"查找下一处"按钮可以从光标当前位置起查找需要的内容，找到后自动呈现选中状态，等待修改；需要继续查找的话，可以再次单击"查找下一处"按钮，直到全部找到为止。若要突出显示找到的所有符合条件的内容时，单击"阅读突出显示"按钮；若要全部选中找到的所有符合条件的内容时，单击"在以下项中查找"按钮，选择"主文档"。在"搜索选项"区域，可以对搜索范围、是否区分大小写、是否使用通配符等进行设置。

实际上，替换操作和查找操作是一个对话框的不同选项卡对应的功能，若要将"文档"全部替换为"文件"，所做设置如图 3-1-27 所示，单击"全部替换"即可，若不是全部替换，则可以结合"查找下一处"和"替换"按钮进行操作。

查找的对象和替换后的对象不仅可以是普通文本，还可以是格式或特殊格式。

查找的另一便捷方式是直接在"导航窗格"的文本框输入要查找的文本内容，随即文档中突出显示所有要查找的内容。接着单击 ▲ 或 ▼ 按钮从光标当前位置起依次往上或往下选中所查找内容。也可以单击"浏览您当前搜索的结果"选项卡，在其中定位所查找的内

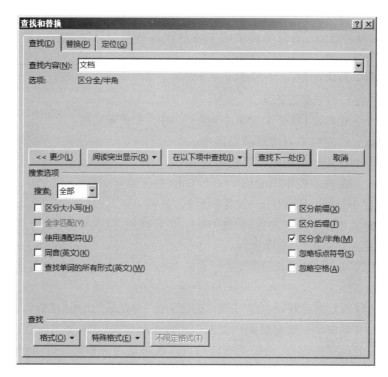

图 3-1-26　实现查找功能的"查找和替换"对话框

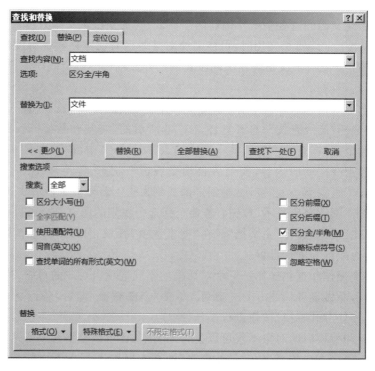

图 3-1-27　实现替换功能的"查找和替换"对话框

容。以查找"文档"为例的界面如图 3-1-28 所示。

也可以直接在"导航窗格"查找非文本内容。单击"导航窗格"文本框右侧可以展开列表的"查找选项和其他搜索命令"按钮,在图 3-1-28 所示的列表中选择即可。"查找和替换"对话框的使用也可以通过展开图 3-1-29 所示的列表选择后实现。单击 ✖ 按钮可取消搜索。

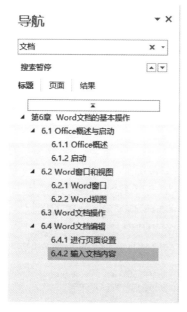

图 3-1-28　实现查找功能的"导航窗格"

图 3-1-29　"查找选项和其他搜索命令"
按钮展开的列表

拼写和语法:在输入内容的过程中,可能会出现拼写和语法错误,Word 2013 提供了解决该问题的方法,可以在输入的同时,实时校对。红色波浪线标识可能出现拼写错误,或者 Word 无法识别单词,例如,固有名称或地点;蓝色波浪线标识 Word 认为应修订潜在的语法、样式和上下文错误。检查修正后,波浪线隐去。鼠标指向被标识出错的文本(以输入 I am an gril. 为例),右击,拼写或语法错误分别对应的快捷菜单弹出,如图 3-1-30 和图 3-1-31 所示。

图 3-1-30　拼写错误对应的快捷菜单

图 3-1-31　语法错误对应的快捷菜单

在快捷菜单中可以从提供的更正选项内选择正确的结果以替换出现的错误,据实际情况也可以选择忽略,还可以通过选择"语法",打开"语法"任务窗格进行修改。

常用办公软件之文字处理 Word

单击"审阅"选项卡"校对"组的"拼写和语法"按钮,出现如图 3-1-32 所示的"拼写检查"任务窗格或图 3-1-33"语法"任务窗格,在相应任务窗格中可以从光标的当前位置起对整篇文档的错误进行校对。

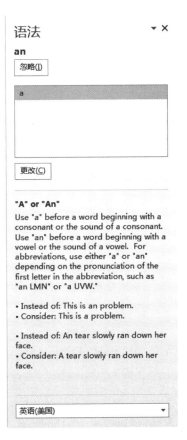

图 3-1-32　"拼写检查"任务窗格　　　图 3-1-33　"语法"任务窗格

根据任务窗格中的拼写检查提示,确认所标示出的单词或短语是否确实存在拼写或语法错误。如果确实存在错误,则根据提示,单击"更改"按钮即可;如果标示出的单词或短语没有错误,可以单击"忽略"或"全部忽略"按钮,忽略关于此单词或词组的修改建议。也可以单击"添加"按钮,将标示出的单词或词组加入到 Word 2013 内置的词典中。

完成所有拼写和语法检查后,将直接关闭"拼写检查"任务窗格。

3.2　Word 文档格式化

📖 本节重点和难点:

重点:
- 字体、段落的格式化
- 设置项目符号与编号
- 设置边框与底纹

- 设置制表符

难点：

- 利用 Word 文档编辑方法，按需要格式化文档内容

3.2.1　设置文本格式

1. 文本格式设置的两种方法

1）使用"字体"组命令按钮

有关文本格式化的一些操作可以在输入内容之前进行设定，这样之后输入的内容就会以设定的格式出现，也可以输入内容后选定文本再设置。

在"开始"选项卡"字体"组中，可以看到多个可对文档执行特定操作的命令按钮。例如，"加粗"按钮 **B** 可加粗文本，"字体颜色"按钮 **A** ▾ 和"字号"按钮 11 ▾ 可更改文本的字体颜色和字号。在"字体"组还可以进行文本倾斜、加边框、加底纹、加删除线及使选中文本变为下标或上标的操作。

2）使用"字体"对话框

单击"字体"组右下角的对话框启动器，可以打开图 3-2-1 所示的"字体"对话框，对文本进行详尽的格式化设置。在"字体"对话框中可以设置选定文本的字体、字形和字号，也可以实现文本隐藏、加删除线和阴影等效果；在"高级"选项卡可以设置字符间距、缩放和位置等。

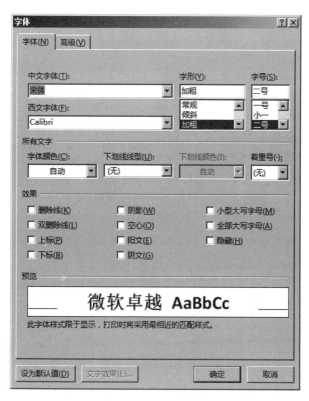

图 3-2-1　"字体"对话框

常用办公软件之文字处理 *Word*

当选定文本时,系统会自动出现一个浮动工具栏,如图 3-2-2 所示,可以通过该工具栏,设置文本格式。

图 3-2-2 "浮动"工具栏

2. 文本加拼音

先选中要加注拼音的文字,然后单击"开始"选项卡"字体"组的"拼音指南"按钮,打开图 3-2-3 所示的"拼音指南"对话框,其中按钮功能如下。

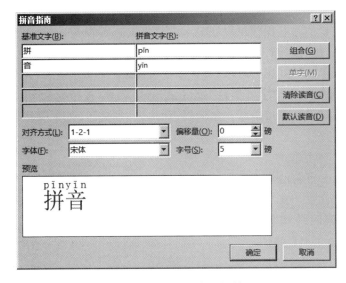

图 3-2-3 "拼音指南"对话框

- 组合:按组合词汇注音。
- 单字:按单字注音。
- 清除读音:删除拼音。
- 默认读音:由系统根据拼音输入法提供的值为文字注音。
- 对齐方式:设置拼音与文字的对齐方式。
- 偏移量:设置拼音与文字的距离。
- 字体和字号:设置拼音自身所采用的字体和字号。

3. 文本加圈

加圈功能可以实现为单个汉字或一到两个字符加圈,要加圈的内容可以事先选定,也可以在图 3-2-4 所示的"带圈字符"对话框的"文字"文本框内输入。通过单击"开始"选项卡"字体"组"带圈字符"按钮,可以打开图 3-2-4 所示的对话框进行设置。所加的圈样式有四种,分别是圆形、正方形、三角形和菱形。可以以"缩小文字"或"增大圈号"的不同方法为文字加圈。

4. 首字下沉

有时需要某段文本内容的首字下沉或悬挂,其操作为:定位光标到这一段落,单击"插入"选项卡"文本"组"首字下沉"按钮,光标指向展开列表中的"下沉"后即可看到效果,若满意可以单击。也可以单击"首字下沉选项"按钮,打开图 3-2-5 所示的"首字下沉"对话框进行详细设置。

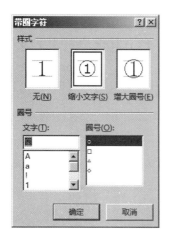

图 3-2-4　"带圈字符"对话框　　　　　　图 3-2-5　"首字下沉"对话框

3.2.2　设置段落格式

1. 段落格式的设置

段落标记表示一个自然段的结束,由 Enter 键产生。需要换行操作时,可以由 Shift+Enter 组合键实现。段落格式化时一般不需要选中内容,只要光标置于要格式化的段落就可以。

设置段落格式,可以通过"开始"选项卡"段落"组的命令按钮设置,也可以启动图 3-2-6 所示的"段落"对话框,在该对话框中设置。

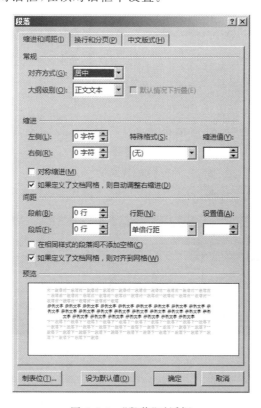

图 3-2-6　"段落"对话框

常用办公软件之文字处理 Word

段落格式的设置包括段落的缩进、段落对齐、段落间距、行间距等。段落缩进包括首行缩进、左缩进、右缩进和悬挂缩进;段落对齐包括左对齐、右对齐、居中对齐、两端对齐和分散对齐。

也可以在图 3-2-7 所示的标尺中设定缩进和制表符。有关制表符的内容将在 3.2.3 节介绍。

图 3-2-7　标尺与各滑块的名称

其中:

- 左缩进:调节段落相对于左页边距的缩进量。
- 右缩进:调节段落相对于右页边距的缩进量。
- 首行缩进:调节段落首行相对于其他行的缩进量。
- 悬挂缩进:调节段落其他行相对于首行的缩进量。
- 制表符:实现在同一行文本中使用不同对齐方式的效果。

左缩进还可以由"开始"选项卡"段落"组中的"增加缩进量"和"减少缩进量"按钮去调节。

2. 特殊的中文版式

1) 合并字符和双行合一

要实现双行合一的文本内容,可以先选中或在"双行合一"对话框打开后输入。单击"段落"组"中文版式"按钮,在展开的列表中选择"双行合一"后,打开图 3-2-8 所示的"双行合一"对话框设置。"中文版式"中"合并字符"(如图 3-2-9 所示)的结果和"双行合一"的结果一样,只是"合并字符"操作只适用于内容最多为 6 个字符的文本。

图 3-2-8　"双行合一"对话框

图 3-2-9　"合并字符"对话框

2) 纵横混排

纵横混排可以实现同行或同列文本,不同文字方向的设置,比如将所选文本的方向更改为水平,同时保持剩余文本为垂直的功能。方法是单击"开始"选项卡"段落"组"中文版式"按钮,在展开的列表中选择"纵横混排"。一般用于实现竖排文本中某些数字的横排,如图 3-2-10 所示。

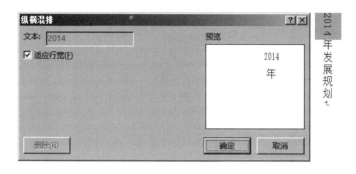

图 3-2-10　纵横混排

【案例 3-3】　打开名称为"Word3-3"的文档,对文本进行格式化操作后保存,最终效果如图 3-2-11 所示。

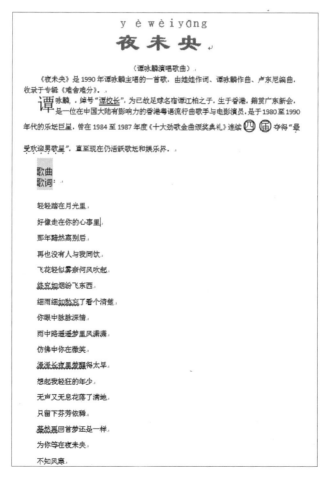

图 3-2-11　文本格式效果

要求：

（1）将标题"夜未央"设为隶书、小初、加粗、红色、居中，文字间距加宽5磅并加拼音。

（2）第一段居中对齐，其他段落首行缩进2字符。

（3）将第三段文字的第一个字"谭"首字下沉2行，距离正文0厘米。

（4）第三段文字"谭校长"加双下画线，"最受欢迎男歌星"加着重号，"四届"设为宋体、三号，带圈字符，样式为增大圈号。

（5）设置第四段段前和段后间距都为0.5行。

（6）将第四段文字"歌曲歌词"设置字符底纹为黄色，并设为合并字符，文字为宋体、12磅。

（7）歌词部分行距设为1.5倍。

案例实现

① 双击打开名称为"Word3-3"的文档。

② 选定要设置格式的文本，通过"开始"选项卡"字体"组命令，结合"字体"对话框进行相应的格式设置。

③ 定位光标到要设置格式的段落，通过"开始"选项卡"段落"组命令，结合"段落"对话框进行相应的格式设置。

④ 保存文档。

3.2.3 制表位

定位光标到准备设定制表位的行后单击"段落"对话框的"制表位"按钮，打开图3-2-12所示的"制表位"对话框，也可以双击标尺栏已经设定好的制表位，打开该对话框。设置制表位的过程如下。

（1）在"制表位位置"文本框输入以字符为单位的制表位的位置数值。

（2）在"对齐方式"区域，可以通过选定相应的选项按钮，设定该制表位上文本的对齐方式。

（3）在"前导符"区域，可以通过选定相应的选项按钮，设定该制表位上文本前的前导字符。

（4）单击"设置"按钮，一个制表位设置结束。

（5）重复步骤（1）～（4）可以设置其他制表位。

其中"清除"按钮用于对已定义的选定制表位进行清除；"全部清除"按钮将清除所有设置的制表位；"默认制表位"文本框的值确定按Tab键定位光标时与前面输出内容的间隔字符数。

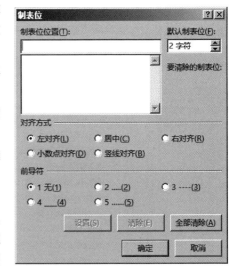

图 3-2-12 "制表位"对话框

也可单击垂直标尺上端的"制表符"按钮，以选择不同的制表符，再在水平标尺刻度处单击来设定制表位的位置，通过拖离标尺可以删除制表位。

制表位设置好后，通过按Tab键可以定位光标到设置的制表位的准确位置。

【案例 3-4】 新建名称为"Word3-4.docx"的文档,实现无线表格"学生信息表",其结果如图 3-2-13 所示。

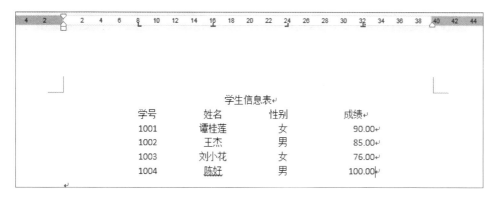

图 3-2-13 "学生信息表"制作的界面和结果

案例实现

① 通过依次单击"开始"|"所有程序"|Microsoft Office 2013|Word 2013 |"空白文档",打开 Word 2013 用户界面。

② 在光标所在处输入"学生信息表"后,单击 Enter 键。

③ 打开"制表位"对话框后,依次设置左对齐、居中、右对齐和小数点对齐 4 个制表符如图 3-2-14 所示,关闭对话框。

④ 单击 Tab 键定位光标后,输入"学号",以同样的方法输入"姓名"、"性别"和"成绩"后,按 Enter 键。

⑤ 同④ 的操作,分别输入 4 位学生的详细信息。

⑥ 定位光标到文本"学生信息表"所在行,单击"开始"选项卡"段落"组的"居中"按钮。

⑦ 全部完成后保存文档,文档名为"Word3-4 .docx"。

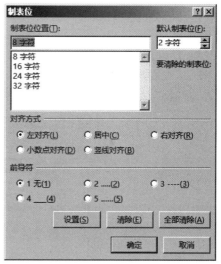

图 3-2-14 设置制表符后的"制表位"对话框

3.2.4 项目符号与编号

单击"开始"选项卡"段落"组"项目符号"按钮,可以设定项目符号。如果想选择其他的项目符号,可以单击"项目符号"右侧可展开列表的按钮,在展开的列表中进行选择,还可以对已加载项目符号更改级别。若在列表中选择"定义新项目符号"后,可打开图 3-2-15 所示的"定义新项目符号"对话框,在该对话框内可以选择符号或图片作项目符号字符。

若希望为段落设定编号,可以用类似设定项目符号的方法操作,在图 3-2-16 所示的"定义新编号格式"对话框中自定义编号。

115

图 3-2-15 "定义新项目符号"对话框

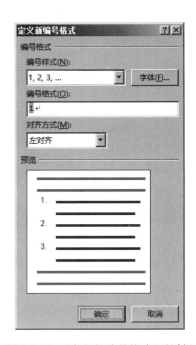

图 3-2-16 "定义新编号格式"对话框

通过"开始"选项卡"段落"组"多级列表"按钮,可以为段落添加多级列表。单击"多级列表"按钮,在展开的列表中选择"定义新的多级列表"后,打开图 3-2-17 所示的"定义新多级列表"对话框,在此可以自定义多级列表。

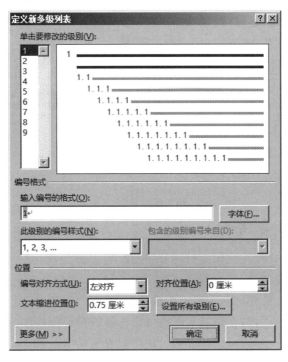

图 3-2-17 "定义新多级列表"对话框

【案例 3-5】 打开名称为“Word3-5”的文档，对文本进行格式化操作后保存，最终效果如图 3-2-18 所示。

要求：

(1) 设置文字为黑体、四号、加粗显示。

(2) 采用自动的项目符号和编号，而不是手工输入。

(3) 设置缩进格式。

案例实现

① 双击打开名称为“Word3-5”的文档。

② 选中文字内容设置字体格式。

③ 同时选中文字“水果”、“蔬菜”和“粮食”，单击“开始”选项卡“段落”组的“项目符号”按钮，在展开的列表中选择需要的项目符号。

④ 同时选中文字“西瓜”、“香蕉”、“苹果”和“菠萝”，单击“开始”选项卡“段落”组的“编号”按钮，在展开的列表中选择需要的编号，再单击“开始”选项卡“段落”组的“增加缩进量”按钮。

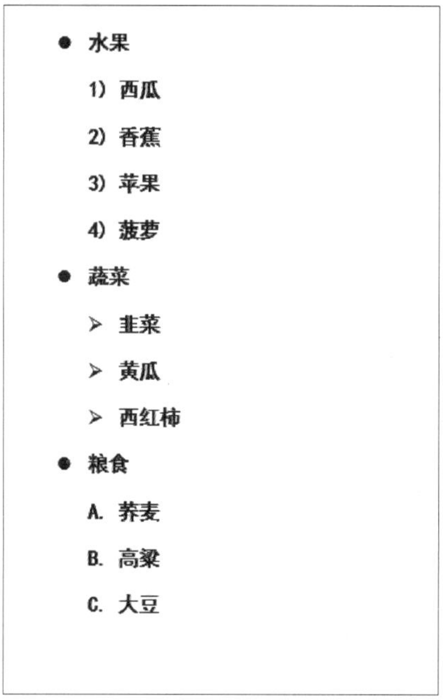

● 水果

1) 西瓜

2) 香蕉

3) 苹果

4) 菠萝

● 蔬菜

➢ 韭菜

➢ 黄瓜

➢ 西红柿

● 粮食

A. 荞麦

B. 高粱

C. 大豆

图 3-2-18 设置项目符号和编号的效果

⑤ 同时选中文字“韭菜”、“黄瓜”和“西红柿”，单击“开始”选项卡“段落”组的“项目符号”按钮，在展开的列表中选择需要的项目符号，再单击“开始”选项卡“段落”组的“增加缩进量”按钮。

⑥ 同时选中文字“荞麦”、“高粱”和“大豆”，单击“开始”选项卡“段落”组的“编号”按钮，在展开的列表中选择需要的编号，再单击“开始”选项卡“段落”组的“增加缩进量”按钮。

⑦ 全部完成后，保存文档。

【案例 3-6】 新建文档，实现结果如图 3-2-19 所示。要求先定义多级列表，然后再输入各级列表的内容。全部完成后，保存文档，文件名为“Word3-6.docx”。

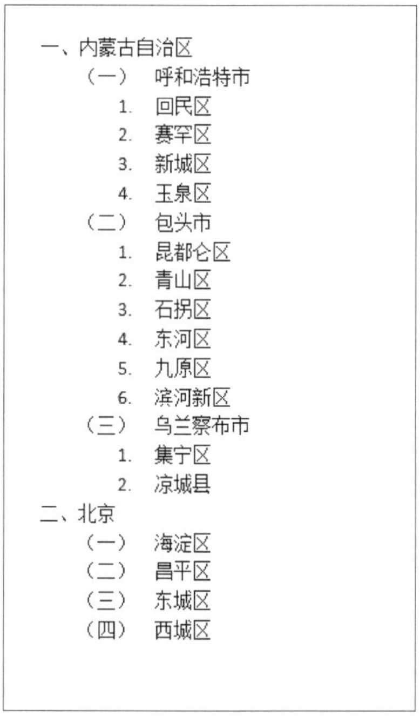

一、内蒙古自治区

（一） 呼和浩特市

1. 回民区
2. 赛罕区
3. 新城区
4. 玉泉区

（二） 包头市

1. 昆都仑区
2. 青山区
3. 石拐区
4. 东河区
5. 九原区
6. 滨河新区

（三） 乌兰察布市

1. 集宁区
2. 凉城县

二、北京

（一） 海淀区

（二） 昌平区

（三） 东城区

（四） 西城区

图 3-2-19 多级列表的制作结果

案例实现

① 通过依次单击“开始”|“所有程序”|“Microsoft Office 2013”|“Word 2013” |“空白文档”，打开 Word 2013 用户界面。

② 定义一级编号。单击“开始”选项卡“段落”组的“多级列表”命令按钮，在展开的列表中选择“定义新的多级列表”命令后，可打开“定义新多级列表”对话框。

在“定义新多级列表”对话框的“此级别的编号样式”列表中选择“一，二，三（简）…”后，再在“输入编号的格式”文本框的“一”后定位光标，输入“、”，设置结果如图 3-2-20 所示。

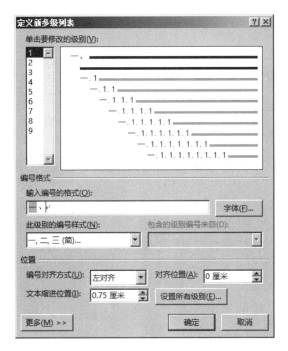

图 3-2-20　定义一级编号

③ 定义二级编号。在"定义新多级列表"对话框的"单击要修改的级别"列表中选择"2"后,在"输入编号的格式"文本框的"1"前面定位光标,删除前面的所有内容,选择"此级别的编号样式"列表中"一,二,三(简)…"后,再在"输入编号的格式"文本框的"一"前后分别输入"("和")",设置结果如图 3-2-21 所示。

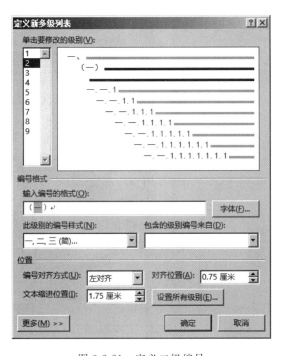

图 3-2-21　定义二级编号

④ 定义三级编号。在"定义新多级列表"对话框的"单击要修改的级别"列表中选择"3"后，再在"输入标号的格式"文本框的最后一个"1"前面定位光标，删除前面的所有内容后，在余下的"1"后输入"."，设置结果如图 3-2-22 所示。单击"确定"按钮，关闭对话框，已经可以看到光标位置的前面有一级编号"一、"了。

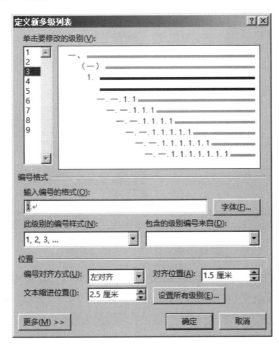

图 3-2-22　定义三级编号

还可以在定义每级编号时由"位置"区域的信息调整编号的对齐方式、对齐位置以及文本的缩进位置等。

⑤ 文本录入。开始录入文本"内蒙古自治区"，按 Enter 键，在第二行自动生成编号"二、"，单击"开始"选项卡"段落"组的"增加缩进量"命令按钮，变为二级编号"（一）"，输入"呼和浩特市"，按 Enter 键，出现编号"（二）"，单击"增加缩进量"命令按钮，变为三级编号"1."后，接着输入"回民区"，按 Enter 键，依次输入"包头市"之前的内容，当按 Enter 键，出现三级编号"5."时，单击"减少缩进量"命令按钮后，变为二级编号"（二）"，输入"包头市"，之后的操作雷同，直到所有内容输入结束。

⑥ 全部完成后，保存文档，文件名为"Word3-6.docx"。

多级列表级别的变更，也可以通过单击"开始"选项卡"段落"组中的"多级列表"按钮，在展开的列表中，指向"更改列表级别"后，在展开的列表中进行选择。

3.2.5　边框与底纹

可以为选定的文本添加边框和底纹，也可以为光标所在的段落添加边框和底纹。单击"开始"选项卡"段落"组"边框"右侧可以展开列表的按钮，在展开的列表中选择"边框和底纹…"，打开图 3-2-23 所示的"边框和底纹"对话框。在该对话框中可以设置边框和底纹，也可以为页面设置边框。

120

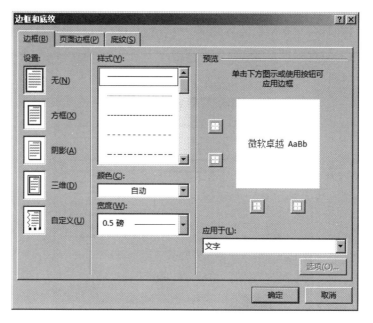

图 3-2-23 "边框和底纹"对话框

文本设置边框和底纹,可以直接在"开始"选项卡"字体"组利用"字符边框"和"字符底纹"按钮实现。

段落和字符的格式都是可以复制和清除的。如果复制文本格式,要选择段落的一部分(即要复制其格式的文本);若仅复制段落格式,只选择段落标记;同时复制文本和段落格式,选择整个段落,包括段落标记。然后单击"开始"选项卡"剪贴板"组的 格式刷 按钮后,再选择要设置格式的文本或段落。想多处复制选定的字符或段落格式时,要双击 格式刷 按钮后再操作。

如果清除文本格式,要选择段落的一部分(即要清除其格式的文本);如果清除文本和段落格式,要选择整个段落,包括段落标记。然后单击"开始"选项卡"字体"组的 按钮。

【案例 3-7】 打开名称为"Word3-7"的文档,设置边框和底纹,效果如图 3-2-24 所示。

要求:

(1)标题设置一号字、楷体、加粗、字间距 15磅,居中并与正文距离 2 行。

(2)为标题加段落下框线、蓝色、3磅。

(3)正文小三号字、仿宋、2.5 倍行距,首行缩进两个字符。

(4)为第一段落文字"红山口"加红色 3 磅

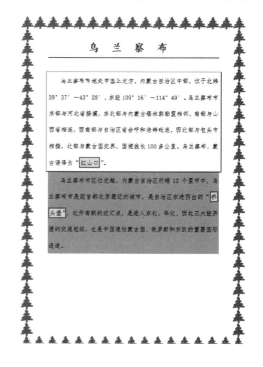

图 3-2-24 设置边框和底纹的效果

边框、黄色底纹,用格式刷把该格式复制到文字"桥头堡"上。

（5）为第一段内容加段落边框、绿色 1.5 磅、阴影边框。

（6）为第二段内容加段落底纹、浅绿色。

（7）设置页面边框为"艺术型",如图 3-2-24 所示。

案例实现

① 双击打开名称为"Word3-7"的文档。

② 选定标题"乌兰察布",设置要求的字体和段落格式。

③ 选定正文,设置小三号字、仿宋、2.5 倍行距,首行缩进 2 个字符。

④ 选定"红山口",打开"边框和底纹"对话框,设置文字边框和底纹;设置完成后,选定该文字内容,单击"开始"选项卡"剪贴板"组"格式刷"按钮,将格式复制到"桥头堡"。

⑤ 定位光标到标题,打开"边框和底纹"对话框,按要求设置段落边框。

⑥ 分别定位光标到第一和第二段,打开"边框和底纹"对话框,按要求设置段落边框和段落底纹;在该对话框中,单击"页面边框"选项卡,设置"艺术型"边框。

⑦ 全部完成后保存文档。

3.3　Word 表格与图文混排

📖 **本节重点和难点:**

重点:

- 表格的创建和编辑
- 形状的插入和格式化
- 文本框的插入和格式化
- 艺术字的插入和格式化
- 剪贴画的插入和格式化
- 公式的插入和使用
- 图片版式的设置

难点:

- 表格的编辑操作
- 图文混排效果的设计和实现
- 公式的输入

3.3.1　创建和编辑表格

在 Word 2013 中插入表格可以通过"插入表格"命令和"插入表格"对话框等方式插入规则表格,也可以通过画笔绘制不规则表格。表格插入文档后,可以对表格进行编辑和修改操作。

1. 插入和绘制表格

在"插入"选项卡的"表格"组,单击"表格"按钮,展开"插入表格"列表,如图 3-3-1 所示。鼠标在网格移动的时候,会在列表的顶端出现即将插入表格的列数和行数,同时文档中插入点位置处也会看到即将插入表格的模样,直到满意后单击,将表格插入文档。

图 3-3-1 利用"插入表格"列表创建表格

注意:利用此方法创建表格方便快捷,但最多只能创建 8 行 10 列的表格。

在图 3-3-1 所示的"插入表格"列表中,单击"插入表格"命令,打开图 3-3-2 所示的"插入表格"对话框,在"表格尺寸"区域输入要插入表格的列数和行数。

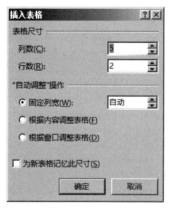

图 3-3-2 "插入表格"对话框

注意:当要创建表格的行列数较多时,可以选用此方法,最大可以创建 32 767 行 63 列的表格。

在文档中,经常需要插入不规则表格。选择图 3-3-1 所示的列表中的"绘制表格"命令,鼠标变成 ✐ 型后,可以通过先画表格外围框线,然后再画内部框线的方法绘制表格,在表格外单击,可以结束表格的绘制,如图 3-3-3 所示。

选择图 3-3-1 所示的列表中的"Excel 电子表格"命令,可以插入 Excel 电子表格,表格的建立方法和在 Excel 中的操作一样。

选择如图 3-3-1 所示的列表中的"快速表格"命令,可以根据"快速表格库"中提供的表格样式快速地建立样式灵活的各种表格。

若有选中的文字,则如图 3-3-1 所示的列表中的"文本转换成表格"命令可用,单击后打开"将文字转成表格"对话框,如图 3-3-4 所示。通过提供相应的信息可以实现文字转表格的功能,图 3-3-5 为文字转换成表格的结果。当光标定位在表格中时,单击"表格工具"|"布局"选项卡|"数据"组中的"转换为文本"按钮,实现相反的转换。

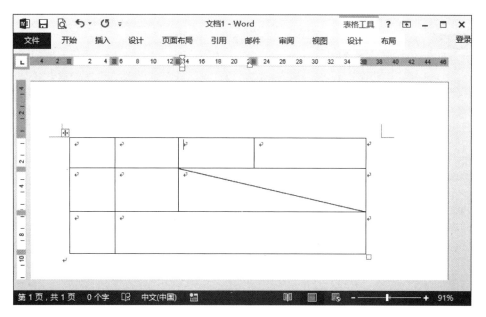

图 3-3-3　绘制不规则表格

图 3-3-4　将文字转换成表格

　　表格插入后,当鼠标指向已插入的表格时会看到表格左上角出现 ⊞ 标识,右下角出现 ☐ 标识。单击 ⊞ 标识,可以选中整个表格,指向 ⊞ 标识后,按下左键拖动,可以移动整个表格;鼠标指向 ☐ 标识,按下左键拖动,可以调整表格的大小。

2. 编辑表格

　　表格是由外框线、内框线、行、列、单元格、表头等组成。创建新的表格后,若不满足要求,可以对它进行编辑修改操作。

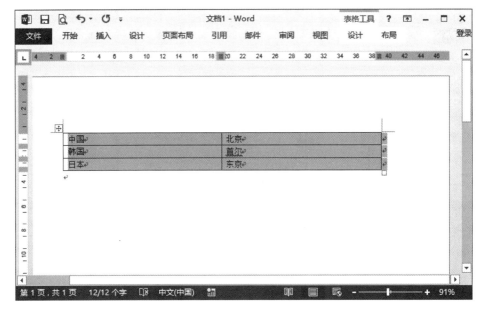

图 3-3-5　转换后的表格

1）选定操作

（1）选定一个单元格：鼠标指向单元格内的左侧区域，变成斜向右上方的实箭头时单击。

（2）选定一行：鼠标由表格外指向临近表格左侧外围框线，变成斜向右上方的空箭头时单击。

（3）选定一列：鼠标指向表格上面外围框线，变成向下的实箭头时单击。

（4）选定整个表格：以上 3 种选定方式分别选中左上单元格、第一行或第一列的同时，按住鼠标左键拖动。

其他选定操作类似纯文本内容的选定。还可在"表格工具"|"布局"选项卡"表"组中单击"选择"按钮，在展开的列表中选择。

2）行列的插入

定位光标后，在"表格工具"|"布局"选项卡的"行和列"组中，提供以光标所在单元格为基准的插入命令，可以在当前行的上下方插入行，也可以在左右方插入列。若同时插入多行或多列，必须选定同样数目的行或列。

插入表格行的快捷方法：定位光标到某行最后一个单元格外的回车标记之前，按 Enter 键，就可以在当前行后插入一个新行；若定位光标到表格最右下角的单元格，按 Tab 键，可在表格的最后插入一个新行。

3）行列的删除

定位光标后，在"表格工具"|"布局"选项卡"行和列"组中，提供以光标所在单元格为基准的删除命令，可以删除当前单元格、当前行、当前列或整个表格。也可以先选中要删除的单元格区域，直接使用 Backspace 键进行删除。

4）表格内容的清除

选中要清除内容的单元格区域，单击 Delete 键。

5）合并单元格

选中要合并的若干单元格，单击"表格工具"|"布局"选项卡"合并"组中的"合并单元格"按钮。也可以单击"绘图"组的"橡皮擦"按钮，鼠标变成 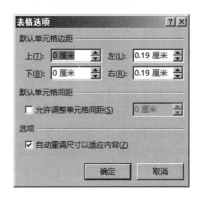 后，直接擦除不需要的表格框线。

6）拆分单元格

光标定位在要拆分的单元格或者选定要拆分的单元格区域，单击"表格工具"|"布局"选项卡"合并"组中的"拆分单元格"，在打开的对话框中设置拆分的行数和列数。

在"合并"组中，还可以进行拆分表格的操作，光标定位在要成为新表格的首行的任意单元格，单击"拆分表格"按钮，便可将表格一分为二。

7）设置单元格文本的对齐方式

选中整个表格或若干单元格区域后，在"表格工具"|"布局"选项卡的"对齐方式"组中选择合适的表格内容对齐方式。

8）调整单元格行高、列宽

定位光标到要调整行高或列宽的行或列的任一单元格，在"表格工具"|"布局"选项卡"单元格大小"组中的对应文本框输入调整后的值。

在"单元格大小"组还可以根据内容、窗口自动调整表格宽度，也可以对选定区域进行平均分配行高和列宽的操作。

行高和列宽如果没有具体值的要求，可以根据情况直接界面调整。操作方法为：鼠标指向表格框线（除上框线外），当指针变成上下或左右箭头时，按下左键直接拖动。

9）设置单元格间距

光标定位在表格中，单击"表格工具"|"布局"选项卡"对齐方式"组中的"单元格边距"按钮，打开图 3-3-6 所示的"表格选项"对话框，在"默认单元格间距"区域选中"允许调整单元格间距"，并输入要设置的值。

在该对话框的"默认单元格边距"区域，可以设置文本内容距离单元格边界的距离。

10）设置表格框线和底纹

鼠标定位在单元格或选中单元格区域，单击展开"表格工具"|"设计"选项卡"边框"组中的"边框"列表，选择"边框和底纹"，打开图 3-3-7 所示的"边框和底纹"

图 3-3-6 "表格选项"对话框

对话框，在该对话框中可以对表格的边框或底纹做详细的设置。

11）定位表格

单击"表格工具"|"布局"选项卡"表"组中的"属性"按钮，打开图 3-3-8 所示的"表格属性"对话框，可以利用该对话框设置表格的大小、对齐方式、位置，也可以设置行高、列宽和单元格大小等。若选择该对话框"表格"选项卡"文字环绕"区域的"环绕"后，"定位"按钮成为可用状态，单击"定位"命令，打开图 3-3-9 所示的"表格定位"对话框，在其中设置表格的水平和垂直位置以及表格与周围文本的距离等。

12）绘制斜线表头

斜线表头一般位于表格第一行、第一列的单元格中。通过"插入"选项卡"插图"组"形状"列表中的"直线"，结合"插入"选项卡"文本"组的"文本框"，可以绘制样式各异的斜线表头。

常用办公软件之文字处理 Word

126

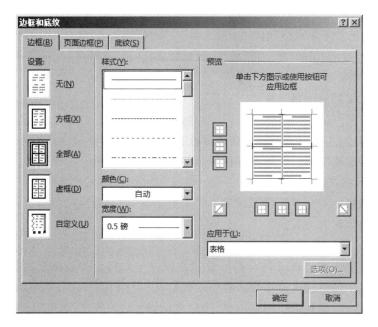

图 3-3-7　"边框和底纹"对话框

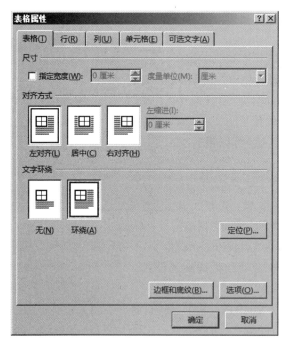

图 3-3-8　"表格属性"对话框

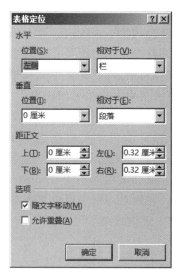

图 3-3-9　"表格定位"对话框

13）应用表格样式

定位光标在表格的任意单元格，可以在"表格工具"|"设计"选项卡的"表格样式"组中选择要应用的表格样式。该选项卡中"表格样式选项"组的选项可以对表格样式的细节进行修饰。

14）表格数据的计算、排序

定位光标到要计算的单元格或要排序的列，单击“表格工具”|“布局”选项卡“数据”组中的“公式”或“排序”按钮，打开相应的对话框，可以实现数据的计算和排序。

【案例 3-8】 新建名称为“Word3-8.docx”的 Word 文档，插入 6 行 6 列表格。

要求：标题黑体、二号，且居中；表格文字为宋体小四号，且在单元格区域内居中对齐；第 1 行行高 3 厘米，最后一行行高 1.5 厘米；其他行行高为 3.24 厘米；第 1 列列宽为 3 厘米，其他列列宽为 2.09 厘米；表格水平居中对齐；最终结果如图 3-3-10 所示。

课程表

<table>
<tr><td colspan="2">星期 节 上下午</td><td>一</td><td>二</td><td>三</td><td>四</td><td>五</td></tr>
<tr><td rowspan="2">上午</td><td>1-2</td><td></td><td></td><td></td><td></td><td></td></tr>
<tr><td>3-4</td><td></td><td></td><td></td><td></td><td></td></tr>
<tr><td rowspan="2">下午</td><td>5-6</td><td></td><td></td><td></td><td></td><td></td></tr>
<tr><td>7-8</td><td></td><td></td><td></td><td></td><td></td></tr>
<tr><td colspan="2">备注</td><td colspan="5"></td></tr>
</table>

图 3-3-10　课程表制作结果

案例实现

① 启动 Word，新建文档。

② 输入标题“课程表”，设置字体和段落格式后，按 Enter 键。

③ 插入 6 行 6 列表格，选中表格第一行后，在“表格工具”|“布局”选项卡“单元格大小”组设置要求的行高，以类似的方法设置其他行的行高。

④ 选中表格第一列后，在“表格工具”|“布局”选项卡的“单元格大小”组设置要求的列宽，以类似的方法设置其他列的列宽。

⑤ 选中第 1 列第 2、3 行的单元格，单击“表格工具”|“布局”选项卡“合并”组中的“合并单元格”按钮，进行单元格合并，然后单击“拆分单元格”，拆分为 2 列 1 行，选中拆分后的右侧单元格，继续拆分为 1 列 2 行；以类似的操作方法完成第 1 列第 4、5 行单元格的合并和拆分。

⑥ 制作斜线表头，光标定位在第 1 行第 1 列单元格，展开"表格工具"|"设计"选项卡"边框"组"边框"列表，在其中选择"斜下框线"，再通过"插入"选项卡"插图"组"形状"列表中的"直线"，画出另外一条斜线；利用插入 6 个文本框和在文本框中输入文字的方式输入斜线上下方的文字，并设置文本框位置合适。

⑦ 选中第 6 行，第 2、3、4、5、6 列的单元格后，单击"表格工具"|"布局"选项卡"合并"组的"合并单元格"按钮，进行单元格合并。

⑧ 选中整个表格后，在"开始"选项卡的"字体"组设置要求的字体格式，单击"表格工具"|"布局"选项卡"对齐方式"组中的"水平居中"按钮。

⑨ 选中整个表格后，单击"表格工具"|"布局"选项卡"表"组中的"属性"按钮，打开图 3-3-8 所示的"表格属性"对话框，在"对齐方式"中选择"居中"。

⑩ 输入文字内容后，保存文档，名称为"Word3-8.docx"。

【案例 3-9】 打开"Word3-9"文档，在表格右端增加"总分"列，计算每位学生的总分，并按总分降序排列，结果如图 3-3-11 所示。

学生成绩表

姓名	语文	数学	英语	总分
李英	85	92	75	252
王文斌	90	83	68	241
刘雪莹	65	74	98	237
张灵光	78	85	47	210

图 3-3-11 成绩汇总并排序后结果

案例实现

① 双击打开"Word3-9"文档后，选中最后一列，单击"表格工具"|"布局"选项卡"行和列"组中的"在右侧插入"按钮，插入新的一列，输入列标题"总分"。

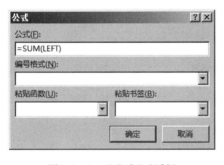

图 3-3-12 "公式"对话框

② 光标定位在第 2 行第 5 列单元格，单击"布局"选项卡"数据"组的"公式"按钮，打开图 3-3-12 的"公式"对话框，单击"确定"按钮。"公式"文本框的内容也可以自己输入，本例中也可以输入"＝B2＋C2＋D2"。用到的函数可以在"粘贴函数"列表中选择，计算结果的格式可在"编号格式"列表中选择。其他学生的总分可以通过修改公式 SUM 函数的参量"ABOVE"为"LEFT"计算得到。

③ 选定整个表格，单击"布局"选项卡"数据"组的"排序"按钮，打开图 3-3-13 的"排序"对话框。在"主要关键字"列表框中选"总分"，在"类型"列表框中选"数字"，然后选择"降序"单选项。"列表"区域选择"有标题行"单选项，这样表格选定区域的第一行为标题行，不参与排序；单击"确定"按钮，关闭对话框后，即可实现排序。

④ 全部完成后，保存文档。

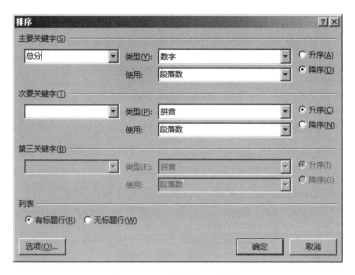

图 3-3-13 "排序"对话框

3.3.2 形状、文本框和艺术字

1. 形状

单击"插入"选项卡|"插图"组中的"形状"按钮,在展开的列表中选择某一形状,然后在文档中按住鼠标左键拖动,绘制需要的形状。

选中形状后,周边出现八个尺寸控点和其他操作控点,利用尺寸控点可以更改形状的大小,如图 3-3-14 所示。同样的操作也适用于文本框、图片等插入对象,后文中不再赘述。

图 3-3-14 形状操作

通过"绘图工具"的"格式"选项卡可以进一步格式化形状。例如,可以利用"插入形状"组的"编辑形状"命令对插入的任意多边形、自由曲线和弧线的形状进行调整;还可以为形状设置三维效果;通过"排列"组的"组合"命令可以使选定的多个形状组合为一个整体,也可以取消组合。

选中形状,右击,在弹出的快捷菜单中选择"编辑文字"命令,可以为形状添加文字。

2. 文本框

单击"插入"选项卡|"文本"组中的"文本框"按钮,在展开的列表中选择要插入的文本框样式,也可以通过选择"绘制文本框"或"绘制竖排文本框"命令,在文档中手工绘制横排或竖排文本框,如图 3-3-15 所示,在文本框中可以直接输入文字并对文字进行格式化设置。

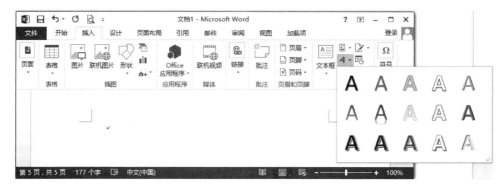

图 3-3-15　横排文本框和竖排文本框

利用"绘图工具"的"格式"选项卡，可以进一步格式化文本框。文本框之间也可以建立链接，链接后的文本框大小变化时，文本框内的文本内容会自动在文本框之间调整。

3. 艺术字

艺术字是将传统文字作创意性、特殊化的美化与修饰而产生的文字对象。单击"插入"选项卡|"文本"组中的"艺术字"按钮，在展开的列表中选择要插入的艺术字样式，如图 3-3-16 所示。

图 3-3-16　插入艺术字

插入文档的艺术字默认情况下是放在文本框中的，通过"绘图工具"的"格式"选项卡，可以进一步格式化文本框和艺术字。例如，可以利用"形状样式"组设置文本框的填充主题颜色、填充效果、形状轮廓效果、阴影发光三维旋转等形状效果；利用"艺术字样式"组设置艺术字的样式、文本填充效果、文本轮廓效果及文字效果等。

图 3-3-17　设计完成结果

【案例 3-10】　新建名为"Word3-10.docx"的 Word 文档，插入图 3-3-17 所示内容，其中"夜未央"由插入形状方式完成，"谭咏麟"由插入艺术字方式完成，两列文字内容由插入文本框方式完成，结果如图 3-3-17 所示。

案例实现

① 单击"插入"选项卡|"插图"组中的"形状"按钮，在展开的列表中选择"星与旗帜"中的"横卷形"，在文档顶部绘制横卷形，在横卷形中输入文字"夜未央"，设置文字为华文琥珀一号黄色。

② 选中横卷形，单击"绘图工具"|"格式"选项卡"形状样式"组中的"形状填充"按钮，展开列表中选择"紫色网格"文理效果。

③ 定位光标，单击"插入"选项卡"文本"组中的"艺术字"按钮，在展开的列表中选择"填充-白色，轮廓-着色2，清晰阴影-着色2"样式。艺术字插入后，将文字改为"谭咏麟"。

④ 选中艺术字，单击"绘图工具"|"格式"选项卡"艺术字样式"组中的"文本效果"按钮，展开列表中指向"转换"，在级联列表中选择"上弯弧"；单击"文本填充"按钮，在展开列表中选择橙色。

⑤ 插入横排文本框，输入文字内容，设置宋体四号，设置文本框宽度正好放下每一行内容；选中文本框，单击"绘图工具"|"格式"选项卡"形状样式"组中的"形状轮廓"按钮，展开的列表中选择"无轮廓"效果；复制选中的文本框后，改写其中的文字内容。

⑥ 保存文档，文档名为"Word3-10.docx"。

3.3.3 联机图片、SmartArt 图形与来自文件的图片

1. 联机图片

单击"插入"选项卡"插图"组的"联机图片"按钮，打开"插入图片"页面。在"必应图像搜索"选项栏的搜索框中输入需要查找的图片名称后按 Enter 键，即可在页面中显示出搜索到的图片，单击"重置"按钮后如图 3-3-18 所示，在图中还可以进一步给出筛选图片的条件，如尺寸、类型和颜色。

图 3-3-18 搜索到的联机图片

选中要插入的图片，单击"插入"按钮，将图片插入文档。

通过"图片工具"的"格式"选项卡可以进一步格式化插入的图片。例如，可以利用"调整"组提供的命令对图片背景、内容、亮度、对比度进行调整，也可以利用"重设图片"命令让格式化过的图片恢复插入时的模样；利用"图片样式"组提供的命令设置图片的样式、边框、效果和版式；利用"排列"组提供的命令设置图片与文字或其他图片的位置关系；在"大小"组单击"裁剪"按钮，可以直接通过拖动控点对图片进行裁剪。

2. SmartArt 图形

SmartArt 图形是信息和观点的可视表示形式,可以用来创建组织结构图、决策树、矩阵图等。

1) 插入 SmartArt 图形

定位光标后,单击"插入"选项卡"插图"组中的"SmartArt"按钮,打开图 3-3-19 所示的"选择 SmartArt 图形"对话框,选择某种类型的 SmartArt 图形,单击"确定"按钮,关闭对话框。

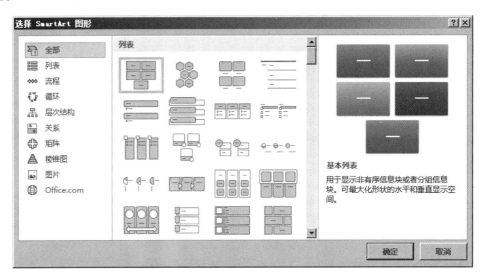

图 3-3-19 "选择 SmartArt 图形"对话框

2) 为 SmartArt 图形输入内容

在图 3-3-19 中选定要插入的图形类型,如"组织结构图",单击"确定"按钮,文档中插入图 3-3-20 所示的图形。要为 SmartArt 图形输入文本内容,可以直接在右侧图形中输入,也可以通过左侧"文本窗格"输入。

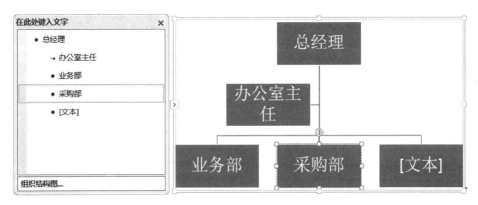

图 3-3-20 SmartArt 图形输入文本

3) SmartArt 图形的格式化

通过"SmartArt 工具"的"设计"和"格式"选项卡可以格式化 SmartArt 图形。

利用"设计"选项卡"创建图形"组中提供的命令,可以实现所选形状级别的调整、添加形状、控制文本窗格的隐现等操作。

利用"格式"选项卡"形状"组中提供的命令,可以实现选中形状大小的调整和形状的改变;"形状样式"组提供的列表和命令可以实现对选中的形状和线条外观样式的修改;"艺术字样式"组提供的列表和命令可以对选中形状中的文字进行格式化。

SmartArt 图形中如果有多余的形状,可以选中后直接删除。

3. 来自文件的图片

单击"插入"选项卡"插图"组中的"图片"按钮,弹出"插入图片"对话框,如图 3-3-21 所示,插入来自文件的图片。对插入图片的格式化完全同于剪贴画。

图 3-3-21 "插入图片"对话框

【**案例 3-11**】 新建名为"Word3-11.docx"的文档,插入 SmartArt 图形,显示某学校的组织结构,结果如图 3-3-22 所示。

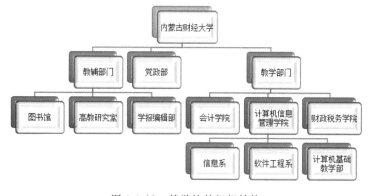

图 3-3-22 某学校的组织结构

常用办公软件之文字处理 Word

案例实现

① 新建文档，定位光标，单击"插入"选项卡"插图"组中的"SmartArt"按钮，打开图 3-3-19 所示的"选择 SmartArt 图形"对话框，选择"层次结构"类型中的"层次结构"，单击"确定"按钮后，插入图 3-3-23 的 SmartArt 图形。

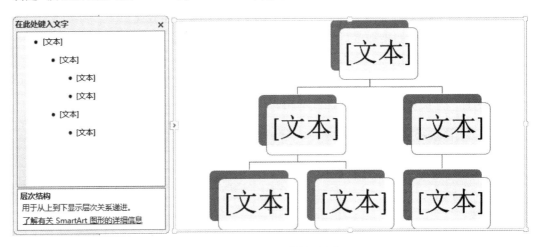

图 3-3-23　"层次结构"图形

② 直接在形状中输入图 3-3-22 所示的文本内容，若默认形状个数不足，选定参考形状后，单击"SmartArt 工具"|"设计"选项卡"创建图形"组中的"添加形状"按钮，在展开的列表中选择在参考形状的前面、后面、上方、下方添加形状；也可以在"文本窗格"中输入相应的文本内容，若默认形状个数不足，可以通过按 Enter 键，增加同级别的形状，然后单击"升级"、"降级"、"上移"和"下移"按钮，调整所选形状的级别和前后位置。

③ 选中整个 SmartArt 图形，单击"SmartArt 工具"|"设计"选项卡"SmartArt 样式"组中的"更改颜色"按钮，在展开的列表中选择"彩色范围-着色 5 至 6"；再展开"SmartArt 图形的总体外观"列表选择"三维"中的"嵌入"。

④ 完成后保存文档，文档名为"Word3-11.docx"。

3.3.4　设置图片的版式

图片版式是指文档中的图片与文字的相对位置关系，即图文混排。

打开文档，在文档中插入图片，此时图片以嵌入方式插入到光标位置处，如图 3-3-24 所示。选中图片，单击"图片工具"|"格式"选项卡"排列"组中的"自动换行"按钮，展开的列表如图 3-3-25 所示，利用该列表可以设置图片的各种版式，使文档的版面更合理美观。

选择图 3-3-25 所示列表中的"浮于文字上方"版式的图文混排，效果如图 3-3-26 所示。

3.3.5　公式和对象

1. 公式

单击"插入"选项卡"符号"组中的"公式"按钮，利用展开的列表，可以插入常见的数学公式，或者使用数学符号库构造自己的公式，如图 3-3-27 所示。

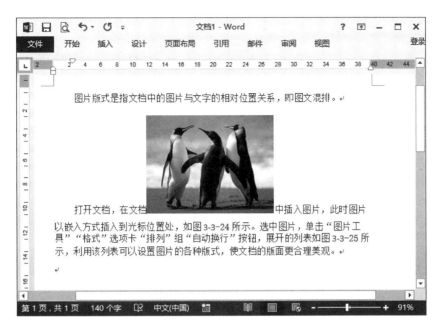

图 3-3-24　图片以嵌入方式插入文档

图 3-3-25　图片版式列表

2. 对象

单击"插入"选项卡"文本"组中的"对象"按钮,可以插入新建的或由文件创建的对象,如图 3-3-28 所示。

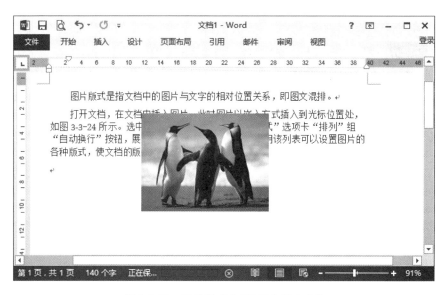

图 3-3-26　图片版式为"浮于文字上方"

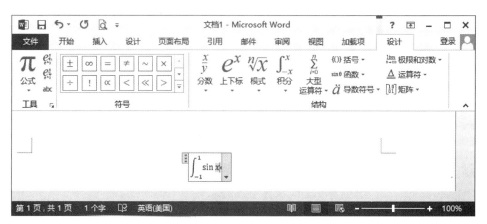

图 3-3-27　插入公式

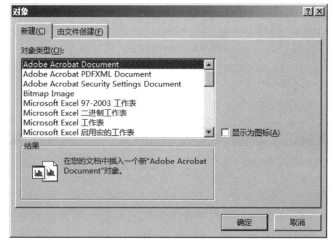

图 3-3-28　"对象"对话框

Word 文档中可放置对象的链接或对象的副本,为此可从任何支持链接和嵌入对象(对象链接和嵌入,又称为 OLE(Object Linking and Embedding))技术的程序插入内容。例如,根据实际需求可把诸如 Excel 表格、PowerPoint 幻灯片、其他 Word 文档以及公式等各种对象加入 Word 文档中。

链接对象与嵌入对象之间的区别:链接对象时,链接内容存储在源文件中。Word 文档或目标文件只存储源文件的位置,并显示链接内容。如果修改源文件,则会在 Word 文档或目标文件中更新相应的链接信息。嵌入对象时,嵌入的内容会成为 Word 文档或目标文件的一部分,并与源文件脱离关系。如果修改源文件,Word 文档或目标文件的嵌入信息不会受任何影响。

【案例 3-12】 新建 Word 文档,文档名称为"Word3-12.docx",插入如下公式。

$$I = \int_0^1 \mathrm{d}x \int_x^{\sqrt{X}} \frac{\sin y}{y} \mathrm{d}y$$

案例实现

① 新建文档定位光标,单击"插入"选项卡"符号"组中的"公式"按钮,或展开"公式"列表(有内置的常用公式,单击可以直接插入)选"插入新公式"命令,此时光标所在行出现插入公式占位符 在此处键入公式。。

② 输入大写字母"I"和"="后,单击"公式工具"|"设计"选项卡"结构"组中的"积分"按钮,在展开的列表中选积分结构的第二种,公式占位符变为 $I = \int$ 。

③ 单击,选中上区域 ,输入"1";同样的方法,在下区域 中输入"0";选中中间区域 后,单击"结构"组中的"积分"按钮,在展开的列表中选微分的"x 的微分"结构;再在"积分"列表中选积分结构的第二种,公式占位符变为 $I = \int_0^1 \mathrm{d}x \int$ 。

④ 单击,选中上区域 后,单击"结构"组中的"根式"按钮,在展开的列表中选"平方根"结构,选中"平方根"结构的 ,输入"X";选中下区域 后,输入"X";选中中间 后,单击"结构"组的"分数"按钮,在展开的列表中选"竖式"结构,公式占位符变为 $I = \int_0^1 \mathrm{d}x \int_x^{\sqrt{X}}$ 。

⑤ 单击,选中分数结构标识分子区域的 ,单击"结构"组中的的"函数"按钮,在展开的列表中选三角函数的"正弦函数"结构,选中"正弦函数"结构的 ,输入"y";单击选中分数结构标识分母区域的 ,输入"y"。

⑥ 光标定位在分数结构的后面,单击"结构"组中的"积分"按钮,在展开的列表中选微分的"y 的微分"结构。

⑦ 完成后保存文档,文档名为"Word3-12.docx"。

3.4 Word 长文档编辑

📖 **本节重点和难点:**

重点:
- 样式的应用

- 分栏和分节的实现
- 页眉、页脚和页码的设置
- 题注、脚注和尾注的设置
- 创建和修改目录

难点：

- 为首页、奇偶页设置不同的页眉页脚
- 分节的理解，并为不同的节设置不同的页面版式
- 内容目录、图形目录、表格目录的创建和修改

3.4.1 样式、分栏和节

1. 样式

样式是经过特殊打包的一组字体、段落格式的集合，可以一次应用多种格式，它包含了用于对多种标题级别、正文文本、引用和列表编号等设置所需的格式。应用样式可以提高文档编辑效率。

1）应用样式

样式分段落样式、字符样式等类型，为已有内容应用某种样式时，应用段落样式不要求选定内容，应用字符样式要求选定文字内容。应用的方式是单击"开始"选项卡中"样式"组相应样式对应的按钮。若想应用更多种类型的样式，单击"样式"组中的"对话框启动器"按钮，打开"样式"窗格，在"样式"窗格的右下角单击"选项"按钮，打开图 3-4-1 所示的"样式窗格选项"对话框，选择"选择要显示的样式"列表中的"所有样式"，单击"确定"按钮后，可以在图 3-4-2 所示的"样式"窗格中看到和使用所有的样式。

图 3-4-1　"样式窗格选项"对话框　　　　图 3-4-2　显示所有样式的"样式"窗格

2）新建样式

用户除了可以使用 Word 2013 样式库中提供的若干内置样式，也可以自己创建样式，新建样式如同内置样式一样使用。单击"样式"窗格左下角的"新建样式"按钮，打开图 3-4-3 所示的"根据格式设置创建新样式"对话框，由此可以详尽的设置自己的新样式。

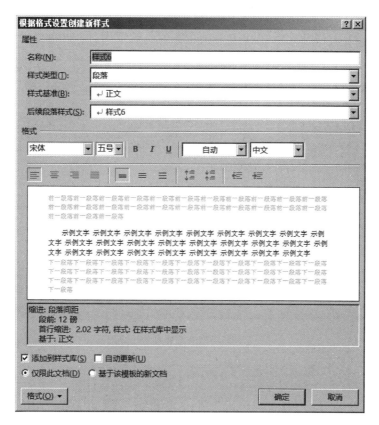

图 3-4-3 "根据格式设置创建新样式"对话框

操作说明如下。

（1）样式类型：要创建的是段落还是字符或其他类型样式。

（2）样式基准：单击样式基准右侧的 ▾ 按钮，从样式列表中选择一种样式，新建样式就是在该样式格式设置的基础上产生的。

（3）后续段落样式：如果新建样式类型为段落样式，该项可以使用。单击后续段落样式右侧的 ▾ 按钮，从样式列表中选择一种样式。在实际使用时，使用新建样式设置了当前段落的格式，按 Enter 键输入后，下一段采用的即是这里设置的后续段落样式。

（4）仅限此文档：如果选中该项，新建样式只能在当前文档中使用。

（5）基于该模板的新文档：新建样式后，之后再新建的文档只要与当前文档所使用的模板相同，都可以使用该新建样式。

3）修改样式

在"样式"窗格指向要修改的样式，单击其右侧的 ▾ 按钮，在展开的列表中选择"修改"

命令,打开"修改样式"对话框,对样式进行修改。修改后的样式自动会反映在所有应用它的内容上。新建样式也可以被删除。

2. 分栏

在文档中选择需要分栏的段落,单击"页面布局"选项卡"页面设置"组中的"分栏"按钮,在展开的列表中选择分栏方式即可,如图 3-4-4 所示。若对分栏作更详尽的设置,可以在展开的列表中选择"更多分栏",打开图 3-4-5 所示的"分栏"对话框。在该对话框里可以对栏宽、栏间距和是否加分隔线作设置,也可设置分栏操作的范围。

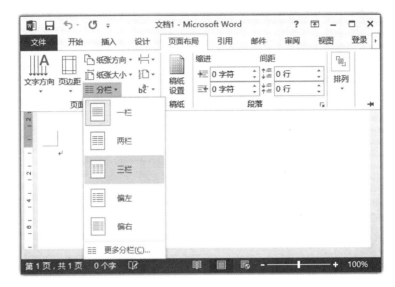

图 3-4-4　分栏列表

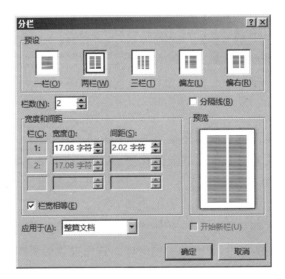

图 3-4-5　"分栏"对话框

如果要取消多栏显示,则重新设置分栏效果为 1 栏即可。

【案例 3-13】　打开 Word3-13.docx 文档,部分内容如图 3-4-6 所示,将文档内容分为 3 栏显示,栏间用竖线分隔,最终效果如图 3-4-7 所示。

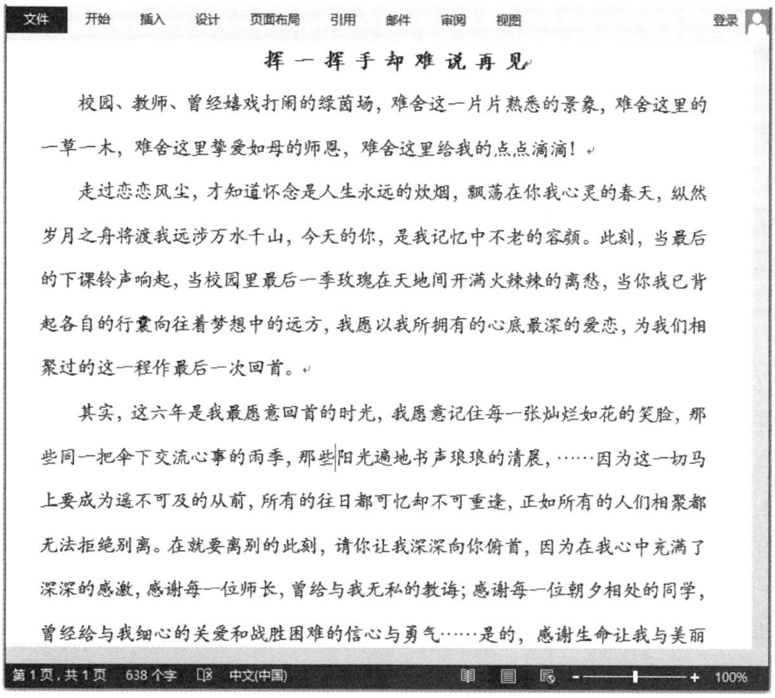

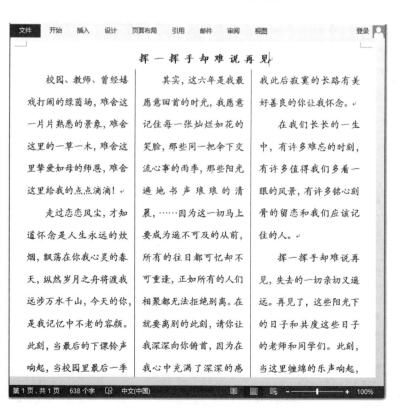

挥一挥手却难说再见

校园、教师、曾经嬉戏打闹的绿茵场，难舍这一片片熟悉的景象，难舍这里的一草一木，难舍这里挚爱如母的师恩，难舍这里给我的点点滴滴！

走过恋恋风尘，才知道怀念是人生永远的炊烟，飘荡在你我心灵的春天，纵然岁月之舟将渡我远涉万水千山，今天的你，是我记忆中不老的容颜。此刻，当最后的下课铃声响起，当校园里最后一季玫瑰在天地间开满火辣辣的离愁，当你我已背起各自的行囊向往着梦想中的远方，我愿以我所拥有的心底最深的爱恋，为我们相聚过的这一程作最后一次回首。

其实，这六年是我最愿意回首的时光，我愿意记住每一张灿烂如花的笑脸，那些同一把伞下交流心事的雨季，那些阳光遍地书声琅琅的清晨，……因为这一切马上要成为遥不可及的从前，所有的往日都可忆却不可重逢，正如所有的人们相聚都无法拒绝别离。在就要离别的此刻，请你让我深深向你俯首，因为在我心中充满了深深的感激，感谢每一位师长，曾给与我无私的教诲；感谢每一位朝夕相处的同学，曾经给与我细心的关爱和战胜困难的信心与勇气……是的，感谢生命让我与美丽

图 3-4-6　Word3-13.docx 文档的内容

挥一挥手却难说再见

校园、教师、曾经嬉戏打闹的绿茵场，难舍这一片片熟悉的景象，难舍这里的一草一木，难舍这里挚爱如母的师恩，难舍这里给我的点点滴滴！

走过恋恋风尘，才知道怀念是人生永远的炊烟，飘荡在你我心灵的春天，纵然岁月之舟将渡我远涉万水千山，今天的你，是我记忆中不老的容颜。此刻，当最后的下课铃声响起，当校园里最后一季

其实，这六年是我最愿意回首的时光，我愿意记住每一张灿烂如花的笑脸，那些同一把伞下交流心事的雨季，那些阳光遍地书声琅琅的清晨，……因为这一切马上要成为遥不可及的从前，所有的往日都可忆却不可重逢，正如所有的人们相聚都无法拒绝别离。在就要离别的此刻，请你让我深深向你俯首，因为在我心中充满了深深的感

我此后寂寞的长路有美好善良的你让我怀念。

在我们长长的一生中，有许多难忘的时刻，有许多值得我们多看一眼的风景，有许多铭心刻骨的留恋和我们应该记住的人。

挥一挥手却难说再见，失去的一切亲切又遥远。再见了，这些阳光下的日子和共度这些日子的老师和同学们。此刻，当这里缠绵的乐声响起，

图 3-4-7　案例 3-13 效果图

案例实现

① 选中除标题之外的要分栏的文字，单击"页面布局"选项卡"页面设置"组中的"分栏"按钮，在展开的列表中选择"更多分栏"命令，弹出图 3-4-5 所示的"分栏"对话框。

② 在"分栏"对话框中，将栏数设置为 3，选中分隔线。

③ 保存文档。

3. 分隔符

分隔符包括分页符、分栏符、自动换行符和分节符。单击"页面布局"选项卡"页面设置"组中的"分隔符"按钮，在展开的如图 3-4-8 的列表中可以选择。其中"节"是格式编排的单位，不同节的内容可以有不同的版面格式及打印设置。节是以分节符作标识的，可以由版面的特别设定自动产生分节符，也可以插入人工分节符。分节符的类型有 4 种选择。在图 3-4-8 的列表中，还可以插入诸如分页符（人工分页，默认文档自动分页）、自动换行符及分栏符，分别实现特殊的排版需要。

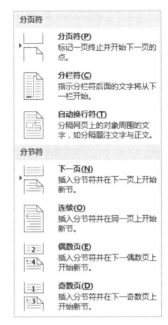

图 3-4-8 分隔符列表

分节符共有下一页、连续、偶数页、奇数页 4 种，其区别如图 3-4-8 所示相应名称下面的文字描述所示，文档中插入分节符后，分节符前的内容为一节，分节符后的内容为另一节。可以更改单个节的下列元素：页边距、纸张大小或方向、打印机纸张来源、页面边框、页面上文本的垂直对齐方式、页眉和页脚、栏、页码编号、行号，以实现不同节设置不同的版面格式和打印设置。

【**案例 3-14**】 打开 Word3-14.docx 文档，内容如图 3-4-6 所示，设置页面横排，将文档内容分为 4 栏显示，加分隔线，要求最后一段显示在最后一栏起始处，最终效果如图 3-4-9 所示。

图 3-4-9 案例 3-14 效果图

案例实现

① 单击"页面布局"选项卡"页面设置"组中的"纸张方向"为横向。

② 选中除标题之外的要分栏的文字,单击"页面布局"选项卡"页面设置"组中的"分栏"按钮,在展开的列表中选择"更多分栏"命令,弹出图 3-4-5 所示的"分栏"对话框。

③ 在"分栏"对话框中,将栏数设置为 4,选中分隔线。

④ 将鼠标指针定位在第 4 个段落的段首,单击"页面布局"选项卡"页面设置"组中的"分隔符"按钮,在展开的图 3-4-8 所示的列表中选择"分栏符"命令,在文档中插入了分栏符。

⑤ 保存文档。

【案例 3-15】 打开 Word3-15.docx 文档,内容如图 3-4-6 所示,将文档正文第 2 段内容分为 2 栏显示,第 3 段内容分为 3 栏显示,最后一个段落不分栏,最终效果如图 3-4-10 所示。

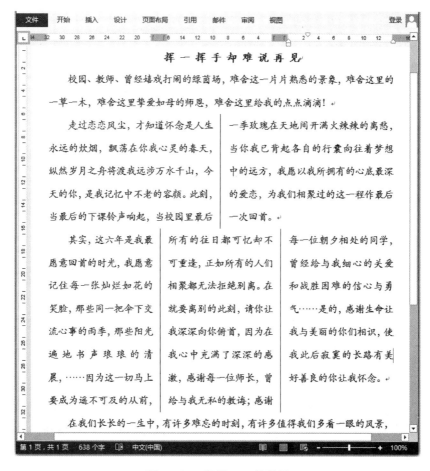

图 3-4-10 案例 3-15 效果图

案例实现

① 单击"页面布局"选项卡"页面设置"组中的"分隔符"按钮,在展开的图 3-4-8 所示的列表中选择"连续"分节符命令,插入分节符。将整个文档分为 4 节。切换到"大纲视图",可以看到实现该案例分栏效果插入的分节符。如图 3-4-11 所示。

常用办公软件之文字处理 *Word*

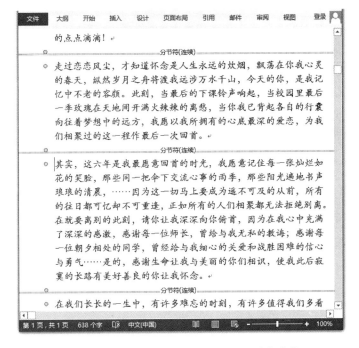

图 3-4-11　案例 3-15 在大纲视图下查看分节符

　　② 将鼠标指针定位在第 2 节中，单击"页面布局"选项卡"页面设置"组中的"分栏"按钮，在展开的图 3-4-4 所示的列表中选择"更多分栏"命令，弹出图 3-4-5 所示的"分栏"对话框，在对话框中设置栏数为 2 栏，选中"分隔符"，单击"确定"按钮，将第 2 节分为两栏。

　　③ 用与②相同的方法将第 3 节分为 3 栏。

　　④ 保存文档。

3.4.2　页码、页眉和页脚

1. 页码

　　如果仅给文档添加页码，可以单击"插入"选项卡"页眉和页脚"组中的"页码"按钮，在展开的列表中，首先确定页码在页面中的显示位置，然后从级联列表中选择页码的样式，如图 3-4-12 所示。

2. 页眉和页脚

　　如果要在文档页面的头部和尾部的页边距区域内，插入一些需要说明或重复的信息如书名、章节标题、作者，也可以加载一些可以自动更新的信息如页码、日期和时间等，需要用页眉和页脚来实现。

　　单击"插入"选项卡"页眉和页脚"组中的"页眉"按钮，在展开的列表中选择"编辑页眉"命令，光标出现在页眉的位置等待输入内容，如图 3-4-13 所示，此时将鼠标指针移到底部页脚位置处，也可以直接输入和编辑页脚。

　　页眉和页脚的编辑操作主要利用"页眉和页脚工具"的"设计"选项卡中的命令来实现。例如，可以通过"选项"组的"首页不同"和"奇偶页不同"选项实现同节内容不同页眉页脚的设置；通过"插入"组的命令，可以在页眉和页脚处插入日期、时间、域和图片等；单击"关

图 3-4-12　插入页码页面

图 3-4-13　插入页眉或页脚页面

闭"组的"关闭页眉和页脚"按钮,完成页眉页和脚的编辑。

【案例 3-16】　打开 Word3-16.docx,为该文档添加页眉,设置奇数页页眉为"高校计算机规划教材",偶数页为"大学计算机文化基础";为文档添加奇数页页脚为"堆叠纸张 1",偶数页页脚为"堆叠纸张 2",最终效果如图 3-4-14 和 3-4-15 所示。

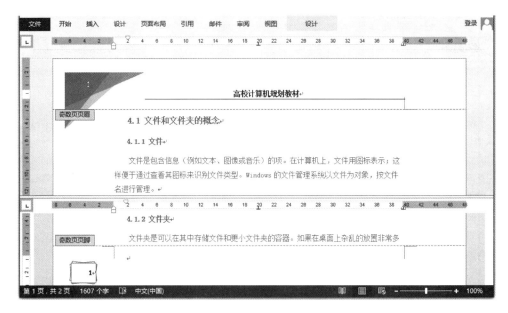

图 3-4-14　案例 3-16 效果图(一)

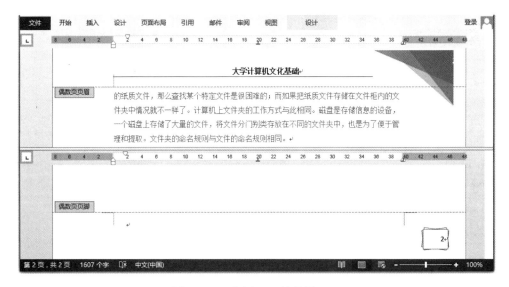

图 3-4-15　案例 3-16 效果图(二)

案例实现

① 打开 Word3-16.docx,单击"插入"选项卡"页眉和页脚"组中的"页眉"按钮,在展开的列表中选择"编辑页眉"命令,在弹出的"页眉和页脚工具"的"设计"选项卡的"选项"组中,选中"奇偶页不同"选项。

② 通过"导航"组中的"上一节"和"下一节"按钮切换,设置奇数页页眉为"平面(奇数页)"样式,偶数页页眉为"平面(偶数页)"样式;并分别输入奇数页和偶数页页眉的内容。

③ 在"页眉和页脚工具"的"设计"选项卡的"导航"组中,选择"转至页脚"按钮,通过"导航"组中的"上一节"和"下一节"按钮切换,设置奇数页页脚和偶数页页脚分别为"页码"下的

"堆叠纸张 1"和"堆叠纸张 2"。

④ 保存文档。

3.4.3　目录

对于一篇长文档来说,目录是不可或缺的一部分,目录能够显示要点的分布情况。利用目录便于读者了解文档结构,把握文档内容。

可以为文档添加自动目录的前提是,其各级标题的格式中必须含有大纲级别(除正文文本外),可以通过应用样式设定大纲级别,也可以在大纲视图下设置。标题设定大纲级别后,可以出现在"导航"窗格中,通过单击"导航"窗格中的各级标题,可以实现光标在长文档中远距离的快速定位。

当文档中的各级标题设定大纲级别后,定位光标到文档开始处,单击"引用"选项卡"目录"组中的"目录"按钮,展开图 3-4-16 所示的列表,在列表中选择"手动目录"命令,在文档中插入目录但需要手动输入各级标题,如图 3-4-17 所示。另外可以选择内置的自动目录,也可以选择"自定义目录"命令,打开图 3-4-18 所示的"目录"对话框,在对话框内可以对已提供的目录做进一步的设置。

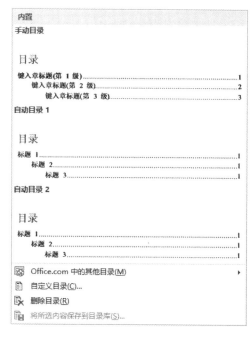

图 3-4-16　插入目录列表

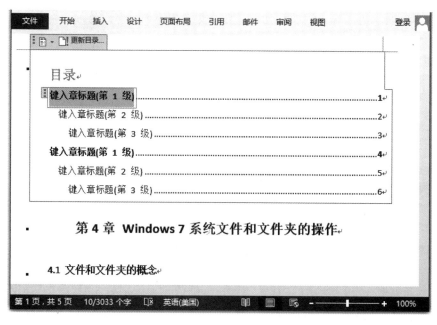

图 3-4-17　手动输入目录

常用办公软件之文字处理 Word

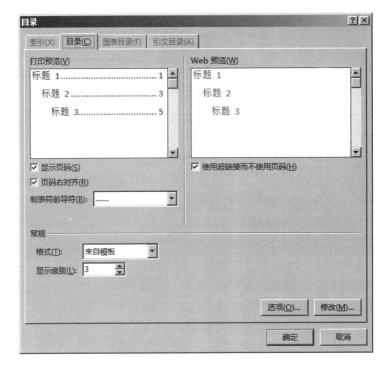

图 3-4-18　"目录"对话框

　　若文档内容有了修改，目录有了变动，将鼠标指针定位在目录中右击，在弹出的快捷菜单中选"更新域"，弹出"更新目录"对话框，如图 3-4-19 所示，可以从该对话框中选择设置是只更新页码还是更新整个目录。

　　【案例 3-17】　打开 Word3-17. docx，为该文档添加三级目录，"目录"二字为宋体，小二号，加粗；目录文字为小四号，一级二级加粗；最终效果如图 3-4-20 所示。

　　案例实现

　　① 打开 Word3-17. docx，设置大纲级别，选中"第 4 章 Windows 7 系统文件和文件夹的操作"，设置其样式为"标题 1"，选中二级标题"4.1　文件和文件夹的操作"，设置其

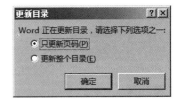

图 3-4-19　"更新目录"对话框

样式为"标题 2"，对于后面的二级标题，设置同样的标题级别；选中三级标题"4.1.1 文件"，设置其样式为"标题 3"，对于后面的三级标题，设置同样的标题级别。而样式的格式可以根据需要进行修改。

　　② 在文档第一行前增加一个空行，输入"目录"二字，设置为宋体小二加粗，居中对齐，调整字间距。

　　③ 定位光标到"第 4 章 Windows 7 系统文件和文件夹的操作"的"第"字前，单击"引用"选项卡"目录"组中的"目录"按钮，展开如图 3-4-16 所示的列表，在列表中选择"自定义目录"命令，打开如图 3-4-18 所示的"目录"对话框，确认显示级别为 3 后，单击"确定"按钮，插入 3 级目录。

　　④ 选定目录内容，设置文字大小为小四号；选定一级二级标题文字，设置加粗；用标尺

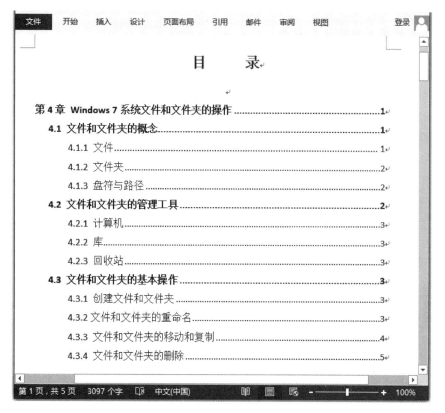

图 3-4-20　案例 3-17 效果图

设置如效果图所示的对齐格式。

⑤ 定位光标到目录末尾,单击"页面布局"选项卡的"页面设置"组中的"分隔符"按钮,从展开列表中选择"分页符"命令,插入分页符后将文档原有内容推到下一页显示。

⑥ 保存文档。

3.4.4　题注、脚注和尾注

1. 题注

Word 中经常需要对插入文档中的图片、表格和公式等对象添加自动编号、注释文字等标注,可以使用题注来实现。

选中要添加题注的对象,单击"引用"选项卡"题注"组中的"插入题注"按钮,打开图 3-4-21 所示的"题注"对话框,利用该对话框可以设置要加的题注格式。

默认的题注是"图表 1",其中"图表"是标签,"1"是题注编号,可以实现自动编号,即插入的第一个题注是"图表 1",第二个题注是"图表 2",以此类推。如果要修改题注标签,单击"标签"输入框的 ▼ 按钮,从展开的列表中选择"表格"或"公式"标签,如果都不满

图 3-4-21　"题注"对话框

常用办公软件之文字处理 Word

足需要,也可以单击"新建标签"按钮,利用弹出的"新建标签"对话框新建,如图 3-4-22 所示。如果编号格式不满足需要,也可以通过单击"编号"按钮,利用弹出的"编号"对话框,设置编号格式,如图 3-4-23 所示。

2. 脚注和尾注

脚注和尾注是为文档的某些内容提供注释的方法,一般脚注出现在页面底端,尾注出现在文档结尾处。光标定位在要添加注释的文档位置处,单击"引用"选项卡"脚注"组中的"对话框启动器"命令,打开图 3-4-24 所示的"脚注和尾注"对话框,利用该对话框可以对要插入的脚注和尾注进行自定义。

图 3-4-22　"新建标签"对话框

图 3-4-23　"题注编号"对话框

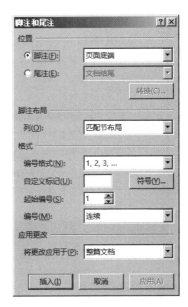

图 3-4-24　"脚注和尾注"对话框

【案例 3-18】 打开 Word3-18.docx,为该文档标题行中的"Windows 7"添加脚注,脚注内容为"Windows 7 是微软公司比较成熟的占主流地位的操作系统。"效果如图 3-4-25 所示;为文档中的图形添加题注,并生成图形目录。最终效果如图 3-4-26 所示。

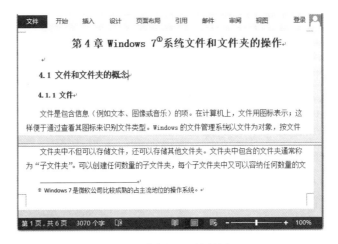

图 3-4-25　案例 3-18 效果图(一)

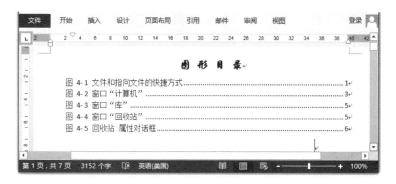

图 3-4-26　案例 3-18 效果图(二)

案例实现

① 打开 Word3-18.docx,定位光标在标题中的"Windows 7"的后面,单击"引用"选项卡,打开"脚注和尾注"对话框,如图 3-4-24 所示,设置编号的格式后,单击"插入"按钮,在当前页的底部输入脚注"Windows 7 是微软公司比较成熟的占主流地位的操作系统。"。

② 定位光标到第一个图形的图名前,单击"引用"选项卡"题注"组中的"插入题注"按钮,打开图 3-4-21 所示的"题注"对话框,在该对话框中单击"新建标签"按钮,在弹出的图 3-4-22 所示的"新建标签"对话框中输入"图 4-",两个对话框都确定后,插入第一个题注"图 4-1";用同样的方法依次插入后续图形的题注;设置题注文字的大小为五号字,对齐方式为图形正下方。

③ 在全文首部增加一个空行,输入文字"图形目录",设置为华文行楷三号、居中对齐,设置字间距。

④ 定位光标到标题行第一个字之前,单击"引用"选项卡"题注"组中的"插入表目录"按钮,展开图 3-4-27 所示的"图表目录"对话框,单击"确定"按钮后,插入图表目录。在该对话框下端有一个"题注标签"项,从它的列表中可以选择不同的标签,将会生成不同的图表目录。

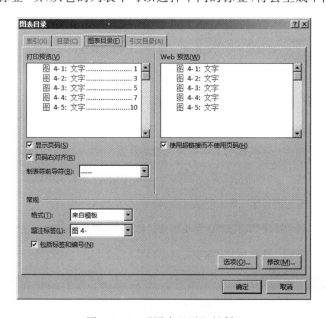

图 3-4-27　"图表目录"对话框

常用办公软件之文字处理 Word

⑤ 定位光标到图表目录内容之后，单击"页面布局"选项卡的"页面设置"组的"分隔符"按钮，从展开列表中选择"分页符"命令，插入分页符后将文档原有内容推到下一页显示。

⑥ 保存文档。

3.5 本章课外实验

3.5.1 建立简单文档

📖**案例描述**

建立一个名为"Wordkw3-5-1"的文档。

要求：

（1）文字内容如图 3-5-1 所示，标题字为二号，内容字为四号。

（2）查找文中的"环球网"，将其替换为"WWW"。

（3）页面设置上下页边距为 3 厘米，左右页边距为 4 厘米，页码范围"普通"。应用于"整篇文档"。

📑**最终效果**

效果如图 3-5-1 所示。

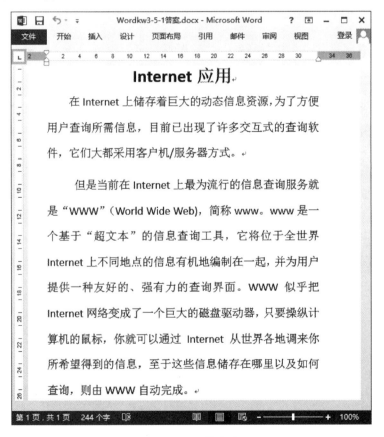

图 3-5-1　文档内容

3.5.2 格式化文档

📖**案例描述**

对“Wordkw3-5-2. docx”文档进行格式化，其结果另存为“Wordkw3-5-2 答案. docx”。

要求：

(1) 标题字华文彩云、初号、加粗、绿色，并居中对齐。

(2) 正文全部首行缩进两个字符。

(3) 为第一段文字加边框与底纹，边框为 0.75 磅、浅绿色双波浪线，底纹为茶色，背景 2。

(4) 为 3 种金融危机类型加项目符号。

(5) 将第二段文字转成繁体字，行间距为 1.5 倍，字符间距为加宽 1 磅。

(6) 将“金融危机类型可以分为：”放大为 200%。

最终效果

效果如图 3-5-2 所示。

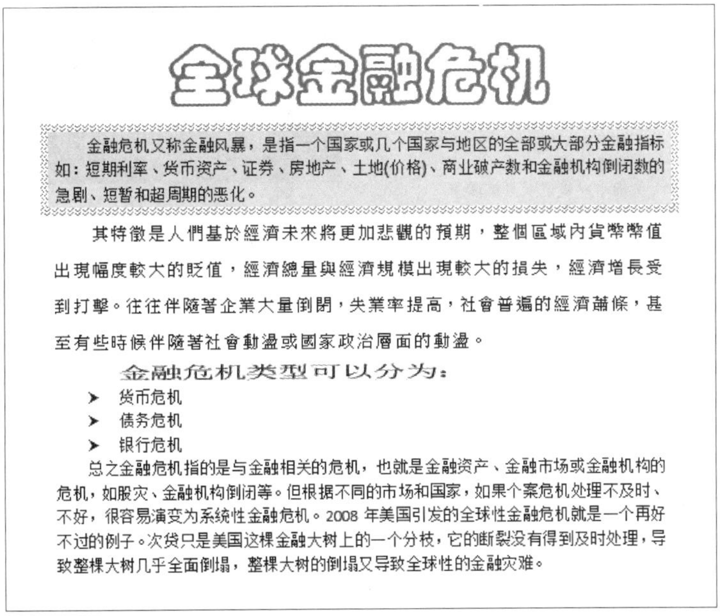
全球金融危机

金融危机又称金融风暴，是指一个国家或几个国家与地区的全部或大部分金融指标如：短期利率、货币资产、证券、房地产、土地(价格)、商业破产数和金融机构倒闭数的急剧、短暂和超周期的恶化。

其特徵是人們基於經濟未來將更加悲觀的預期，整個區域內貨幣幣值出現幅度較大的貶值，經濟總量與經濟規模出現較大的損失，經濟增長受到打擊。往往伴隨著企業大量倒閉，失業率提高，社會普遍的經濟蕭條，甚至有些時候伴隨著社會動盪或國家政治層面的動盪。

金融危机类型可以分为：

- 货币危机
- 债务危机
- 银行危机

总之金融危机指的是与金融相关的危机，也就是金融资产、金融市场或金融机构的危机，如股灾、金融机构倒闭等。但根据不同的市场和国家，如果个案危机处理不及时、不好，很容易演变为系统性金融危机。2008 年美国引发的全球性金融危机就是一个再好不过的例子。次贷只是美国这棵金融大树上的一个分枝，它的断裂没有得到及时处理，导致整棵大树几乎全面倒塌，整棵大树的倒塌又导致全球性的金融灾难。

图 3-5-2 格式化文档效果图

3.5.3 Word 图文混排

📖**案例描述**

打开“Wordkw3-5-3”文档，进行格式化。

要求：

(1) 标题“夜未央”为艺术字，样式为“渐变填充-灰色”，艺术字字体为华文琥珀，字号为初号，“文本效果”为“发光”中的“灰色-50%，5pt 发光，着色 3”，设置“上下型环绕”。

(2) 文本内容字为楷体小四，首行缩进 2 字符，插入“图片 3-5-3. bmp”中的图片，设置

"四周型环绕"。

田 最终效果

最终效果如图 3-5-3 所示。

图 3-5-3　图文混排效果图

3.5.4　创建目录并打印

案例描述

打开"Wordkw3-5-4.docx"文档,创建 4 级内容目录、图形目录和表格目录并打印。

要求:

(1) 为该文档第一行章标题中的"Visual Basic"添加脚注:"Visual Basic 是微软公司开发的编制 WinForm 应用程序的程序设计语言"。

(2) 为该文档添加页码;设置首页页眉为"计算机教材";奇数页页眉为"VB＋SQL Server 数据库应用系统开发教程";偶数页为"第 8 章 Visual Basic 6.0 的数据库访问技术"。

(3) 在第 1 行前添加 3 个空行,第 1 行添加"目录"二字,第 2 行添加"图形目录",第 3 行添加"表格目录",字体均为隶书小二加粗,居中对齐。

（4）用样式设置文档的 4 级标题，为文档生成 4 级目录。

（5）为文档的所有图形添加题注，根据题注生成图形目录。

（6）为文档的所有表格添加题注，根据题注生成表格目录。

（7）正反面打印该文档。

⊞ 最终效果

生成的目录如图 3-5-4 和 3-5-5 所示。

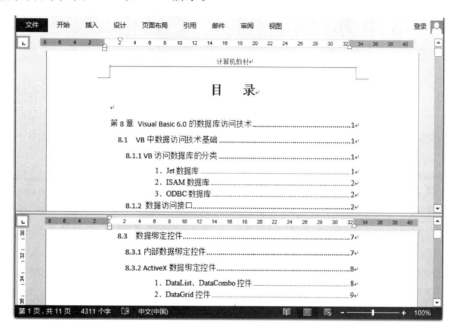

图 3-5-4　内容目录

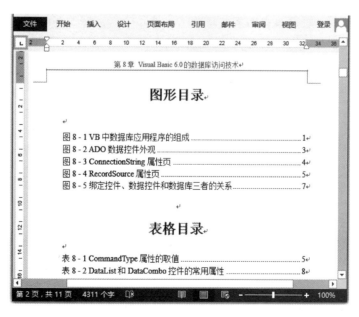

图 3-5-5　图形和表格目录

常用办公软件之文字处理 *Word*

第4章
常用办公软件的电子表格 Excel

本章说明

Excel 是 Microsoft Office 的重要组成部分,是专业化的电子表格处理工具,Excel 不仅具有简单数据计算处理的能力,还具有对数据排序、筛选、数据验证及分类汇总等数据管理的功能,尤其在制表、作图等数据分析方面比一般数据库更胜一筹。本章介绍电子表格环境并深入阐述 Excel 数据编辑与表页操作、公式定义与简单函数应用和数据处理与分析等重要内容。学习本章内容,可以极大地提升学习者进行数据处理与分析的能力,也为其后续课程的学习奠定基础。

本章主要内容

- 电子表格环境与工作簿文件的操作
- Excel 数据编辑与表页操作
- Excel 公式定义与简单函数应用
- Excel 数据处理与分析
- 本章课外实验

4.1 电子表格环境与工作簿文件的操作

📖 **本节重点和难点：**

重点：

- Excel 的界面、功能、操作方式
- 工作簿、工作表、单元格、区域的概念与表示
- 工作簿的建立、打开、关闭及保存的操作方法
- 工作簿模板的作用与应用方法
- Excel 的页面设置和打印

难点：

- 工作簿与工作表的组成与概念
- 工作簿的建立、打开与保存方法
- 页面设置的操作方法
- 工作簿的打印

4.1.1 Excel 电子表格概述与窗口界面

Excel 是 Microsoft 公司开发的电子表格软件，是 Microsoft Office 的重要组成部分，是专业化的电子表格处理工具。由于它具有能够方便、快捷地生成、编辑表格及表格数据，具有对表格数据进行各种公式、函数计算、数据排序、筛选、分类汇总、生成各种图表及数据透视表与数据透视图等数据处理和数据分析等功能，因此被广泛地应用于日常数据处理及财务会计、统计等经济管理领域，是目前国际上广泛应用的电子表格软件。

Microsoft Office 2013 是目前微软最新的办公自动化软件，Excel 2013 在其以前各版本原有功能的基础上新增了许多非常实用的新功能：包含 Flash Fill，可将 Excel 表格的数据格式简化重排；触控模式(Touch Mode)则是可直接透过手指在平板电脑上操作、浏览图表等各项功能。Excel 2013 也引进新的图表格式化控制(Chart Formatting Control)工具，透过完全互动接口(Fully Interactive Interface)快速微调图表。打开 Excel 2013 时，可以看到预算、日历、表单和报告等模板；使用新增的"快速分析"工具，可以在两步或更少步骤内将数据转换为图表或表格。预览使用条件格式的数据、迷你图或图表，并且仅需一次单击即可完成选择。使用切片器作为过滤数据透视表数据的交互方法在 Excel 2013 中被首次引入，它现在同样可在 Excel 表格、查询表和其他数据表中过滤数据。切片器更加易于设置和使用新增函数，新增了一些 Web 服务函数，因此，熟练地掌握 Excel 2013 可以方便、快捷、轻松地处理日常办公中的所有数据。

1. Excel 2013 工作界面

安装了 Microsoft Office 2013 组件后，通过单击"开始"|"程序"|Microsoft Office|Microsoft Excel 2013，可以启动 Excel 2013，Excel 2013 启动后，将打开图 4-1-1 所示的窗口。

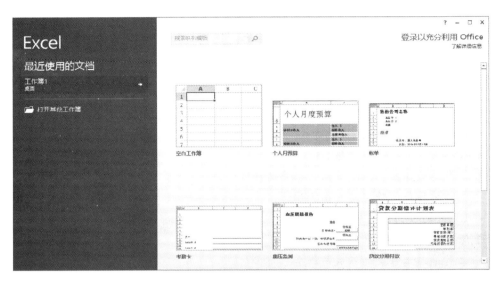

图 4-1-1　启动 Excel 界面窗口

选择"空白工作簿"后，系统打开 Excel 工作簿窗口，它主要由标题栏、选项卡功能组、工具栏、编辑栏、工作区、状态栏等组成。有关这些元素的作用及使用方法与前面介绍的 Word 2013 相似，请参阅有关章节的内容，在此，通过图 4-1-2 说明 Excel 2013 几个主要按钮及专用元素的名称及功能。其他元素详细内容在后续内容中逐步介绍。

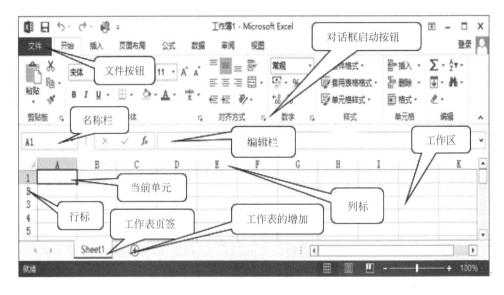

图 4-1-2　Excel 2013 窗口

图 4-1-2 说明如下。

（1）"文件"按钮：打开一个以工作簿为操作对象的窗口，可以进行文件"打开"、"新建"、"保存"、"打印"和"选项"等操作。

（2）对话框启动器：大多数功能区右下角都有，用于打开相应的对话框。

（3）名称框：显示当前正在操作的（选中）的单元格或单元格区域的名称。

（4）编辑栏：编辑单元格内容时，显示或输入选定单元格的内容。

（5）工作区：存放用户表格内容的区域。

（6）行号：表示当前单元格所在的行，单击可选中整行，也可在此调整行高。

（7）列标：表示当前单元格所在的列，单击可选中整列，也可在此调整列宽。

（8）工作表标签：用于表示工作簿中包含的工作表名称。

（9）当前单元：用户选中且正在编辑的单元格，又称为活动单元格。

（10）工作表"增加"按钮：单击该按钮可以增加工作表。

2. Excel 的基本功能

（1）Excel 的文件操作功能，主要有新建、打开、打印、保存、撤销、恢复及 Excel 选项（实现 Excel 工作环境的设置）等功能。

（2）工作簿的编辑功能，由"开始"选项卡各功能组的相关功能组成，包括剪贴板、字体、数字、对齐方式、样式、单元格、编辑等功能。

（3）插入各种元素功能，由"插入"选项卡功能组的各项功能组成，包括表、插图、图表、链接、文本及特殊符号等功能。

（4）页面布局功能，由"页面"选项卡功能组的各项功能组成，包括主题、页面设置、调整为合适大小、工作表选项及排列等功能。

（5）公式与函数计算功能，由"公式"选项卡功能组的各项功能组成，包括函数库、定义的名称、公式审核及计算等功能。

（6）数据处理功能，由"数据"选项卡功能组的各项功能组成，包括获取外部数据、连接、排序与筛选、数据工具及分级显示等功能。

（7）审核、检查与保护功能，由"审核"选项卡功能组的各项功能组成，包括校对、中文简繁转换、语言、批注及更改等功能。

（8）工作簿视图功能，由"视图"选项卡功能组的各项功能组成，包括工作簿视图、显示、显示比例、窗口及宏等功能。

3. Excel 工作簿的基本概念

1）工作簿

Excel 中用于存储、计算表格内容的文件被称为工作簿，每个工作簿可以包含若干个工作表，每个工作表又由若干行、列组成，用于存放用户的数据，打开一个新工作簿后，该工作簿包含 1 个工作表。若需要，可单击"Sheet1"右侧的"新工作表"按钮，增加所需工作表。各个工作表是相互关联的，工作簿就像是一个会计账簿，而工作表就相当于账簿中每一张商品记录单或一种会计报表。

启动 Excel 后，用户选择打开一个新的空白的工作簿，Excel 给它赋予一个临时的名字"工作簿 1"，其扩展名为.xlsx，用户在保存工作簿时，可以根据自己的需要重新赋予其新的名字。

2）工作表

启动 Excel 后，用户可以看到 Excel 窗口的工作区部分中由行、列组成的用于保存用户的数据及其他信息的表格，就是工作表。每个工作表最多由 1 048 576 行、16 384 列组成，通常行号用自然数 1、2、3…表示；列标使用大写的英文字母 A、B、C、…、AA、AB、…表示。

Excel 窗口工作区当前显示的工作表称为当前工作表或活动工作表，通过单击工作表标签可以选择当前工作表,实现各工作表的切换(翻页)。

3)单元格

单元格是指由工作表的行与列分隔组成的小格子,是工作表的存储数据的地方,每个单元格最多能保存 32 767 个字符,是工作表最小的不可再分的基本存储单位。

通常采用列标及行号组成的字符表示每个单元格的名称,该名称又称其为单元格地址。输入或编辑数据时,选中某个单元格,则该单元格的地址就显示在编辑栏左侧的名称框内,并且该单元格就成为当前活动单元格,可以在活动单元格或编辑栏中输入或编辑数据。

4)工作表标签

工作表标签位于窗口的工作区底部左侧,用于表示工作表的名称,默认的情况下只显示"Sheet1"一个工作表标签,单击"Sheet1"右侧的"新工作表"按钮,可增加工作表,也可以根据需要采用快捷菜单随时插入、删除、重命名、移动、复制、隐藏工作表。单击这些标签可以实现在不同表页之间的切换,若工作簿中包含的工作表较多时,可以通过工作表标签左侧的两个箭头按钮或表页名左右侧的"..."选择(前后)显示相应的工作表标签。

4. 工作表和单元格的选定

1)工作表的选定

一个工作簿文件可以包含多张工作表,但在某个时刻只能在一个工作表上进行操作。即只有一个工作表处于活动状态,通常把处于活动状态的工作表称为活动工作表或当前工作表,此刻,其工作表的标签以反白显示。Excel 启动后,系统自动将 Sheet1 设置为当前工作表,用户可以根据自己的需要增加、切换到其他工作表进行操作。选择切换当前工作表可按如下方法操作。

(1)选定一个工作表,单击工作表标签,此刻,选中的工作表标签呈反白显示,工作区显示选中的工作表的内容,采用单击,只能选择一个当前工作表。

(2)选定多个工作表,按住 Shift 键,再单击第一个及最后一个工作表标签,可以实现同时选定多个连续工作表;按住 Ctrl 键,再单击多个工作表标签,可以实现同时选定多个不连续的工作表,此刻所选定的工作表标签均呈反白显示。并且,用户所做的所有操作对所选定的工作表均有效。

(3)选定当前工作簿中的所有工作表,右击任意一个工作表标签,在快捷菜单中选择"选定全部工作表"。

2)选定单元格

在输入数据或对单元格编辑时,需要选定一个单元格或某个单元格区域,被选定的单元格称为"活动单元格"或"当前单元格"。新建或打开一个工作簿时,通常其 Sheet1 的 A1 单元格为当前单元格,可以通过鼠标或键盘选定其他单元格或单元格区域,具体方法如下。

(1)选定单个单元格:单击或使用键盘移动光标选定单元格,按 Enter 键,使活动单元格下移,按 Tab 键使活动单元格右移。

(2)选定一个矩形区域:鼠标选定待选区域的左上角单元格,拖动鼠标到待选区域的右下角单元格,即可选定矩形区域。或采用鼠标选定待选区域的左上角单元格,按住 Shift 键,再单击待选区域的右下角单元格,即可选定矩形区域。

(3)选定多个不连续的单元格区域:按住 Ctrl 键,鼠标拖动其他待选单元格区域即可。

(4)选定单行或单列单元格区域:单击待选行号或列标。

（5）选定整个工作表：单击行号、列标交叉处（称其为全选标志）或按下 Ctrl＋A 组合键。

4.1.2 工作簿的创建、打开、关闭与保存

1. 启动与关闭 Excel 应用程序

1）启动 Excel 应用程序

与启动 Word 应用程序一样，启动 Excel 应用程序也有多种方法，可以使用下列方法启动 Excel 应用程序。

（1）通过"开始"菜单：单击"开始"按钮，依次选择"程序"|Microsoft Office 2013|Excel 2013。

（2）通过桌面快捷方式：安装 Office 后，为了使用方便，有时要在桌面或快速启动工具栏建立 Excel 快捷图标，双击该图标可以启动 Excel 应用程序。

（3）直接打开 Excel 文档：双击计算机中已有的 Excel 工作簿文件名，在打开该文件的同时，启动 Excel 应用程序。

2）关闭 Excel 应用程序

关闭 Excel 应用程序是指退出 Excel 应用程序的运行，关闭 Excel 窗口，常用的方法如下。

（1）单击标题栏右上角的"关闭"按钮"×"。

（2）双击控制菜单按钮。

（3）指向标题栏，在快捷菜单中选择"关闭"菜单项。

（4）使用快捷键 Alt＋F4。

（5）指向任务栏，在快捷菜单中选择"关闭窗口"菜单项。

2. 工作簿的创建

1）应用空白工作簿创建

首先采用启动 Excel 应用程序中的任意一种方法启动 Excel 应用程序，在"启动 Excel 界面"窗口，选择"空白工作簿"，即可打开一个包含一个工作表的空白工作簿，用户可以根据自己的需要在空白工作簿中创建自己的工作簿。

2）应用模板创建工作簿

启动 Excel 应用程序后，在"启动 Excel"窗口中，用户根据自己的需要在系统提供的工作簿模板中选择一个，即可打开一个包含若干工作表已有固定格式的工作簿，用户可以根据自己的需要对已有工作簿中工作表进行修改来创建自己的工作簿，这样可以简化创建工作簿的操作。例如，应用系统提供的"个人月预算"工作簿来建立自己所需的"月度预算"表。

3. 工作簿的打开与关闭

1）工作簿的打开

若未启动 Excel，启动 Excel 应用程序，在"启动 Excel 界面"窗口选择"打开其他工作簿"命令，通过"最近使用的工作簿"或"计算机"找到要打开的工作簿。

若已启动 Excel 应用程序，则选择"文件"菜单，在"文件操作"窗口，如图 4-1-3 所示，选择"打开"命令，找到要打开的工作簿文件。

图 4-1-3　文件操作窗口

　　最直接的方法是，直接找到要打开的工作簿文件，双击该工作簿文件打开。

　　2）工作簿的关闭

　　直接关闭 Excel 应用程序，同时关闭工作簿，可以选择关闭 Excel 应用程序中的任意一种方法关闭工作簿文件。

　　只关闭工作簿而不关闭 Excel 应用程序，选择"文件"菜单，如图 4-1-3 所示，选择"关闭"命令，则只关闭工作簿文件，而不关闭 Excel 应用程序。

　　注意：无论是哪一种关闭方式，系统均要求用户保存已建立的工作簿文件，若该工作簿未存盘，则系统将弹出"另存为"对话框，要求用户选择工作簿文件存储设备与文件夹，并为工作簿命名；若该工作簿已存在，则系统会提示用户保存修改结果。

　　4. 工作簿的保存

　　1）保存操作

　　建立工作簿，可以先输入其工作表的内容（有关输入内容的具体操作将在下节详细介绍），然后，选择存储文件的路径与文件夹，输入工作簿名、存盘。也可以先定义工作簿名，然后输入内容。若要存盘，单击"文件"按钮，在图 4-1-3 所示的文件操作窗口选择"保存"或"另存为"命令，并在其"另存为"对话框中选择保存工作簿的位置与工作簿名称。

　　2）设置密码

　　在实际应用中，为了增加文件的安全性，可以在保存文件时，使用打开或修改工作簿密码，这样，未授权的用户就无法打开或修改用户保存的工作簿文件。

　　打开或修改工作簿密码的具体操作方法与功能是：首先单击"文件"按钮，在文件操作窗口，选择"另存为"命令，选择保存的位置如"桌面"，系统弹出图 4-1-4 所示的"另存为"对话框中,单击"工具"按钮右侧的下三角,如图 4-1-5 所示,选择"常规选项",系统会弹出图 4-1-6 所示的"常规选项"对话框,此刻,用户可以根据需要设置该工作簿的打开或修改密码。

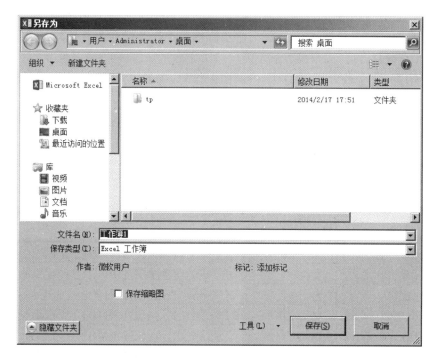

图 4-1-4 "另存为"对话框

图 4-1-5 "工具"按钮　　　图 4-1-6 "常规选项"对话框

　　设置打开权限密码:若输入"打开权限密码",不选择"建议只读"(系统会要求用户再次输入密码确认),其功能是:下次再打开该工作簿时,系统会要求用户输入打开权限密码,若密码正确,则工作簿打开并允许用户进行修改操作。若选择"建议只读",则工作簿打开后,用户修改后不能以该工作簿名保存,只能换名保存,原工作簿不允许修改。

　　设置修改权限密码:若输入"修改权限密码",不选择"建议只读"(系统会要求用户再次输入密码确认),其功能是:下次再打开该工作簿时,系统会要求用户输入修改权限密码。若密码正确,则工作簿打开并允许用户进行修改操作及保存;若未输入密码,用户只能选择"只读",则工作簿打开后,用户修改后不能以该工作簿名保存,只能换名保存,原工作簿不允许修改。如果选择了"建议只读",在打开工作簿时系统提示用户"作者希望您以只读方式打

常用办公软件的电子表格 Excel

开工作簿，除非您要进行更改，是否以只读方式打开？”，若单击“是”，则用户修改后不能以该工作簿名保存，只能换名保存；若单击“否”，则允许用户进行修改操作及保存。

同时设置打开与修改权限密码：若同时输入了“打开权限密码”、“修改权限密码”，不选择“建议只读”，再次打开该工作簿时系统要求用户分别回答“打开权限密码”和“修改权限密码”，若不选择“只读”方式打开时，允许用户进行修改操作及保存。若打开时选择“只读”方式打开，则工作簿打开后，用户修改后不能以该工作簿名保存，只能换名保存。

【案例 4-1】 建立名为“Excel4-1. xlsx”的工作簿，在名称为“信息”的工作表中输入“职工基本信息”的内容，如图 4-1-7 所示。

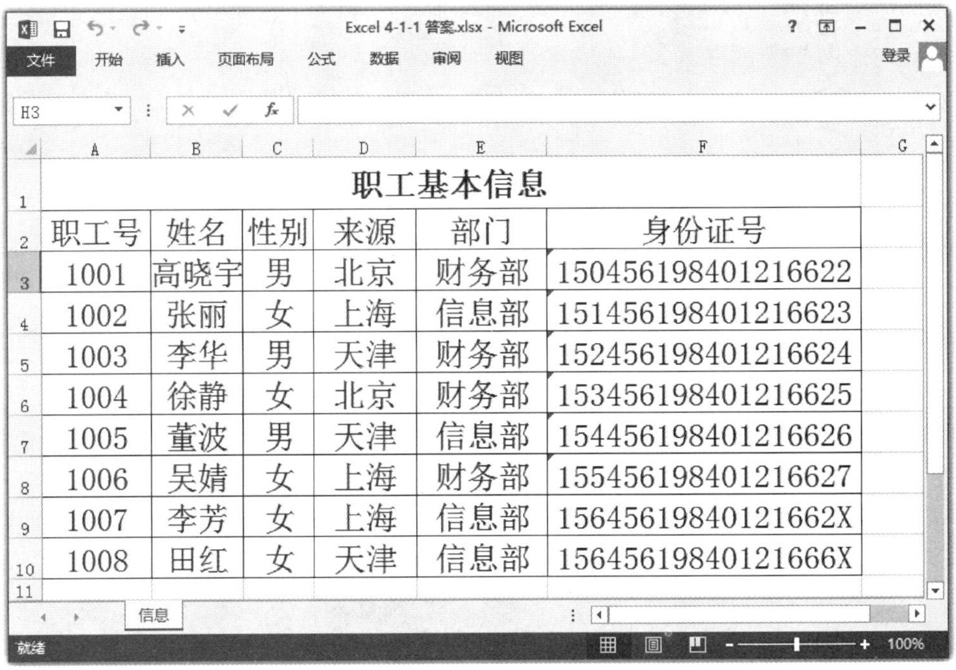

职工基本信息					
职工号	姓名	性别	来源	部门	身份证号
1001	高晓宇	男	北京	财务部	150456198401216622
1002	张丽	女	上海	信息部	151456198401216623
1003	李华	男	天津	财务部	152456198401216624
1004	徐静	女	北京	财务部	153456198401216625
1005	董波	男	天津	信息部	154456198401216626
1006	吴婧	女	上海	财务部	155456198401216627
1007	李芳	女	上海	信息部	15645619840121662X
1008	田红	女	天津	信息部	15645619840121666X

图 4-1-7　职工基本信息表

案例实现

① 单击“开始”|“程序”|“Microsoft Office 2013”|“Excel 2013”，启动 Excel 2013 应用程序。

② 右击 sheet1 标签，选“重命名”，将 sheet1 更名为“信息”，在“信息”表中输入图 4-1-7 所示内容，标题为“职工基本信息”(可以只输入两行内容，不设置格式)。

③ 保存工作簿，名称为“Excel 4-1. xlsx”。

4.1.3　页面设置与打印

在默认情况下，如果在 Excel 2013 工作表中进行打印操作的话，会打印当前工作表中所有非空单元格中的内容。而这些内容可能不一定像用户想象的那样正好打印在整张纸张上，例如，可能有一列放到了另一张纸上，或是只有某几行打印在另一张纸上，这样一方面破坏了表格的完整性，同时也造成不必要的纸张浪费。因此，根据所需的打印纸张的大小，如何通过调整页面布局、纸张大小、页边距等设置，甚至通过调整工作簿各个工作表中的行高、列宽及单元格的内容,将表格内容完整、准确、美观地打印在纸上,是 Excel 实际应用中经常遇到的问题。

当用户编辑完表格内容时,应首先通过"自定义快速启动工具栏"中的"打印预览和打印"按钮,查看当前编辑的表格内容是否能够完整、准确地预览在一张纸中,若不能,则需要通过"页面设置"及"打印"功能进行调整。在"页面设置"中,首先根据实际打印要求设置"纸张大小"与"纸张方向",然后,调整"纸张边距"及工作表中的内容和格式。

1. Excel 页面设置

单击"页面布局"命令,在"页面设置"区进行 Excel 的页面设置。

页面设置主要包括页边距、纸张方向、纸张大小、打印区域等设置功能。具体设置内容与 Word 类似。

2. 工作簿与工作表的打印

打印之前要进行打印预览,通过打印预览确认打印输出的最终效果,这时可以通过"打印"命令具体打印工作簿或工作表的内容了。

操作方法是:单击"文件"命令,在"文件操作"窗口选择"打印"命令,系统会弹出"打印预览"窗口。打印的相关内容与 Word 类似,这里只介绍 Excel 特殊的部分。

在窗口的中间部分,单击"设置"区下的"打印活动工作表"按钮,用户可以选择"打印活动工作表"、"打印整个工作簿"或"打印选定区域",如图 4-1-8 所示。

在默认情况下,如果 Excel 2013 进行打印操作,会打印当前工作表中所有非空单元格中的内容。若仅仅需要打印当前 Excel 2013 工作表中的一部分内容,而非所有内容,用户可以为当前 Excel 2013 工作表设置打印区域,操作步骤如下。

图 4-1-8 打印范围设置菜单

(1) 打开 Excel2013 工作表窗口,选中需要打印的工作表内容。

(2) 切换到"页面布局"功能区。在"页面设置"分组中单击"打印区域"按钮,并在打开的列表中单击"设置打印区域"命令即可。

(3) 当 Excel 2013 工作表设置了打印区域后又希望能临时打印全部内容,则可以使用"忽略打印区域"功能。在打开的打印窗口中单击"设置"区域的打印范围下拉三角按钮,并在打开的列表中选中"忽略打印区域"选项。

【**案例 4-2**】 打开 Excel4-2.xlsx 工作簿,在"学生成绩表"工作表进行页面设置,纸张大小为 A4 纸、纵向,打印 1~3 页,打印 3 份,次序为每页连续出 3 份打印,设置页边距后,效果为水平居中显示。打印设置如图 4-1-9 所示。

案例实现

① 打开"Excel 4-2.xlsx"工作簿,选择"学生成绩表"。

② 选择"页面布局",在选项卡中的"页面设置"功能组中设置"纸张大小"为 A4,设置"纸张方向"为纵向。

③ 设置"页边距"。单击"自定义边距"命令,设置页边距的上、下、左、右均为 2.5,选择"居中方式",选"水平"单选按钮,单击打印预览,确定表格内容在页面为水平居中方式,或通过打印预览调整。

常用办公软件的电子表格 Excel

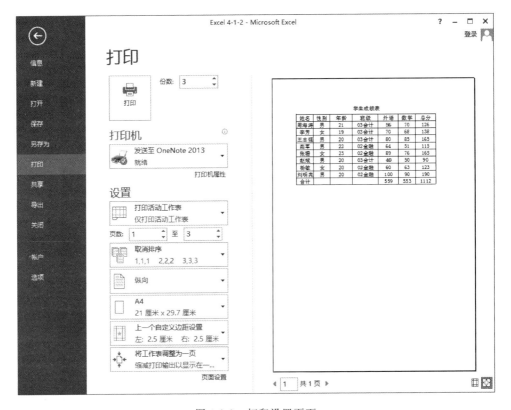

图 4-1-9 打印设置页面

④ 单击"文件"按钮,选择"打印",查看右侧的预览效果,选择"份数"为 3,打印设置成"打印选定区域"页数设置 1 至 3。之后,单击"打印"按钮,便可以进行打印操作。

4.2 Excel 数据编辑与工作表操作

📖 本节重点和难点:

重点:

- 各种不同类型的数据输入方法
- 各种有规律的数据输入、序列填充方法
- 工作表中数据的各种编辑方法
- 工作表的格式化操作方法
- 工作表中数据的格式化操作方法

难点:

- 工作表中数据的各种序列填充方法
- 快速有效的、有规律的数据输入方法
- 数据编辑的各种不同方法
- 工作表的各种操作方法

4.2.1 基本数据的输入与编辑

工作表中可以包含各种数据,如数值、文字、日期、公式、图片等各种类型,其中有些是有一定的范围要求的,有些是有规律性、相同的,有些是没有规律的、不同的。对于没有规律的数据或文字只能逐字输入;而有规律的、相同的的数据,Excel 提供了许多特有的快捷、简便、准确的输入方法,同时也提供了许多限定输入范围、避免输入错误数据的方法。正确地掌握这些方法是建立工作表和处理数据的基础。

1. Excel 基本数据的录入

在 Excel 中,可以输入两类数据,一类是常量,即可以直接输入到单元格中的数据,可以是数字、英文字母、汉字或特殊字符,其特点是编辑之后数据不会自动改变;另一类是公式,公式是一个由常量、单元格引用(变量)、函数、运算符等组成的序列,其特点是编辑之后其单元格中输入的公式内容自动变成公式的计算结果。

输入数据时,首先要选取插入点或数据区域,使其进入编辑状态,编辑栏的名称框内将显示当前单元格名称,用户当前输入的内容将显示在编辑栏及当前单元格中。编辑过程中,单击"×"取消当前编辑内容,单击"√"确认当前编辑操作。

1) 数值数据的输入

数值数据包括数字(0~9)和＋、－、＄、％、E、及小数点(.)和分位点(,)等字符,系统默认右对齐显示格式。若输入的数字位数超过 11 时,系统自动以科学记数法显示;当显示不下时,系统采用四舍五入的形式;当数值型单元格数据参与计算时,以输入数据为准,而不是以显示数据为准。在输入分数时,为避免将输入的分数视为日期,需要在分数前先输入 0 按空格,如输入 1/2,系统会认为是 1 月 2 日,而不是二分之一,若要输入数值 1/2,应在相应单元格中输入"0 1/2"。

2) 文本数据的输入

文本数据包括英文字母、汉字、数字及其他符号,其系统默认的格式是左对齐。

如果需要将数字作为文本处理,如电话号码、身份证号等时,应先输入一个单引号,再输入数字,否则 Excel 将其视为数值型(系统默认右对齐格式)数据,而不是字符型。如输入'010051,屏幕上显示的是左对齐格式,不显示单引号,且在单元格左上角有绿色三角。若输入的文字超过单元格的宽度时,系统会自动扩展到右侧单元格,超出部分自动隐藏。或应将要输入这些数字的单元格区域设置成文本类型。选中设置区域,使用快捷菜单中的"设置单元格格式"对话框;或"单元格"组中"格式"下拉菜单中的"设置单元格格式"对话框。如图 4-2-1 所示。在其"数字"选项卡中的数据"分类"中选择"文本"。然后,在该区域输入超过 11 位的数字就不会自动转换成科学记数法显示了。

3) 日期、时间数据输入

按 Ctrl＋;组合键可以输入系统当天的日期,按 Ctrl＋Shift＋;组合键可以输入系统当前的时间。日期与时间格式不同于数值和字符格式,是一种特殊的数据格式。要输入一个任意日期,可按"年-月-日"或"年/月/日"方式输入,若只输入"月-日"或"月/日",系统自动添加年为当前年份。时间的输入用":"分隔,默认条件下系统以 24 小时制显示时间,若以 12小时制显示,需要在输入时间后输入一个空格,输入"AM"表示上午,输入"PM"表示下午。

图 4-2-1   "设置单元格格式"对话框

4）不同单元格输入相同数据

要在不同单元格中输入相同的数据，首先选中多个单元格，然后在选中的当前单元格中输入数据，如图 4-2-2 所示，输入完成后按 Ctrl＋Enter 组合键，便实现了在所有选中的单元格中输入了该数据，如图 4-2-3 所示。

图 4-2-2   不同单元格输入相同数据（一）

5）记忆式输入

这种输入方式是指要输入的数据已经输入过，可以通过 ALT＋↓组合键打开键入列表，然后从列表中选择要输入的内容，如图 4-2-4 所示。

图 4-2-3　不同单元格输入相同数据（二）

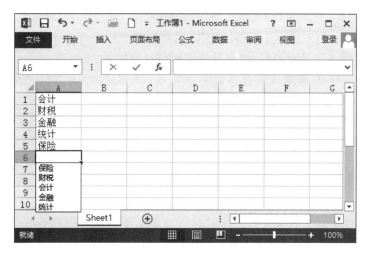

图 4-2-4　记忆式输入

2. 清除数据

选中要清除数据的单元格，可使用下列的方法清除。

1）使用快捷菜单

右击，在快捷菜单中选择"清除内容"命令。

2）使用命令按钮

选择"编辑"组中的"清除"按钮，在弹出的列表中选择相应的清除方式，如图 4-2-5 所示。

3）使用 Del 键

选定区域后直接按 Del 键，同样可以清除选定内容。

3. 移动、复制数据

首先选定要移动或复制的数据，可以是单个单元格、单元格区域、若干行或列；移动选"剪切"命令，复制选"复制"命令，此时区域边界呈闪烁虚线显示，然后选定目的区域，再使

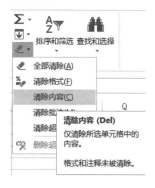

图 4-2-5　清除菜单项

常用办公软件的电子表格 Excel

用"粘贴"命令，就可以完成一次移动或复制的工作。复制可以进行多次，移动只能进行一次。常见的操作方法如下。

1）使用快捷菜单

右击，在快捷菜单中选择"复制"命令，然后选定目的区域的相应单元格右击，在快捷菜单中选择"粘贴"命令。

2）使用"剪贴板"

使用"剪贴板"组中的"剪切/复制"按钮，然后选定目的区域的相应单元格后，再选择"剪贴板"组中的"粘贴"按钮，如图 4-2-6 所示。

图 4-2-6　"粘贴"按钮

3）使用快捷键

按 Ctrl+C（复制）/Ctrl+X（剪切）键，然后选定目的区域的相应单元格后，按 Ctrl+V（粘贴）键。

4）使用鼠标拖动

选定要移动或复制的单元格区域后，将鼠标移到选定区域的边框处，鼠标旁边出现十字箭头形状，若是移动，只要拖动鼠标左键/右键，到目标区域后释放即可；若是复制，Ctrl+拖动鼠标左键/右键，此时鼠标旁边出现加号，拖到目标区域后释放即可。

注意：拖动鼠标时，使用左键与右键的区别是：右键拖动，系统将弹出快捷菜单，用户需要进一步选择移动/复制功能。

4. 选择性粘贴

不论是采用快捷菜单还是剪贴板中的粘贴命令，均含有"选择性粘贴"选项，其中包含多种不同的粘贴命令，选择不同的粘贴命令，可以实现不同的粘贴功能，例如，可以选择粘贴全部、公式、数值、格式、批注、边框除外等，灵活地运用选择性粘贴可以方便地完成多种复杂功能。

操作方法：选中要复制的区域，右击，在快捷菜单中选择"复制"命令（或使用剪贴板功能组中的"复制"按钮），将光标移到要粘贴的位置，然后右击，在快捷菜单中选择"选择性粘贴"命令（或使用剪贴板功能组中的"粘贴"按钮中"选择性粘贴"选项），此时系统会弹出"选择性粘贴"对话框，如图 4-2-7 所示，用户根据自己需要选择相应的粘贴选项，单击"确定"按钮，即可完成不同的粘贴功能。

5. 数据验证

1）设置有效数据

在实际工作中，表格中的数据是有一定的范围要求的。因此输入数据时，需要对输入的数据加以限制。防止输入数据时输入非法的数据。例如，假设某个学校要输入学生成绩，其成绩为整数、有效范围为 0～100；设置"输入信息"为"0～100"；设置"出错警告"的标题是"数据的有效范围是 0～100"，提示内容为"数据超界！请重

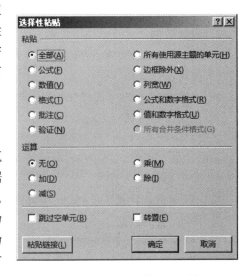

图 4-2-7　"选择性粘贴"对话框

新输入"；在有效数据单元格中允许出现空值。

操作方法如下。

（1）首先选定要设置有效性检查的单元格区域。选择"数据"选项卡中"数据工具"组的"数据验证"按钮，如图 4-2-8 所示。在其下拉菜单中选择"数据验证"命令后，弹出图 4-2-9 所示的"数据验证"对话框。

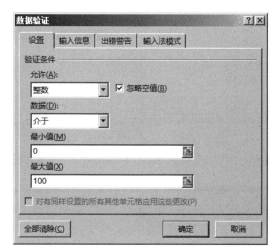

图 4-2-8　"数据验证"命令　　　　　　　图 4-2-9　"数据验证"对话框

（2）在该对话框的"允许"下拉框中选择允许输入的数据类型，如"整数"、"时间"、"序列"等，如选择"整数"；在"数据"下拉框中选择所需操作符，如"介于"、"大于""不等于"等，如选择"介于"；在最大值、最小值栏中输入 0、100 数值即可。

（3）在"输入信息"选项卡中设置输入提示信息，当用户选定设置了有效数据的单元格时，该信息会出现在单元格旁边，提示用户应输入的数据或数据的范围，输入完后提示信息将自动消失。例如，在输入信息框中输入"0～100"。

（4）在"出错警告"选项卡中设置出错信息，标题栏输入"数据的有效范围是 0～100"，错误信息栏输入"数据输入超界！请重新输入！"。设置完成后，若输入各科成绩不在"0～100"范围，系统会显示"出错警告"的相关信息。

（5）在有效数据单元格中允许出现空值，可在设置有效性条件时勾选"忽略空值"复选框。单击"全部清除"按钮，可以取消该有效数据的设置。

2）设置限定选择输入

若某个区域中每个单元只能限定选择输入某几个内容，可以采用选择输入，例如，性别一列中只能选择输入"男"或"女"。

操作方法如下。

（1）选定要选择输入的区域。选择"数据"选项卡中的"数据工具"功能组，单击"数据验证"启动按钮，如图 4-2-8 所示。在其下拉菜单中选择"数据验证"命令后，弹出图 4-2-9 所示的"数据验证"对话框。

（2）在该对话框的"允许"下拉框中选择允许输入的数据类型，选择"序列"，如图 4-2-10 所示。在"来源"中输入要选择的内容，例如，输入"男,女"，单击"确定"按钮。

图 4-2-10　设置数据验证条件为"序列"

（3）选择该区域要输入的单元格，则该单元格右侧出现下拉标志，单击该标志，系统会拉出要选择的内容，如"男"、"女"，用户选择即可实现输入。

【**案例 4-3**】　建立名称为"Excel4-3.xlsx"的工作簿，要求完成下列操作。

（1）在桌面建立一个名为"Excel4-3.xlsx"的工作簿，在该工作簿中建立图 4-2-11 所示的"学生基本信息表"和图 4-2-12 所示的"第一学期成绩表"。

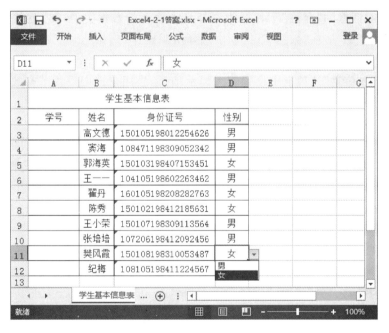

图 4-2-11　"学生基本信息表"工作簿

（2）在"学生基本信息表"中，输入姓名、身份证号、性别的内容，其中性别采用"限定选择"方式输入，身份证号采用"文本"方式输入，学号暂不输入。

（3）在"第一学期成绩表"中通过数据复制的方法输入姓名，学号暂不输入；输入大学

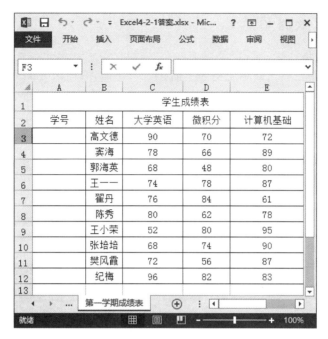

图 4-2-12 "第一学期成绩表"工作簿

英语、微积分、计算机基础的成绩,成绩的有效范围为 0~100 的整数,拒绝接受不符合条件的输入数据,并且系统提示标题是"数据的有效范围是 0~100",内容是"数据输入超界!请重新输入"信息,保证输入学生成绩的有效性。

案例实现

① 启动 Excel,选择"新建"|"空白工作簿",选择"保存"命令,在打开的"另存为"对话框中选择保存在桌面,工作簿名为"Excel4-2-1.xlsx"。

② 将 sheet1 表更名为"学生基本信息表",选中 A1:D1 区域,合并单元格,并输入标题内容;B3:B12 单元中分别输入姓名。

③ 设置身份证号区域的数据类型为"文本";选中 C3:C12 区域,右击,在快捷菜单中选择"设置单元格格式"命令,打开如图 4-2-1 所示对话框,选择"文本",然后,输入每个学生的身份证号。

④ 设置性别的选择输入,按照前面所讲的"限定选择"方法输入所有学生的性别,如图 4-2-10 所示。

⑤ 将 sheet2 表更名为"第一学期成绩表",复制"学生基本信息表"中姓名列数据。设置各科成绩的有效范围及出错提示,选中 C3:E12 单元区域,按照前面所讲的设置数据的有效性操作方法,如图 4-2-8 及图 4-2-9 所示,设置该区域数据有效性及相关出错提示信息等内容。

⑥ 输入每个学生各科成绩,并有意输入几个错误数据,测试是否能够按照数据有效性设置的要求拒绝输入,同时提示设置的出错信息。例如,输入 150 或−20。

⑦ 保存工作簿。

常用办公软件的电子表格 Excel

4.2.2 表格中数据的填充

1. 上下左右填充

上下左右填充是指在当前单元格的上面、下面、左面、右面填充同样的数据。操作时可以使用单击"开始"|"编辑"|"填充",在展开如图 4-2-13 所示的列表命令中选择向下、向上、向左、向右填充。向下填充和向右填充可以使用快捷键 Ctrl+D 和 Ctrl+R。

2. 序列填充

单击"开始"|"编辑"|"填充"|"序列",弹出"序列"对话框。

从这里可以看到,序列可以在行或列产生。如果是行,就是横向在当前行进行填充;如果是列,就是纵向在当前列进行填充。填充的时候需要确定填充的类型,也就是等差序列、等比序列、日期、自动填充等,然后输入步长值和终止值,确定后就可以填充,如图 4-2-14 所示。

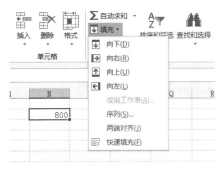

图 4-2-13　"填充"列表　　　　　　　　图 4-2-14　序列填充

序列填充有两种方法,一种是给定单元格区域范围进行填充,另一种是给定终止值进行填充。

1)给定单元格区域范围

当给定需填充数据的单元格区域范围时,需将给定的区域选中,然后在"序列"对话框中选择填充的类型和设定步长值即可。

2)给定终止值

填充时需在"序列"对话框中选择序列产生的位置、类型、步长值和终止值。

3. 日期序列

日期序列中日期单位包含按日填充、按工作日填充、按月填充、按年填充等。在实际操作过程中可以使用序列填充,填充方法同等差序列、等比序列,如图 4-2-15 所示。也可以通

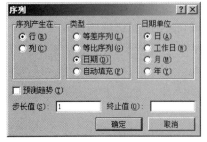

过填充柄实现,填充柄是将光标停在单元格右下角时的黑色十字指针,然后按住左键或右键拖动,进行序列填充。

1)按左键拖动填充柄

按左键拖动填充柄系统默认是按日填充,按住 Ctrl+左键拖动填充柄是复制日期。如图 4-2-16 所示,在 A1 单元格输入 2015/1/1 后,按住左键拖动填充柄到 A10 后,日期是以日作为单位进行填充的。

图 4-2-15　日期序列

在 B1 单元格输入 2015/1/1 后按住 Ctrl＋左键拖动填充柄到 B10 后，日期是进行了复制。

图 4-2-16　左键填充柄填充

2）按右键拖动填充柄

按右键拖动填充柄后会弹出快捷菜单。如图 4-2-17 所示，在图中的 A 列选择的是以天数填充；在 B 列选择的是以工作日填充；C 列是以月填充；D 列是以年填充。

图 4-2-17　右键填充柄填充

4. 自动填充

一些有规律的序列可以用自动填充来完成。公式复制时也可以通过自动填充实现。

例如，在 A1 单元格输入星期一，在 B1 单元格输入一月，在 C1 单元格输入甲，在 D1 单元格输入蒙 A1001，通过自动填充至第十行，如图 4-2-18 和图 4-2-19 所示。

5. 自定义序列

自定义序列是这些数据没有规律，但这些数据在

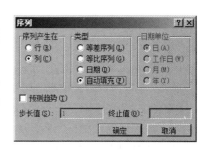

图 4-2-18　"自动填充"对话框

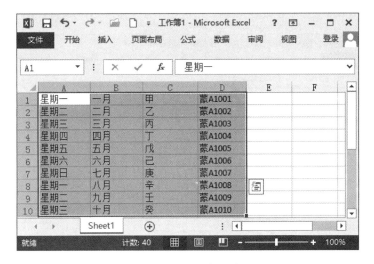

图 4-2-19　自动填充效果

使用上又有一定的规律。自定义序列可以采用手动输入来定义，也可以导入单元格数据来定义。具体操作如下。

单击"文件"选项卡|"选项"|"高级"，找到常规项，单击"编辑自定义列表"按钮，如图 4-2-20 所示。弹出图 4-2-21 所示的"自定义序列"对话框。有如下两种方式编辑自定义序列。

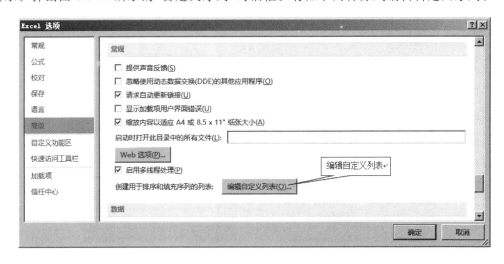

图 4-2-20　Excel 选项界面

（1）在"输入序列"窗口中输入自定义的序列，数据之间用 Enter 键或半角的逗号隔开，单击"添加"按钮，将自定义的序列添加到左侧的"自定义序列"中，如图 4-2-21 所示。

（2）从单元格导入数据。例如，导入 A1 到 A5 单元格的数据，如图 4-2-22 和 4-2-23 所示。单击"导入"按钮即可将序列添加到左侧的"自定义序列"。

【案例 4-4】　打开 Excel4-4. xlsx 工作簿，要求完成下列操作。

（1）按照拖动法输入"学生基本信息表"及"第一学期成绩表"中每个学生的学号（假设这些学生的学号是连续的）。

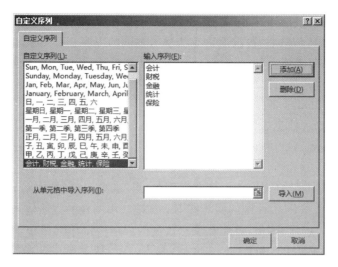

图 4-2-21 "自定义序列"对话框

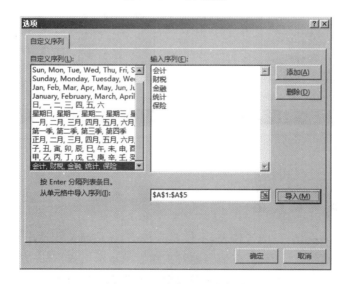

图 4-2-22 导入数据

图 4-2-23 自定义导入序列

第
4
章

常用办公软件的电子表格 Excel

（2）按照输入相同数据的操作方法，重新输入"学生基本信息表"中性别的内容，首先，清除性别单元格的内容，然后，再按所讲方法输入性别的内容。

（3）在"第一学期成绩表"中，将所有学生的"计算机基础"成绩增加 3 分。

案例实现

打开 Excel4-2-2. xlsx 工作簿。

① 显示"学生基本信息表"，在 A3：A4 单元格分别输入前两个学生的学号，然后，选中该区域，拖动填充柄到 A12 单元，自动生成所有学号；同样方法输入"第一学期成绩表"中每个学生的学号。

② 显示"学生基本信息表"，选中所有性别为"男"的单元格（按住 Ctrl 键，实现不连续选择），输入"男"，然后，按住 Ctrl 键的同时按 Enter 键。用同样的方法输入所有"女"。

③ 在"第一学期成绩表"中，首先在没有数据的任意一个单元格中输入 3，右击，在快捷菜单中选择"复制"，然后，选中 E3：E12 区域，右击，在快捷菜单中选择"选择性粘贴"命令，系统弹出图 4-2-7 所示的"选择性粘贴"对话框，选择"运算"选项中的"加"单选按钮，再单击"确定"按钮，这时所有选定区域单元格均增加 3。具体操作结果见图 4-2-24 的"第一学期成绩表"。

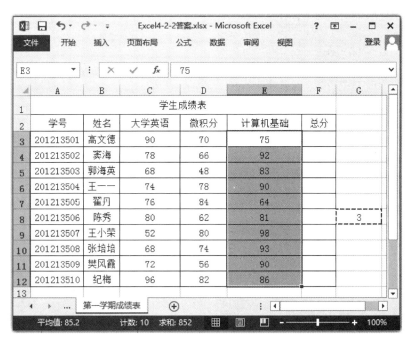

图 4-2-24 "第一学期成绩表"工作簿

④ 保存工作簿。

4.2.3 工作表的格式化

在实际工作中，一个完整的工作表，不仅要有数据，还应具有层次分明、结构性强、条理清晰以及可读性好等特点。因此，应适当地对工作表的显示格式、对齐方式等方面作一些修饰与格式设置，以提高工作表的美观性和易读性。改变单元格内容的颜色、字体、对齐方式、表格结构等,其操作过程统称为表格格式化。

1. 自定义格式化

工作表格式化操作可以在"开始"选项卡中,通过工具栏的"字体"、"对齐方式"、"数字"、"样式"、"单元格"组中的相应命令实现,如图 4-2-25 所示。或选择"单元格"组的"格式"下拉菜单中"设置单元格格式"命令,或单击各功能组的"对话框启动器",均能弹出图 4-2-1 所示的"设置单元格格式"对话框。该对话框中各选项与工具栏中相应功能组按钮基本相同。

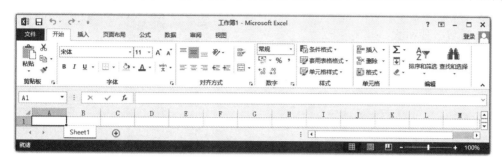

图 4-2-25 "开始"选项卡的各功能组命令

1) 数字格式的设置(数据类型)

在使用 Excel 时,多数情况下是进行数据计算,所以 Excel 对常用的数字格式事先已进行设定并分类供用户选择使用,包含了常规、数值、货币、会计专用、日期、时间、百分比、分数以及科学计数等十几类数据格式。选择的方法是:选定要格式化的单元格或区域,打开图 4-2-1 所示的"设置单元格格式"对话框。在对话框中选择"数字"选项卡,选定合适的数字格式,单击"确定"按钮。对于经常用到的一些格式,如货币样式、百分比样式、千位分隔样式、增加小数位、减少小数位等,只要选中数据区域,再单击相应按钮,即可完成格式的设置。

2) 合并单元格

与 Word 中的表格不同,Excel 中不能拆分表格,也不能用画笔随意的画表格线,因此,只能通过合并单元格来设置表格的结构与格式。首先,选定要合并的连续的单元格区域,然后选择"设置单元格格式"对话框中"对齐"选项卡下的"合并单元格"复选框,单击"确定"按钮后,所选区域即合并成一个单元,其单元名是该区域包含的第一个单元的名称。

3) 对齐、字体、字型和边框线格式的设置

操作方法:首先选中要设置的单元格区域,然后,通过快捷菜单或通过"单元格"功能组中"格式"按钮打开"设置单元格格式"对话框,分别选择"对齐"、"字体""边框"选项卡,进行对应设置即可。

也可以通过"字体"、"对齐方式"、"数字"、"样式"和"编辑"等功能组的相关命令按钮设置相应单元格及数据的格式。

4) 图案设置

为数据表格添加适当颜色,可以起到突出显示的作用。Excel 提供了多种颜色的配色方案。设定颜色的方法如下:选取需要添加颜色的区域,打开"设置单元格格式"对话框。在对话框中选择"填充"选项卡,从中选取适当的颜色或相应的"填充效果",或直接选择字体中的"填充颜色"按钮。

2. 自动格式化

Excel 提供了多种预设的表格格式，用户可以直接套用它们的格式。具体操作为：选定要格式化的数据区域，选择"样式"组中的"套用表格格式"命令，在系统提供的表格格式中，选择相应格式并按"确定"按钮完成。

自动格式化的项目包含数字、框线、字体、图样、对齐、宽度和高度等项目的格式。在使用中，可以根据实际情况选用其中的某些项目。

3. 设置条件格式

在实际应用中，用户可能需要将某些满足条件的单元格以指定样式显示。为此，Excel 为用户提供了条件格式功能。条件格式功能可以根据指定条件来确定选择区域的显示格式。

操作方法如下。

（1）选定设置条件格式的区域。

（2）在"样式"组中选择"条件格式"按钮，打开图 4-2-26 所示的下拉菜单。

（3）选择"突出显示单元格规则"中的"介于"命令，弹出图 4-2-27 所示的对话框。

图 4-2-26 "条件格式"按钮

图 4-2-27 "介于"对话框

（4）在此对话框中，输入设置单元格数值的上、下界，如 0～59。

（5）在"设置为"下拉列表框中，用户可以选择需要的数据的格式，或选择"自定义格式"对数据的字体、颜色、边框等进行设置，本例设置字体格式为"红色"。若要增加条件，可重复步骤（1）～（5）。

设置完毕后，单击"确定"按钮，其所有符合条件的单元格数据采用红色数字显示。要取消已设置的条件格式，只要选择"条件格式"中的"清除规则"命令即可。

4. 复制与删除格式

对已格式化的数据区域，如果其他区域也要使用相同的格式，不必重复设置格式，可以通过格式复制来快速完成，也可以删除已设置的格式。

1）复制格式

复制格式一般使用"常用"工具栏的"格式刷"按钮。首先选定要复制的格式区域，然后单击"格式刷"按钮，这时鼠标指针变成刷子形状，把鼠标移到目标区域，拖动鼠标，鼠标拖过的地方将设置成指定的格式。若是单击，只能刷一次；若是双击，则可以刷多次，直到再次单击"格式刷"取消为止。也可以使用快捷菜单中的"复制"命令确定要复制的格式，再选定目标区域,然后在快捷菜单中选择"选择性粘贴"命令,在其对话框中勾选"格式"单选钮,就可以将所复制区域的格式复制过来。

2)删除格式

选定要删除格式的区域,在"编辑"组中选择"清除"命令的"清除格式",如图 4-2-5 所示,可将已设定的格式删除,使该区域中的数据以原有的通用格式表示。

4.2.4 工作表行、列格式化操作

1. 调整行高、列宽

在开始建立工作表时,工作区中的行高、列宽均是固定的。在实际工作中,每个表的行高与列宽,应根据需要随机调整,可以一次设置一行的行高(或列宽),也可以一次设置多行的行高(或列宽),甚至可选择根据内容自动设置行高、列宽。其操作方法可以采用鼠标拖动,也可以采用命令设置。

1)鼠标拖动

将鼠标移向行标的边框处,鼠标变成双十字箭头,此刻,拖动鼠标上下移动,行高随之改变。同样方法,鼠标左右拖动,可以改变列宽。

2)命令设置

选中要设置行高、列宽的表格区域,选择"单元格"组中的"格式"按钮,在其下拉菜单中选择"行高"或"列宽"命令,如图 4-2-28 和图 4-2-29 所示。在对话框中输入适当的行高、列宽相应数值即可,或选择"自动调整行高"("自行调整列宽")命令。系统会根据所选区域中内容最多(最宽、最高)的单元调整所有单元的行高及列宽。

图 4-2-28 设置"行高"对话框

图 4-2-29 设置"列宽"对话框

2. 行、列的插入与删除

当在工作表中插入或删除行、列时,受插入和删除的影响,所有公式中的引用都会相应地做出调整,不论是相对引用,还是绝对引用。

1)插入行、列

选定要插入的位置(行、列),可选择一行(一列)或多行(多列),也可以选择一个单元格;若选择一行,则插入一行;若选择多行,则插入多行。若插入单元格,选定单元格后,使用快捷菜单中的"插入"命令,会弹出图 4-2-30 所示的"插入"对话框。选择插入方式后,其他的行或列会自动下移或右移(用户可以选择)。或采用"单元格"组中"插入"按钮的"插入工作表行"(插入工作表列)命令,直接插入行、列。

2)删除行、列

首先选定要删除的区域,使用快捷菜单中的"删除"命令;

图 4-2-30 "插入"对话框

常用办公软件的电子表格 *Excel*

若删除的是单元格区域，系统弹出图 4-2-31 所示的对话框，确定要删除的方式。如果删除行或列，其他的行或列会自动上移或左移。或单击"单元格"组中"删除"按钮，直接删除选择

图 4-2-31 "删除"对话框

的行、列。若要恢复刚刚删除的行、列，单击"快速启动工具栏"中的"撤销"按钮，或按 Ctrl＋Z 键。

注意：按 Delete 键只删除所选单元格的内容，而不会删除单元格本身。

3. 行、列的隐藏与取消隐藏

其操作方法与工作表隐藏与取消隐藏类似，不同的是，隐藏时，先选定要隐藏的行标、列标，然后在快捷菜单中选择"隐藏"命令。取消隐藏时，先要选定包含隐藏内容的行标、列标，然后在快捷菜单中选择"取消隐藏"命令。另外，也可以使用鼠标拖动的方法实现行、列的隐藏与取消隐藏操作，将鼠标移向行号、列标的边缘时，鼠标会变成十字箭头形状，此时拖动鼠标移动即可将相应的行、列折叠（隐藏）起来，或将隐藏的行、列展开（取消隐藏）。

4.2.5 工作表页的操作

一个工作簿是由多个工作表组成的，对工作表的增加、删除、重命名、工作表的复制、移动、隐藏/取消隐藏等操作统称为表页操作。

1. 工作表的增加

单击工作表标签右侧的"新工作表"按钮，鼠标指向工作表页签，右击，在快捷菜单中选择"插入"命令，系统弹出"插入"对话框。用户可以选择"工作表"或其他系统模板。也可以使用"单元格"组中"插入"按钮的"插入工作表"命令，如图 4-2-32 所示。不同的是只能用该方法插入空白表，不能插入其他模板的图表，插入的空白工作表成为活动工作表，表名在现有工作表名的基础上加 1。

2. 工作表的删除

选定要删除的一个或多个工作表标签，在快捷菜单中选择"删除"命令，也可以使用"单元格"组中"删除"按钮的"删除工作表"命令。删除的工作表不能使用"常用"工具栏的"撤销"按钮恢复，也不影响其他工作表。

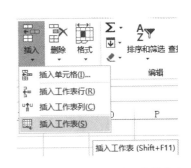

图 4-2-32 "插入工作表"菜单命令

3. 工作表的重命名

系统默认的工作表名是"Sheet?"形式，用户可以修改、重命名工作表名称，最简单的方法为两次单击要改名的工作表标签，标签呈反白显示，此刻，输入一个新的名字后回车即可。或使用快捷菜单中的"重命名"命令，也可使用"单元格"组中"格式"按钮的"重命名工作表"命令。

4. 工作表的复制与移动

在实际工作中经常会遇到要复制整个表的情况，若采用前面介绍的"移动、复制数据"方法也能实现工作表的移动与复制，但其复制结果的格式会发生变化。采用工作表的移动与

复制,其移动复制结果与原表完全相同。操作方法如下。

1）鼠标拖动

指向要移动的工作表标签并拖动鼠标,标签上方出现了一个黑色小三角以指示移动的位置,当黑色小三角出现在指定位置时,放开鼠标就实现了工作表移动。如果想复制工作表,则在拖动的同时按下 Ctrl 键,此时在黑色小三角的右侧出现一个"＋"号,表示工作表复制。此方法适用于在同一工作簿中移动或复制工作表。

2）命令操作

分别打开源工作簿和目的工作簿,在源工作簿中选定要移动或复制的工作表,右击,在快捷菜单中选择"移动或复制工作表"命令,或在"单元格"组中选择"格式"菜单中的"移动或复制工作表"命令,均会出现图 4-2-33 所示的对话框,在对话框中选择目的工作簿和工作表的插入位置,如移动到某个工作表之前或移到最后。单击"确定"按钮,即完成了不同工作簿间工作表的移动,若选择"建立副本"复选框,则实现复制操作。

5. 工作表的隐藏与取消隐藏

当工作表的内容不愿意让其他用户随意查看、修改时,除了可以使用 4.1 节中介绍的为工作簿设置打开或修改权限密码外,还可以将其隐藏起来,需要查看,再取消隐藏。

先选定要隐藏的工作表标签,在快捷菜单中选择"隐藏"命令,则选定的工作表被隐藏。或在"单元格"组中选择"格式"按钮的"隐藏与取消隐藏"命令,如图 4-2-34 所示,然后选择"隐藏工作表",这时当前工作表就从当前工作簿中消失。

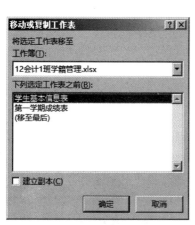

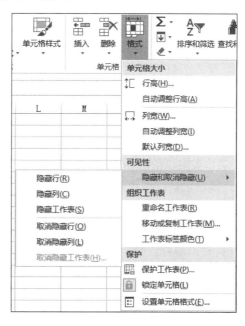

图 4-2-33 "移动或复制工作表"对话框　　图 4-2-34 "隐藏工作表"菜单项

当需要再次查看该工作表时,使用快捷菜单中选择"取消隐藏"命令,或"单元格"组中选择"格式"按钮的"隐藏与取消隐藏"命令,如图 4-2-34 所示,然后选择"取消隐藏工作表"。

4.2.6 工作表窗口的拆分与冻结

当工作表内容较多,一屏幕显示不下时,在浏览与修改工作表数据时,由于在屏幕上只能显示整个工作表的一部分,修改数据时看不到对应的参照内容,因此,常常会出现修改错误的情况。为此,Excel 提供了窗口的拆分与冻结功能。

1. 工作表窗口的拆分

所谓窗口拆分,就是将一个窗口拆分成几个窗口,以便在不同的窗口中显示同一工作表的不同部分。如希望将工作表中相距较远、不能在屏幕上同时显示的数据在屏幕上同时显示时,可将工作表拆分为多个窗口。窗口最多可拆分成 4 个窗口。

选择"视图"选项卡中"窗口"功能组的"拆分"命令,如图 4-2-35 所示,在当前活动单元格的左侧和上方出现两条粗杠形的拆分线,形成 4 个独立的窗口,直接用鼠标拖动其拆分线可以调整各个拆分窗口大小。此时当前窗口鼠标的移动不影响其他窗口,4 个窗口可以独立显示整个工作表的某一部分,便于用户对照修改数据内容。取消拆分操作,只需再次选择"拆分"按钮或双击拆分线即可。

	A	B	C	D	E	F
1			学生成绩表			
2	学号	姓名	大学英语	微积分	计算机基础	总分
3	201213501	高文德	90	70	75	
4	201213502	窦海	78	66	92	
5	201213503	郭海英	68	48	83	
6	201213504	王——	74	78	90	
7	201213505	翟丹	76	84	64	
8	201213506	陈秀	80	62	81	
9	201213507	王小荣	52	80	98	
10	201213508	张培培	68	74	93	
11	201213509	樊风霞	72	56	90	
12	201213510	纪梅	96	82	86	
13						
14						

图 4-2-35　拆分窗口示意图

2. 工作表窗口的冻结

如在滚动窗口时希望某些数据不随窗口的移动而移动,可采用窗口的冻结操作。与拆分不同,拆分有 4 个窗口,可以各自操作,而冻结只有一个窗口。操作方法:首先选定一个单元格,然后选择"视图"选项卡中"窗口"组的"冻结窗口"命令,如图 4-2-36 所示,在其下拉菜单中,用户若选择"冻结拆分窗格"命令,这时显示黑色细线的冻结线,该线上面、左面的行、列会随窗口的移动而始终保持不动。若要取消冻结,选择"撤销窗口冻结"命令即可。

4.2.7　工作簿与工作表的保护

工作簿建立之后,有些工作簿的表页不想被修改,有些表页中的格式或内容固定不变,为防止其他用户擅自修改这些表页或表页中的内容,可以设置保护工作簿或保护工作表。

1. 工作簿保护

如果工作簿中的工作表已设置好,且不需要再改动,为防

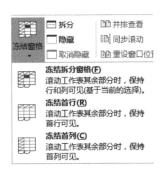

图 4-2-36　"冻结窗口"命令

止其他用户进行工作表的修改操作,可以设置保护工作簿,被保护工作簿不允许其他用户进行表页操作,如增加表页、删除表页、移动、复制表页等操作,但允许修改表页中的内容与格式。

具体操作是:选择"审阅"菜单,选择"更改"功能组中的"保护工作簿"按钮,系统弹出"保护结构和窗口"对话框,如图 4-2-37 所示,用户在"密码"栏中输入保护工作簿的密码,并确认后,即完成了保护工作簿操作。若要取消工作簿的保护,可以再次单击"保护工作簿"按钮,并正确回答密码后即取消保护。

注意:与设置工作簿打开权限密码、修改取消密码不同的是:保护工作簿可以打开、显示工作簿、工作表的内容、可以修改工作表的内容(不需密码),但不允许进行表页操作。而设置工作簿打开权限密码、修改取消密码,不论是打开、显示工作簿、修改工作表中的内容均需要正确的密码。

2. 工作表保护

如果工作簿中的某一工作表已设置好,其内容和格式不需要再改动,为防止其他用户对该表进行修改操作,可以设置保护工作表,被保护的工作表不允许其他用户进行表页内容的任何操作,如增加、删除该表页的行、列,修改某单元格的内容等操作,但允许修改其未保护表页中的内容与格式。具体操作是:选择"审阅"菜单,选择"更改"功能组中的"保护工作表"按钮,系统弹出"保护工作表"对话框,如图 4-2-38 所示,用户在"密码"栏中输入保护工作表的密码,并确认后,即完成了保护工作表操作。

图 4-2-37 "保护结构和窗口"对话框

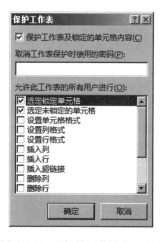

图 4-2-38 "保护工作表"对话框

4.2.8 计算公式的隐藏与取消隐藏

如果工作表中已设置好某些单元的计算公式(公式的相关内容将在下一章介绍),为防止其他用户查看或修改这些公式,可以设置隐藏这些公式,公式被隐藏后,用户单击这些单元,其编辑栏不显示当初输入的计算公式(若未隐藏公式,则当用户单击这些公式单元时,编辑栏内会显示其定义的计算公式)。

操作方法如下。

(1)选中要隐藏公式的单元区域(这些单元已输入了计算公式),右击,在快捷菜单中选择“设置单元格格式”命令，或选择单元格功能组中的“格式”按钮，在其展开的菜单中选择“设置单元格格式”，系统弹出“设置单元格格式”对话框。

(2) 在对话框中选择“保护”选项卡，然后选择“隐藏”选择项，并单击“确定”按钮。

(3) 选择“审阅”选项卡，在“更改”功能组中，选择“保护工作表”，并输入其工作表保护密码。具体内容详见图 4-2-38 工作表保护的相关操作。

设置公式隐藏后，用户再单击这些隐藏公式的单元，编辑栏中就不显示当初输入的计算公式了。

取消公式隐藏：只要取消工作表保护，并正确回答工作表保护密码即可。

【案例 4-5】 打开 Excel4-5. xlsx 工作簿，按要求完成图 4-2-39 所示的“学生基本信息表”及图 4-2-40 所示的“第一学期成绩表”的操作。

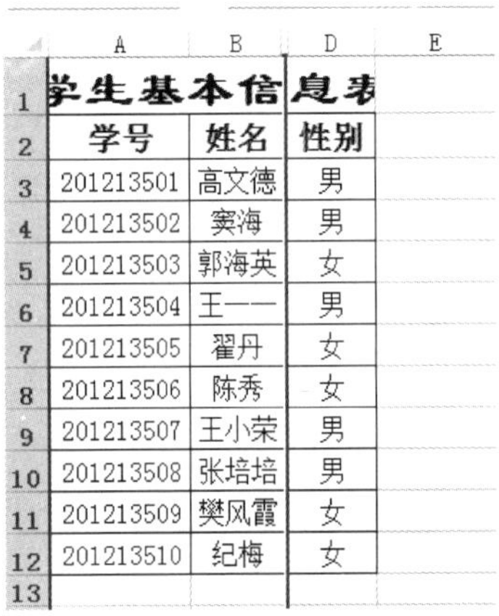

	A	B	D	E
1	学生基本信息表			
2	学号	姓名	性别	
3	201213501	高文德	男	
4	201213502	窦海	男	
5	201213503	郭海英	女	
6	201213504	王一一	男	
7	201213505	翟丹	女	
8	201213506	陈秀	女	
9	201213507	王小荣	男	
10	201213508	张培培	男	
11	201213509	樊凤霞	女	
12	201213510	纪梅	女	
13				

图 4-2-39 “学生基本信息表”工作簿

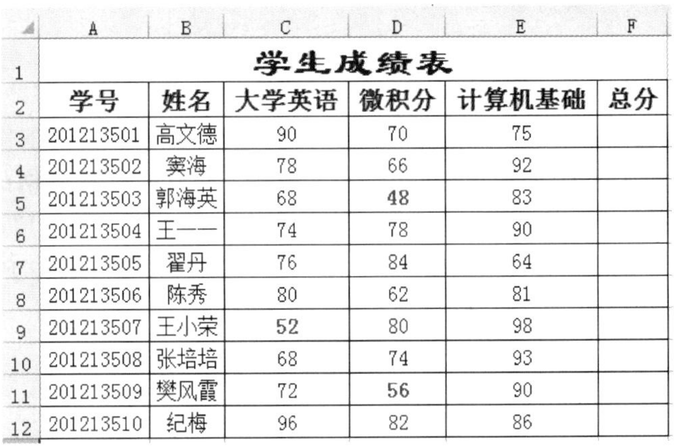

	A	B	C	D	E	F
1	学生成绩表					
2	学号	姓名	大学英语	微积分	计算机基础	总分
3	201213501	高文德	90	70	75	
4	201213502	窦海	78	66	92	
5	201213503	郭海英	68	48	83	
6	201213504	王一一	74	78	90	
7	201213505	翟丹	76	84	64	
8	201213506	陈秀	80	62	81	
9	201213507	王小荣	52	80	98	
10	201213508	张培培	68	74	93	
11	201213509	樊凤霞	72	56	90	
12	201213510	纪梅	96	82	86	

图 4-2-40 “第一学期成绩表”工作簿

(1) 设置表标题：将标题区域合并单元格，设置标题内容单元的行高 25，水平居中，标题内容字设置为隶书、22 磅字、加粗。

(2) 设置表头：将表头行高设为 20，字体为宋体、14 磅、加粗。

(3) 设置表体：所有表格的列宽采用“自动调整列宽”，表体(A3:D12)行高为 18、字体为宋体 12 磅字。所有单元格均采用水平、垂直居中显示。

(4) 隐藏“学生基本信息表”的“身份证号”列。

(5) 设置“第一学期成绩表”成绩的条件格式：将所有不及格成绩的字体设置为红色加粗显示。

案例实现

①打开 Excel4-5. xlsx 工作簿。

② 选中“学生基本信息表”标题 A1:I1 区域，选择“单元格”功能组中的“格式”按钮，在其展开的菜单中选择“行高”命令，在对话框输入 25，单击“开始”|“对齐方式”|“合并后居中”；单击“字体”功能组中的字体按钮，在其展开的菜单中选择“隶书”，用同样方法，在字号展开菜单中选择 22，单击“加粗”按钮，对“第一学期成绩表”的 A1:F1 区域通过格式复制完成。

③ 选中“学生基本信息表”A2:D2 单元区域，选择“单元格”功能组中的“格式”按钮，在

其展开的菜单中选择"行高"命令,在对话框输入 20。选择"字体"功能组中的"字体"按钮,在其展开的菜单中选择"宋体",在字号展开菜单中选择 14,单击"加粗"按钮,对"第一学期成绩表"的 A2:F2 区域通过格式复制完成。

④ 选中"学生基本信息表"A3:D12 单元区域,在"格式"按钮展开的菜单中选择"行高",在对话框输入 18,单击"对齐方式"中的"水平居中"按钮和"垂直居中"按钮。对"第一学期成绩表"的 A3:F12 区域通过格式复制完成。

⑤ 单击"学生基本信息表"C 列列标,选中 C 列,右击,在快捷菜单中选择"隐藏"。

⑥ 选中"第一学期成绩表"C3:E12 单元区域(成绩区域),选择"样式"功能组中的"条件格式"按钮,选择"突出显示单元格规则"中的"小于"命令,在弹出的对话框中,输入设置单元格数值界限 60,再在"设置为"下拉列表框中选择"自定义格式",在其对话框中选择"字体"选项卡,然后在"字型"中选择"加粗","颜色"中选择"红色"。

⑦ 保存工作簿。

4.3　Excel 公式与简单函数应用

📖 **本节重点和难点:**

重点:
- 公式的定义要素
- 运算符分类
- 运算符的优先级
- 单元格的引用类型
- 函数应用

难点:
- 公式复制后单元格地址的相对有规律变化
- 不同工作表及不同工作簿数据的引用

4.3.1　Excel 公式

1. 公式

所谓公式,是指以"="开头,由常量、单元格或引用的单元格区域、名称、函数和运算符等组成的表达式。其中"="并不是公式本身的组成部分,而是系统识别公式的标志。

当我们需要将工作表中的数据进行总计、平均、汇总以及其他更为复杂的运算时,可以在单元格中设计一个公式或函数,把计算的工作交给 Excel 去做,不但省事,而且可以避免出错,数据修改后,公式的计算结果也自动更新。

2. 公式的输入

在 Excel 2013 中输入公式的方法与文本的输入方法类似,具体步骤为:选择要输入公式的单元格或与其相对应的编辑栏,先输入"="符号,然后输入公式内容,按 Enter 键即可得出计算结果。如图 4-3-1 与图 4-3-2 所示。

注意:输入公式并确认后,在单元格中显示的是公式的计算结果而不是公式本身,公式

图 4-3-1　公式输入

图 4-3-2　公式计算结果

只在编辑栏中显示。

3. 公式的编辑

已经输入到单元格中的公式,可以根据需要进行各种编辑操作,主要包括修改公式和复制公式。

1) 修改公式

要对公式进行修改,可以通过以下两种方式进入到编辑公式的状态。

(1) 双击单元格或在单元格中按 F2 键,可以在单元格内部直接编辑公式的内容。

(2) 选择要编辑公式的单元格,然后单击编辑栏,可以在编辑栏中编辑公式的内容。

2) 复制公式

公式复制会产生单元格地址的变化,会对结果产生影响。Excel 会自动地调整所有复制的单元格的相对引用位置,使这些引用位置替换为新位置中的相应单元格。

复制公式时先选择要复制公式的单元格,将其复制到"剪贴板"上,该单元格边框为虚线,如图 4-3-3 所示;然后选中目标位置的单元格,将公式"粘贴"到该单元格中,粘贴后目标单元格的结果与复制的单元格的结果可能不同,这是因为在复制公式时,只是复制了公式的结构,而不是复制公式的结果,如图 4-3-4 所示。

图 4-3-3　公式复制

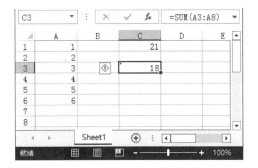

图 4-3-4　公式复制结果

如果目标单元格与复制的单元格是连续的,可以通过拖动包含公式的单元格右下角的填充柄,快速地复制同一公式到其他单元格中并得出计算结果,如图 4-3-5 所示。

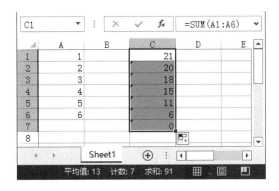

图 4-3-5　公式的快速复制

【案例 4-6】　打开 Excel4-6. xlsx 工作簿,在"第一学期成绩表"中完成"总分"的计算。

案例实现

① 选中 F3 单元格,输入公式"=C3+D3+E3",按 Enter 键。

② 将鼠标移动到 F3 单元格填充手柄,并向下拖动直到最后一行,即可求出所有学生的总分,如图 4-3-6 所示。

	A	B	C	D	E	F	G
1	学生成绩表						
2	学号	姓名	大学英语	微积分	计算机基础	总分	
3	201213501	高文德	90	70	75	235	
4	201213502	窦海	78	66	92	236	
5	201213503	郭海英	68	48	83	199	
6	201213504	王一一	74	78	90	242	
7	201213505	翟丹	76	84	64	224	
8	201213506	陈秀	80	62	81	223	
9	201213507	王小荣	52	80	98	230	
10	201213508	张培培	68	74	93	235	
11	201213509	樊风霞	72	56	90	218	
12	201213510	纪梅	96	82	86	264	
13							

图 4-3-6　案例 4-6 计算结果

4.3.2 单元格引用

单元格引用是一种从 Excel 中提取有关单元格数据的方法。在使用公式时,允许使用单元格的地址代表相对应单元格的数据。当公式中某个单元格的数据改变时,则公式的值也将随之改变。通过使用单元格引用,在一个公式中可以使用工作表不同单元格的数据,还可以使用同一工作簿上其他工作表中的数据,甚至是其他工作簿的数据。一个单元格引用是由单元格所在位置的列标、行号构成。使用公式的重点是能够在公式中灵活地使用单元格引用。单元格引用包括相对引用、绝对引用和混合引用。

1. 相对引用

相对引用是指把一个含有单元格地址的公式复制到一个新的位置时,公式中的单元格地址会随着改变。例如,在图 4-3-7 所示的 D1 单元格的公式"＝A1＋A2＋A3",复制到图 4-3-8 所示的 D3 单元格时,由于是相对引用,其公式变成了"＝A3＋A4＋A5",公式随着行的变化而相应改变。

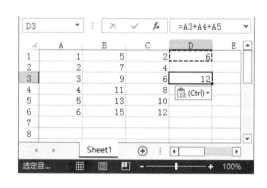

图 4-3-7　相对引用复制　　　　　　　　图 4-3-8　相对引用的公式复制结果(一)

若将 D1 单元格的公式拖动到 E1 单元格(复制到 E1 单元格),其公式变成了图 4-3-9 所示的"＝B1＋B2＋B3",即公式随着列变化而自动改变。

若将 D1 单元格的公式复制到 E3 单元格,则公式变成了图 4-3-10 所示的"＝B3＋B4＋B5",公式随着行、列变化而同时自动改变,计算结果也随之发生改变。

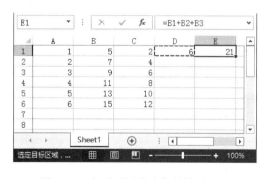

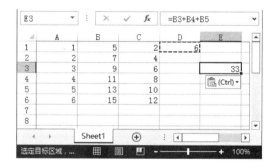

图 4-3-9　相对引用公式复制结果(二)　　　　图 4-3-10　相对引用公式复制结果(三)

通过上面的例子可以看出,在输入公式时,公式所在单元格与所引用的单元格之间建立了一种相对位置联系。当公式被复制到其他位置时,公式中的单元格引用地址也相应的调整,使目的单元格和引用单元格之间的相对位置保持不变,这就是相对引用。掌握并充分利用相对引用可以简化、方便表中数据计算,提高数据处理效率。

2. 绝对引用

若希望在复制公式时,公式中引用的单元格地址不发生变化,这就要使用绝对引用。采用绝对引用时,其单元格列标、行号之前必须加上"＄"符号,如＄C＄3、＄F＄6等。含有绝对引用的公式无论粘贴到哪个单元格,所引用的始终是同一个单元格地址。例如,在图 4-3-11所示的在 D1 单元中输入公式"＝＄A＄1＋＄A＄2＋＄A＄3",回车后,D1 单元的计算结果是6,将 D1 单元格的公式复制到 E3 单元格,公式内容仍然是"＝＄A＄1＋＄A＄2＋＄A＄3"。不论将公式复制到哪个单元格,其公式内容及结果均保持不变,这种引用称为绝对引用。

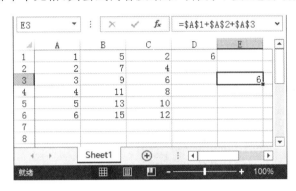

图 4-3-11　绝对引用

3. 混合引用

在复制公式时,有时需要单元格的行变而列保持不变,有时却需要单元格的列变而行保持不变,这种在公式中既有相对引用,又有绝对引用的形式,就是混合引用。例如,在图 4-3-12 所示的 D1 单元中输入公式"＝＄A1＋A＄2",回车后,D1 单元格的计算结果是3,将 D1 单元格的公式复制到 E3,由于是混合引用,其公式内容变为"＝＄A3＋B＄2",其计算结果也发生相应的变化。

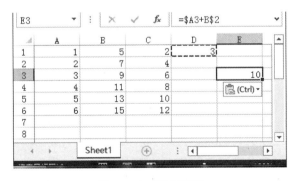

图 4-3-12　混合引用

4. 不同工作表数据引用

在上述公式引用中,若公式中引用的是同一工作簿中其他工作表的某个单元格地址,则应在单元格地址前加工作表的名称,其格式如下。

<工作表名!><列标><行号>

如公式"=(单价表!$C3－单价表!$B3)＊销量表!E3",注意用感叹号"!"将工作表引用和单元格引用隔开。其具体的操作方法与引用格式详见教学案例4-7。

【**案例 4-7**】 打开 Excel4-7.xlsx 工作簿,在"总销量"工作表中完成各职工销售量的计算。

在"Excel4-7"工作簿中有 4 个工作表,前 3 个表记录了各职工销售各种品牌电视机的销售量,要求完成第 4 个表"总销量"的计算。

案例实现

① 打开"销量统计"工作簿,选择"总销量"工作表。

② 在 C2 单元格中输入公式"=海信!C2+夏普!C2+TCL!C2",然后确定。

③ 将鼠标移动到 C2 单元格填充手柄并向下拖动直到最后一行,即可求出所有职工总销量的计算,如图 4-3-13 所示。

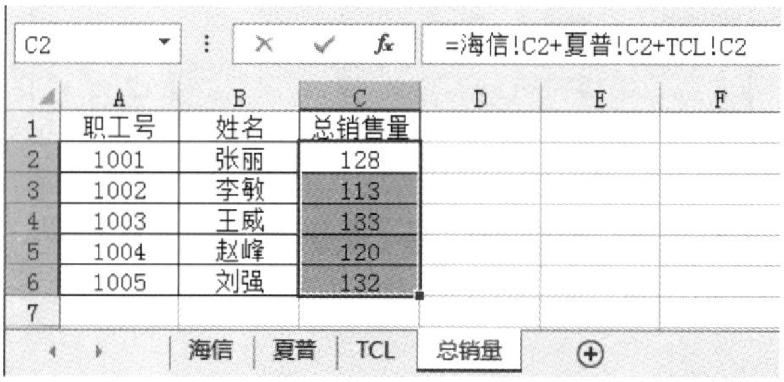

图 4-3-13 案例 4-7 计算结果

④ 保存工作簿。

5. 不同工作簿数据引用

若公式中引用的是不同工作簿中某个工作表中的单元格地址,则应在单元格地址前加相应的工作簿名与工作表名,其格式如下。

<[工作簿名.xlsx]><工作表!><列标><行号>

具体的操作方法与引用格式详见教学案例4-8。

【**案例 4-8**】 通过"1 月份"、"2 月份"、"3 月份"工作簿的数据,完成各职工"1 季度"销售量的统计。

案例实现

① 分别打开名称为"1 月份.xlsx"、"2 月份.xlsx"、"3 月份.xlsx"及"Excel4-3-3.xlsx"的工作簿,这几个工作簿中分别存放的是 1 月、2 月、3 月及一季度的销量数据。

② 在"Excel4-3-3.xlsx"工作簿中选择"销量"工作表,在 C2 单元格中输入公式"=[1 月份.xlsx]销量!C2+[2 月份.xlsx]销量!C2+[3 月份.xlsx]Sheet1!C2"后确认。

③ 将鼠标移动到 C2 单元格填充手柄并向下拖动直到最后一行,即可求出所有职工上半年的销售量,如图 4-3-14 所示。

④ 保存工作簿。

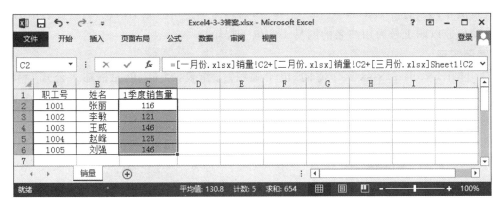

图 4-3-14　案例 4-8 计算结果

4.3.3　公式中的运算符及优先级

运算符是对公式中的元素进行特定类型的运算。Excel 2013 中包含了 4 种类型的运算符：数学运算符、比较运算符、文本运算符和引用运算符。

1. 数学运算符

数学运算符包括＋(加)、－(减)、*(乘)、/(除)、ˆ(乘方)和％(百分比)等。

2. 比较运算符

比较运算符包括＝(等于)、>(大于)、<(小于)、>=(大于等于)、<=(小于等于)和<>(不等于)。使用这些运算符可比较两个数据的大小、相等与不等,当比较的条件成立时,其计算结果为 TRUE(真),否则为 FALSE(假)。

3. 文本运算符

文本运算符"&"用于连接两段文本,以便产生一段连续的文本。

4. 引用运算符

引用运算符包括区域运算符":"(冒号),生成对两个引用之间所有单元格的引用。如B5:B15;联合运算符","(逗号),将多个引用合并为一个引用,例如,SUM(B5:B15,D5:D15);交集运算符" "(空格),生成对两个引用中共有的单元格的引用,如 B7:D7 C6:C8。

5. 运算符的优先级

如果公式中同时用到多个运算符,Excel 2013 将会依照运算符的优先级来依次完成运算。如果公式中同时包含相同优先级的运算符时,将从左向右进行计算,也可通过()改变原有运算的优先级。表 4-3-1 从上到下按照从高到低的次序给出了运算符的优先级别,其中同行为相同优先级。

表 4-3-1　运算符优先级

运　算　符	说　　明	运　算　符	说　　　明
":"(冒号)","(逗号)" "(空格)	引用运算符	*和/	乘和除
－	负号	＋和－	加和减
％	百分比	&	连接两个文本字符串
^	乘幂	＝ < > <= >= <>	比较运算符

常用办公软件的电子表格 *Excel*

【**案例 4-9**】 打开 Excel4-9.xlsx 工作簿，内容为某公司的职工信息，根据此表中的职工号，自动生成以职工号为用户名的网易 163 电子邮箱。

案例实现

① 打开 Excel4-9.xlsx 工作簿的"电子邮箱"工作表，在 C2 单元格输入公式"＝A2&"@163.com""，并向下复制填充，即完成以职工号为用户名的网易 163 电子邮箱的设置，如图 4-3-15 所示。

图 4-3-15　案例 4-9 计算结果

② 保存工作簿。

4.3.4　自动计算与简单函数应用

函数是 Excel 预先定义好的公式，Excel 2013 有大约 300 多个函数，其中包括常用函数、财务、统计、文字、逻辑、查找与引用、日期与时间、数学与三角函数等。函数的语法形式如下。

函数名称(参数 1，参数 2，……)

其中参数可以是常量、单元格引用、名称或其他函数。

选择"公式"选项卡，系统显示如图 4-3-16 所示的"函数库"组功能项。

图 4-3-16　"函数库"组功能项

用户可以选择相应的函数。也可以单击 fx（插入函数）按钮，在图 4-3-17 所示的"插入函数"对话框中选择相应的函数。该函数的格式与功能说明就显示在"选择函数"下拉框的下面，阅读其内容，可以学习、掌握各种函数的格式和功能。若要进一步了解各函数的详细用法，请使用 Office 的帮助功能。例如，按 F1 键或单击"帮助"按钮，在"帮助"窗口中选择"函数参考"，进一步选择函数类别，帮助系统将显示 IF 函数的格式、功能、详细的用法介绍

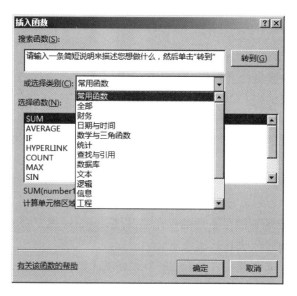

图 4-3-17 "插入函数"对话框

和应用举例。

1. 常用函数

由于诸如财务、统计、文字、逻辑、查找与引用等需要涉及相关的财务、统计等专业知识，因此在此只介绍一些常用的函数。

1）数学函数

（1）取绝对值函数 ABS。

格式：ABS(number)

功能：返回数字的绝对值，绝对值没有符号，如 ABS(-3.56)＝3.56。

（2）四舍五入函数 ROUND。

格式：ROUND(number,num_digits)

功能：按 Num_digits 指定的位数，对 Number 进行四舍五入。如 ROUND(2.15,1)＝2.2，ROUND(21.5,-1)＝20 等。

（3）取整函数 INT。

格式：INT(number)

功能：向下取舍入后的整数值，如 int(3.56)＝ 3,int(-3.56)＝-4。

（4）取余数函数 MOD。

格式：MOD(number,divisor)

功能：返回 number/divisor 余数，如 mod(5,2)＝1。

（5）求平方根函数 SQRT。

格式：SQRT(number)

功能：返回 number 的平方根，如 SQRT(16)＝4。

（6）求和函数 SUM。

格式：SUM(n1,n2,n3,…)

功能：返回 n1,n2,n3,…求和，如 sum(1,3,5)＝9。

常用办公软件的电子表格 *Excel*

2）统计函数

（1）求平均数函数 AVERAGE。

格式：AVERAGE(n1,n2,n3,…)

功能：返回参数中数值的平均值，例如，AVERAGE(1,3,5)＝3。

（2）求单元格个数函数 COUNT。

格式：COUNT(valuel,value2,…)

功能：返回包含数字的单元格个数或包含参数列表中的数字个数，但只有数字类型的数据才被计算。例如，COUNT(2,4,1/2,"中国",5) ＝ 4。

（3）条件计数 COUNTIF。

格式：COUNTIF(range,criteria)

其中，range 为需要计算满足条件的单元格区域，criteria 确定哪些单元格将被计算在内的条件，其形式可以为数字、表达式或文本。

功能：计算指定区域中满足给定条件的单元格的个数。

例如，A1:A4 单元的值为 1、2、3、4，则 COUNTIF(A1:A4,"＞2")＝2。

（4）求最大、最小值函数 MAX、MIN。

格式：MAX(number,number2,…)、MIN(number,number2,…)

功能：返回一组数值或单元格区域中最大值、最小值。如 MAX(2,4,6,8)＝ 8、MIN(2,4,6,8)＝ 2。

3）文本函数

（1）求左子串函数 LEFT。

格式：LEFT(text,[num_chars])

其中，text 是要提取字符的文本（字符串）。Num_chars 指定要提取的字符数。num_chars 必须大于或等于 0。如果 num_chars 大于文本长度，则返回所有文本。若省略 num_chars，则隐含值为 1。

功能：返回指定义本中的前几个字符。例如，LEFT("中国大连",2)＝"中国"。

（2）求子串函数 MID。

格式：MID(text,start_num,num_chars)

其中，text 是要提取字符的文本。start_num 是要提取字符的起始位置。num_chars 指定从文本中提取的字符个数。

功能：从指定文本中提取由指定字符开始的若干个字符。例如，MID("中国大连",2,2)＝"国大"。

若 start_num 大于文本长度，则 MID 返回错误值♯VALUE！；若 start_num 小于文本长度，但 start_num 加上 num_chars 超过了文本的长度，则 MID 只返回至多直到文本末尾的字符；若 start_num 小于 1 或是负数，则 MID 返回错误值♯VALUE！。

（3）求右子串函数 RIGHT。

格式：RIGHT(text,[num_chars])

其中，text 是要提取字符的文本；num_chars 指定要提取的字符数；num_chars 必须大于或等于 0；若 num_chars 大于文本长度，则返回所有文本；若省略参数 num_chars，则隐含其为 1。

功能：返回指定文本中后几个字符。例如，"RIGHT("中国大连",2)＝"大连""。

（4）求文本串长度函数 LEN。

格式：LEN(text)

其中，text 是要计算其长度的文本。空格也将作为字符进行计数。

功能：返回文本（字符串）中的字符个数。LEN("中国大连")＝4。

（5）去空格函数 TRIM。

格式：TRIM(text)

其中，text 需要清除空格的文本，只能清除文本中前、后导空格，不能清除中间的空格。

功能：清除文本中所有前、后导的空格。例如，"LEN(TRIM("中国大连"))＝4"。

4）日期时间函数

（1）求日期函数 DATE。

格式：DATE(year,month,day)

其中，year 表示年份数字，Month 表示月份的数字，Day 表示该月中第几天的数字。若 day 大于该月份的最大天数，则将从指定月份的第一天开始往上累加。例如，"DATE(2008,1,35)"返回代表 2008 年 2 月 4 日的序列号。

功能：返回代表特定日期的序列号。如果在输入函数前，单元格格式为"常规"，则结果将设为日期格式。例如，"DATE(2008,1,35)＝2008-2-4"，其结果的数据类型是日期。

（2）求系统当前日期时间函数 NOW。

格式：NOW()

功能：返回系统当前的日期时间序列。例如，"NOW()＝2008-4-14 16:50"。

（3）求系统当前时间函数 TIME。

格式：TIME(hour,minute,second)

功能：返回系统当前的时间序列。例如，"TIME(15,4,5)＝3:04 PM"。

5）逻辑函数

（1）求反函数 NOT。

格式：NOT(logical)

其中，logical 为一个可以计算出 TRUE 或 FALSE 的逻辑值或逻辑表达式。

功能：如果逻辑值为 FALSE，函数 NOT 返回 TRUE；如果逻辑值为 TRUE，函数 NOT 返回 FALSE。例如，"NOT(3＋5＞10)"函数的返回值为 TRUE。

（2）"与"函数 AND。

格式：AND(logical1,logical2,…)

其中，logical1,logical2,…是 1 到 255 个待检测的条件，其值可以为 TRUE 或 FALSE。

功能：所有参数的逻辑值为真时，返回 TRUE；只要一个参数的逻辑值为假，即返回 FALSE。例如，"AND(3＋5＞10,3＋5＝8)"函数的返回值是 FALSE。

（3）"或"函数 OR。

格式：OR(logical1,logical2,…)

其中，logical1,logical2,…是 1 到 255 个待检测的条件，其值可以为 TRUE 或 FALSE。

功能：只要有一个参数逻辑值为真，返回 TRUE；所有参数的逻辑值为假，即返回 FALSE。例如，"OR(3＋5＞10,3＋5＝8)"函数的返回值是 TRUE。

常用办公软件的电子表格 Excel

（4）条件判断函数 IF。

格式：IF(logical_test,value_if_true,value_if_false)

其中，logical_test 表示计算结果为 TRUE 或 FALSE 的逻辑表达式，value_if_true 是 logical_test 为 TRUE 时返回的表达式值，value_if_false 是 logical_test 为 FALSE 时返回的表达式值。

功能：根据对指定条件的计算结果为 TRUE 或 FALSE，返回不同的结果。可以使用 IF 对数值和公式执行条件检测。例如，"IF(3＋5＞10,3－5,3＋5)"函数的返回值是 8。

2. 在公式中使用函数

函数是公式的重要组成部分，所以函数的输入可以像公式一样直接输入，在公式中需要函数的位置直接输入函数名及相关参数；另一种方法是选择"公式"选项卡的"函数库"组中的相应函数，或单击 fx（插入函数）按钮，在插入函数对话框中选择相应的函数。

3. 自动求和

自动求和函数 SUM 是 Excel 中使用最多的函数之一，Excel 提供了自动求和功能用以快捷地输入 SUM 函数。如果对一个区域中各行数据分别求和，首先选定要计算区域（行）

图 4-3-18 "自动求和"菜单

右侧一列单元格，然后单击"$\sum$ 自动求和"按钮，再选择计算功能，如图 4-3-18 所示，则该行数据之和显示在右侧一列的单元格中。同样的方法，可以对一个区域中的各列数据分别求和，不同的是，首先要选择计算区域（列）的下方一行的单元格。也可以使用自动求和计算平均值、计数、最大、最小值等。

4. 自动计算

有时只是需要对表格中数据做一些简单计算，且不需要保留计算结果。采用公式、函数计算比较烦琐，使用自动计算功能更加简单。操作方法是：鼠标指向状态栏，右击，在快捷菜单中，设置要执行的自动计算功能。然后选定要计算的单元格区域，计算结果将在状态栏中显示出来，其结果可以包括选定区域数据值的总和、平均值、最小值、最大值、计数等。

注意："自动计算"与"自动求和"功能的不同之处是，"自动计算"的结果不能保留，取消所选区域后计算结果自动消失。而"自动求和"的计算结果可以保留在所选区域的下一个单元或右侧单元。

【案例 4-10】 打开 Excel4-10. xlsx 工作簿，内容为某公司采用的计件工资制一月份的计件完成件数，请完成下列操作。

（1）公司规定的每月完成的计件数为 70 件，每件工资为 25 元。请在"完成情况"列，利用公式判断出每个职工是否完成规定件数（"完成"或"未完成"）。

（2）计算出工资列每个职工的工资数。

（3）奖金列的计算依据是：超出公司规定计件数（70）的部分每件按 2 元计算，没有达到公司规定计件数的奖金为 0。

（4）用自动计算方法计算工资列和奖金列的总和、平均值、最小值、最大值及职工人数。

案例实现

① 打开 Excel4-10.xlsx 工作簿，在“1 月份计件汇总”表中选中 D2 单元格，输入公式“=IF(C2>=70,"完成","未完成")”并向下复制填充即可获得职工完成情况，如图 4-3-19 所示。

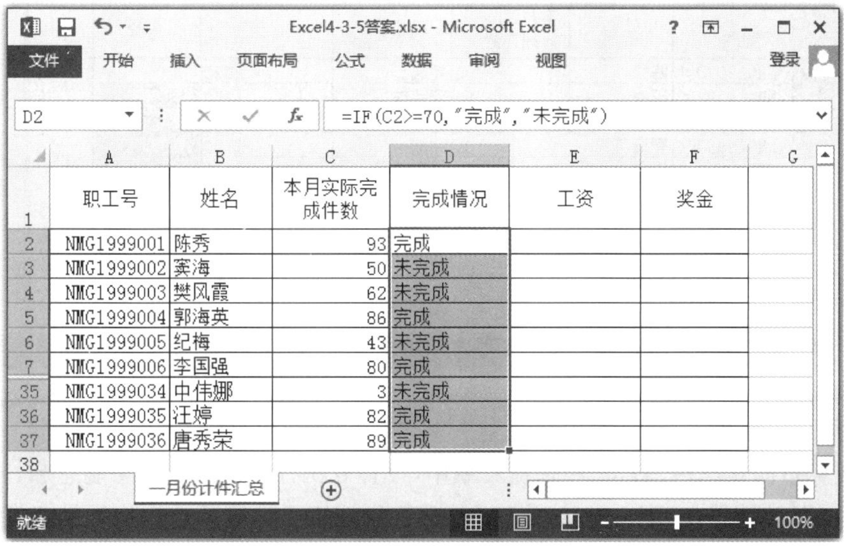

职工号	姓名	本月实际完成件数	完成情况	工资	奖金
NMG1999001	陈秀	93	完成		
NMG1999002	窦海	50	未完成		
NMG1999003	樊风霞	62	未完成		
NMG1999004	郭海英	86	完成		
NMG1999005	纪梅	43	未完成		
NMG1999006	李国强	80	完成		
NMG1999034	中伟娜	3	未完成		
NMG1999035	汪婷	82	完成		
NMG1999036	唐秀荣	89	完成		

图 4-3-19　计算“完成情况”公式

② 将鼠标移动到 E2 单元格，输入公式“=C2*25”，并向下复制填充，即可计算出职工的工资，如图 4-3-20 所示。

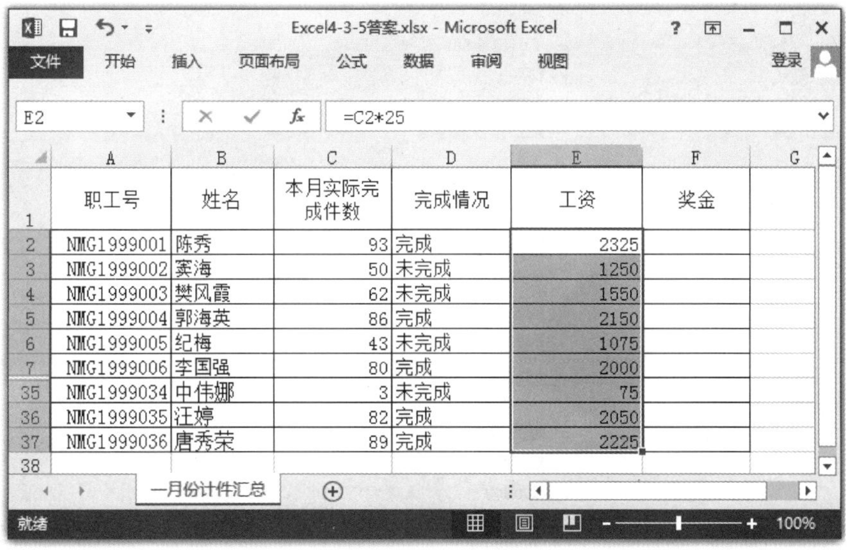

职工号	姓名	本月实际完成件数	完成情况	工资	奖金
NMG1999001	陈秀	93	完成	2325	
NMG1999002	窦海	50	未完成	1250	
NMG1999003	樊风霞	62	未完成	1550	
NMG1999004	郭海英	86	完成	2150	
NMG1999005	纪梅	43	未完成	1075	
NMG1999006	李国强	80	完成	2000	
NMG1999034	中伟娜	3	未完成	75	
NMG1999035	汪婷	82	完成	2050	
NMG1999036	唐秀荣	89	完成	2225	

图 4-3-20　计算职工工资公式

③ 选中 F2 单元格中，输入公式“=IF(C2<=70,0,(C2-70)*2)”，并向下复制填充，即可计算出职工的奖金，如图 4-3-21 所示。

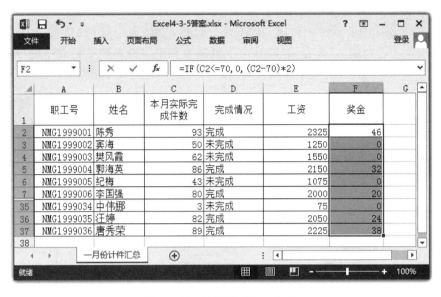

图 4-3-21　计算职工奖金公式

④ 鼠标指向状态栏，右击，在快捷菜单中，设置要执行的自动计算功能总和、平均值、最小值、最大值、计数等，如图 4-3-22 所示。然后分别选定要计算的单元格区域工资列和奖金列，计算结果将在状态栏中显示出来，如图 4-3-23 及图 4-3-24 所示。

图 4-3-22　状态栏快捷菜单设置

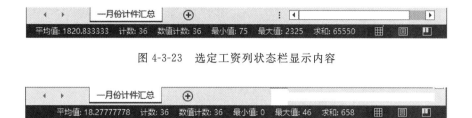

图 4-3-23　选定工资列状态栏显示内容

图 4-3-24　选定奖金列状态栏显示内容

⑤ 保存工作簿。

4.4　Excel 数据处理与分析

📖 **本节重点和难点：**

重点：

- 数据排序与筛选
- 数据的分类汇总
- 图表的制作
- 数据透视表和透视图

难点：

- 多条件下的数据筛选
- 图表的编辑与格式化

4.4.1　排序与筛选

1. 数据排序

工作表中的数据输入完成后,表中数据的顺序是按输入数据的先后次序排列的,若要使数据按照用户要求指定的顺序排列,就要对数据进行排序。可以通过"数据"选项卡中"排序与筛选"功能组的排序命令或快捷菜单中的排序命令操作。

1)简单数据排序

只按照某一列数据为排序依据进行的排序称为简单排序。例如,对计算机基础成绩单按总评成绩降序排列。

操作方法如下。

鼠标指向总评成绩所在列的任意单元,选择"数据"选项卡中"排序与筛选"功能组的"降序"排序按钮,或在快捷菜单中选择"排序"菜单项中的"降序",即可实现按总评成绩从高到低的排序功能,如图 4-4-1 所示。

2)复杂数据排序

有些情况下简单排序不能满足要求,需要按照多个排序关键字进行排序,可采用"自定义排序"。单击"数据"|"排序和筛选"|"排序",首先确定主要关键字,然后再确定次要关键字,以此类推。

排序的基本规律是,首先按第一个字段排序,第一个字段中相同的按第二个字段排,第

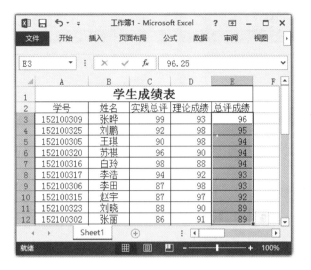

图 4-4-1　简单排序

二个字段中相同的按第三个字段排序,以此类推。如果第一个字段中没有相同的,第二个字段或第三个字段排序不起作用,例如,对计算机基础成绩单按总评分降序排序,总评分相同的按实验成绩降序排序,可在图 4-4-2 的对话框中进行排序设置。

图 4-4-2　自定义排序

2. 筛选数据

数据筛选是指一种用于查找数据清单中数据的快速方法,经过筛选后的数据清单只把工作表中符合要求的数据显示出来,其他不符合要求的数据,系统会自动隐藏起来。Excel数据筛选功能包括自动筛选、自定义筛选及高级筛选 3 种方式。

1) 自动筛选

使用自动筛选时,可单击"数据"|"排序和筛选"|"筛选"命令。

自动筛选可以按当前列的数据进行筛选,单击黑色箭头按钮,选择条件即可。

如使用"自动筛选"功能筛选"产品份额统计表"中所有达标的产品信息,就可以单击达标与否的箭头,勾选达标,就可以完成查找,如图 4-4-3 所示。

2) 自定义筛选

在实际应用中,有些筛选的条件值不是表中已有的数据,所以需要打开对话框后,由用户提供相应的信息后再筛选。如在计算机基础成绩单中查找"总评成绩"在 90 以上的学生,可以单击"总评成绩"的箭头,选择"数字筛选"|"大于或等于",如图 4-4-4 所示,弹出

图 4-4-3　自动筛选

图 4-4-4　按数字筛选

常用办公软件的电子表格 Excel

图 4-4-5 所示的对话框。在该对话框中设置筛选条件大于或等于 90,单击"确定"按钮,即可筛选出图 4-4-6 所示的记录。

图 4-4-5 自定义自动筛选方式

图 4-4-6 自定义自动筛选结果

在自定义筛选中也可以进行下面的筛选。

- 前 10 项
- 高于平均值
- 低于平均值

3)取消筛选

(1)取消筛选,恢复筛选前的数据(取消隐藏),单击已进行过筛选的按钮,在其下拉菜单中选择"全部"或"从 ** 中清除筛选",此刻,显示所有筛选之前的数据,但保留所有列标题中的"自动筛选"按钮。

(2)取消筛选按钮,直接单击"排序和筛选"组中的"筛选"按钮,可以取消所有列标题中的"自动筛选"按钮,同时,还原筛选之前的数据。

4)高级筛选

如果筛选的条件比较简单,采用自动筛选或自定义筛选就可以了。有时筛选的条件不是很直观、具体,而是很复杂,往往是多个条件重叠,若执行更复杂的筛选,使用高级筛选会更方便。单击"数据"|"排序和筛选"|"高级",可打开"高级筛选"对话框,如图 4-4-7 所示。

高级筛选的条件比较复杂,构成复合条件的多个条件之间一般是"或"的关系或者是"与"关系,以计算机基础成绩单的数据为例进行高级筛选。

(1)"或"筛选。筛选出"实验成绩>90"或者"总评成绩>90"的学生信息。这种复合条件的筛选,条件需写在不同的行,效果如图4-4-8所示。

(2)"与"筛选。筛选出"实验成绩>70"且"总评成绩>70"的学生信息。此时条件需写在同一行,效果如图4-4-9所示。

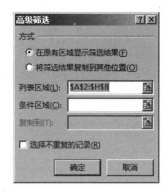

图4-4-7 高级筛选

【案例4-11】 打开Excel 4-11. xlsx工作簿,对表中的"部门"字段进行主要字段升序排序,对"基本工资"字段进行次要字段升序排序,并筛选出信贷部与信息部,且实发工资大于1000元的记录。

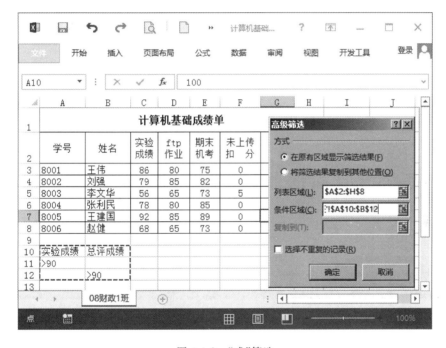

图4-4-8 "或"筛选

案例实现

① 打开Excel 4-11. xlsx工作簿的"人员基本工资"工作表,选择数据区域,单击"数据"|"排序和筛选"|"排序"命令。

② 在主要关键词"部门"次序选升序,次要关键词"基本工资"次序选升序,单击"确定"按钮。如图4-4-10所示。

③ 选择数据区域,单击"数据"|"排序和筛选"|"筛选"命令。单击"部门"的筛选箭头,选择"信贷部"、"信息部",单击"确定"按钮。

④ 单击"实发工资"的筛选箭头,选择"数字筛选"|"大于"输入1000,单击"确定"按钮。可筛选出图4-4-11所示的记录。

常用办公软件的电子表格Excel

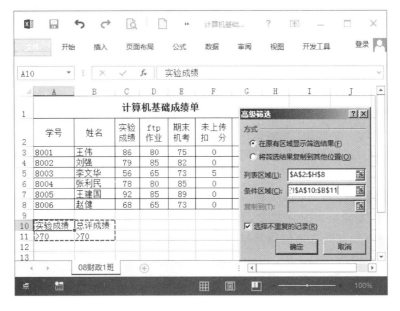

图 4-4-9 "与"筛选

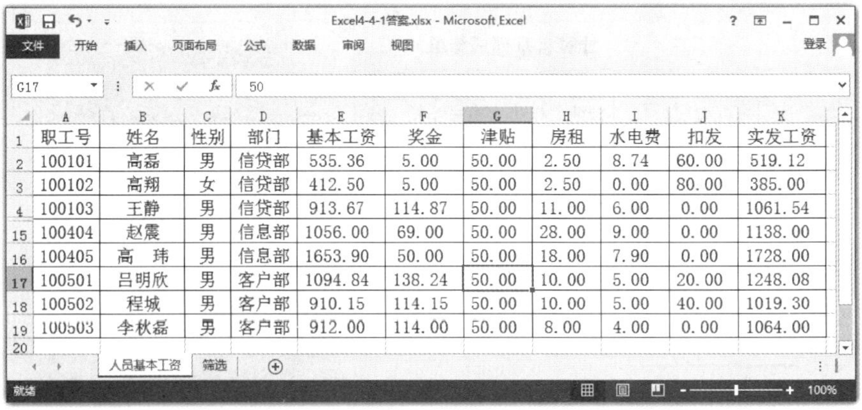

图 4-4-10 案例 4-11 排序结果

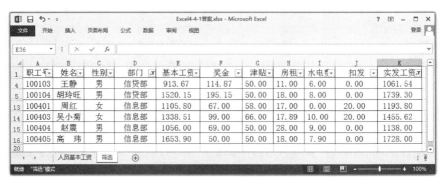

图 4-4-11 案例 4-11 筛选结果

4.4.2 分类汇总

1. 分类汇总的概念

分类汇总是指按某个字段分类,把该字段值相同的记录放在一起,再对这些记录的其他数值字段进行求和、求平均值、计数等汇总运算。操作时要求先按分类汇总的分类字段排序,然后进行分类汇总计算。分类汇总的结果将插入并显示在字段相同值记录行的下边,同时,自动在数据底部插入一个总计行。

2. 创建分类汇总

首先,对分类字段进行排序,排序的目的是要把同类记录放在一起。如果是创建简单的分类汇总,只需按单个字段排序即可,但要创建多级分类汇总,就要按多关键字进行复杂排序。

然后,通过使用"数据"选项卡中"分级显示"选项组中的"分类汇总"命令,在弹出的图 4-4-12 所示的"分类汇总"对话框中进行相应设置,即可得到汇总结果。

如果想对一批数据以不同的汇总方式进行多个汇总,则可再次进行分类汇总,对再次出现的"分类汇总"对话框,取消选中"替换当前分类汇总"复选框,即可叠加多种分类汇总。

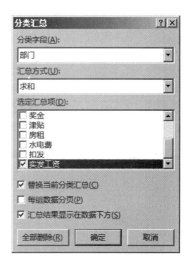

图 4-4-12 "分类汇总"对话框

【案例 4-12】 打开 Excel 4-12. xlsx 工作簿,按部门对实发工资进行汇总。

案例实现

① 打开 Excel 4-12. xlsx 工作簿,首选按分类字段"部门",升序或降序排序。

② 单击"数据"|"分级显示"|"分类汇总",弹出图 4-4-12 所示的"分类汇总"对话框。

③ 分类字段选"部门",汇总方式选"求和",选定汇总项,选"实发工资",确定后即可得图 4-4-13 所示的汇总结果。

4.4.3 图表

在 Excel 2013 中,可以很轻松地创建各种基于工作表数据的二维或三维的具有专业外观的图表,只需选择图表类型、图表布局和图表样式等。

1. 创建图表

对于制作好的数据表格可以为其创建图表,以便对数据进行具体直观的分析。可以将整个数据表格创建为图表,也可以只为选择的数据创建图表。

1) 为整个数据表格创建图表

要为整个数据表格创建图表,只需单击数据表格中任一单元格,在功能区中选择"插入"|"图表",根据要求选择需要的图表类型,当鼠标指针指向要选择的图表类型时,生成图表的预览图,如图 4-4-14 所示。

单击生成图表,在功能区将弹出图片工具的"设计"和"格式"选项卡,同时单击选定图表,在图表右侧出现"图表元素"、"图表样式"和"图表筛选器"功能的图标,均可对图表数据或格式进行设置,如图 4-4-15 所示。

常用办公软件的电子表格 *Excel*

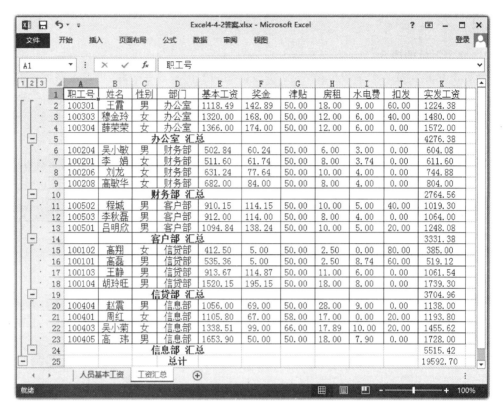

图 4-4-13　"分类汇总"结果

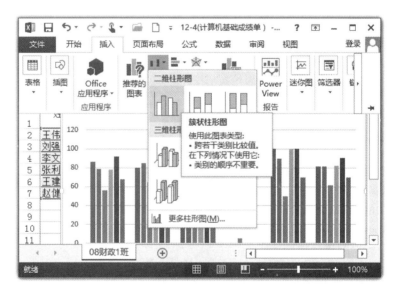

图 4-4-14　生成图表的预览图

2）为选择的数据创建图表

首先选择要建立图表的数据区域，如图 4-4-16 所示，在功能区中选择"插入"|"图表"，根据要求选择需要的图表类型，即可为选择的数据创建图表，如图 4-4-17 所示。

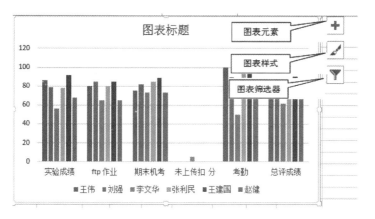

图 4-4-15 设置图表数据/格式

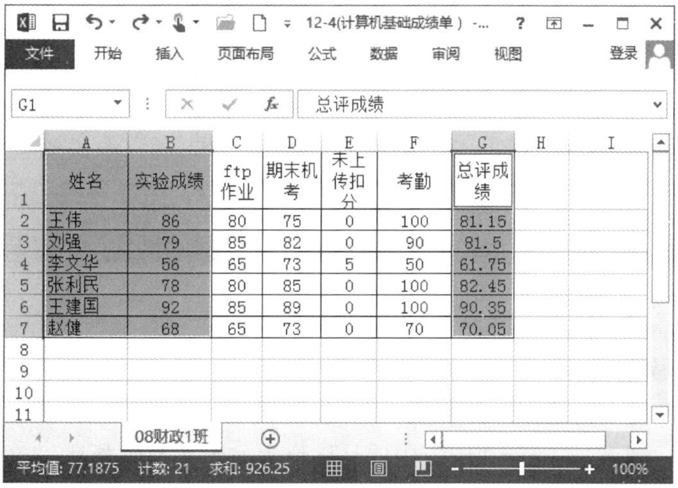

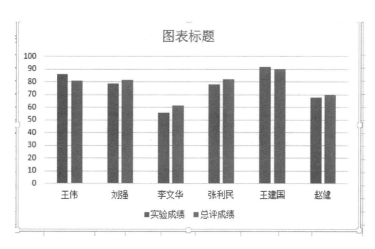

图 4-4-16 选择创建图表的数据区域

图 4-4-17 由选择的数据创建的图表

常用办公软件的电子表格 Excel

2. 图表的快速布局

生成的图表,利用快速布局,可实现图表的一些选项,如图 4-4-18 所示。

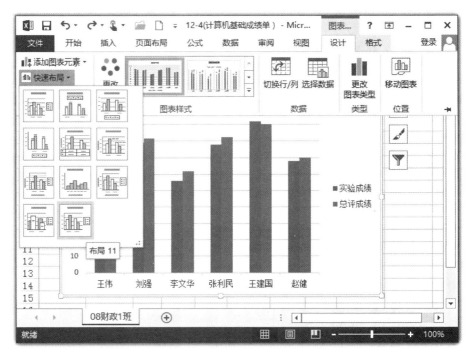

图 4-4-18　图表的快速布局

3. 图表的组成结构

一个创建好的图表由很多部分组成,主要包括图表区、绘图区、图表标题、数据系列、数据标签、图例、坐标轴等,各部分在图表中的具体位置如图 4-4-19 所示。

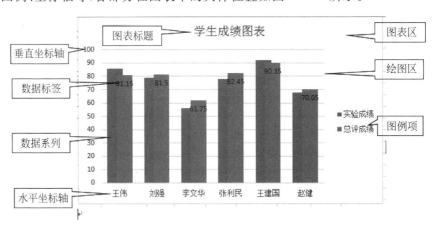

图 4-4-19　图表的组成结构

4. 选择图表元素的方法

使用鼠标可以在图表上快速选择图表元素,如果不确定特定元素位于图表中的准确位置,则需要从图表元素列表中选择该元素。

1）使用鼠标选择图表元素

将鼠标停留在图表元素上方时，Excel 2013 会显示出该元素的名称，以帮助用户查找要选择的图表元素。单击图表中要选择的图表元素，被选择的元素周围将显示控点，如图 4-4-20 所示。

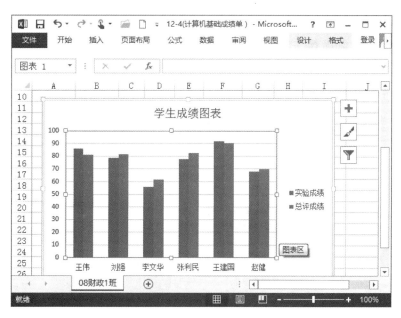

图 4-4-20　使用鼠标选择图表元素

2）从图表元素列表中选择图表元素

从图表元素列表中选择元素的操作为：单击图表区，然后单击功能区的"格式"菜单命令，单击"图表区"的下拉箭头选择所需的图表元素，如图 4-4-21 所示。

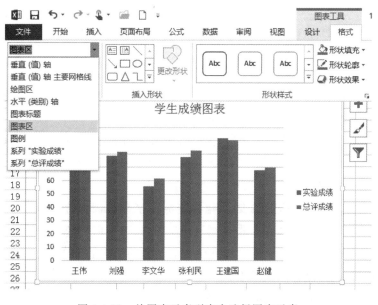

图 4-4-21　从图表元素列表中选择图表元素

常用办公软件的电子表格 Excel

5．图表的编辑

1）更改图表类型

对已创建的图表可以根据使用需要随时改变图表的类型。具体操作为：单击图表任意位置，然后单击功能区的"设计"|"类型"|"更改图表类型"按钮；或右击图表任意位置，在弹出的快捷菜单中选择"更改图表类型"命令，都可以打开图 4-4-22 所示的对话框。在对话框的右侧列表中选择一种图表类型，单击"确定"按钮即可将图表改变为所选的类型。

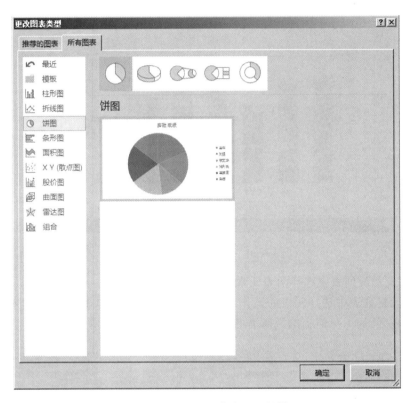

图 4-4-22 "更改图表类型"对话框

2）图表的移动、复制、缩放和删除

图表生成后，激活图表，可以实现下列操作。

（1）移动图表。将鼠标移向图表区，鼠标变成十字箭头，此刻拖动鼠标，可以移动图表；也可以在快捷菜单中选择"移动图表"命令，在对话框中选择图表对象的位置。若是在不同工作簿和工作表之间移动图表，可采用"剪切"与"粘贴"命令。

（2）复制图表。将鼠标移向图表区，鼠标变成十字箭头，此时按下 Ctrl 键并拖动，可以复制图表。若是在不同工作簿和工作表之间移动图表，可采用"复制"与"粘贴"命令。

（3）缩放与调整图表比例。将鼠标移到图表边框，此刻，鼠标变成上、下、左、右箭头及缩放箭头，拖动鼠标，可进行缩放及上、下、左、右比例的调整。

（4）删除图表。使用快捷菜单中的"剪切"命令或按 Del 键，均可以删除图表。

3) 增加和删除图表数据

创建了图表后,图表和创建图表的工作表的数据区域之间建立了联系,当工作表中的数据发生变化时,图表中的对应数据也会自动更新。图表中的某些数据不再需要,也可以被删除,但不影响工作表中的数据。

(1) 删除数据系列。要删除图表数据系列时,只要指向要删除的数据系列,右击,在快捷菜单中选择"删除"命令,如图 4-4-23 所示。

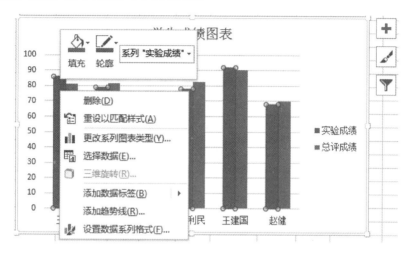

图 4-4-23　删除数据系列快捷菜单

或单击图表任意位置,然后单击功能区的"设计"|"选择数据"按钮,在弹出的"选择数据"对话框中取消要删除数据项的复选对钩,如图 4-4-24 所示,即可把整个数据系列从图表中删除,如删除"实验成绩"数据序列。但工作表中的数据不发生变化,相当于被删除的数据不用图表来表示,即开始选定数据区域时没有选中该数据。

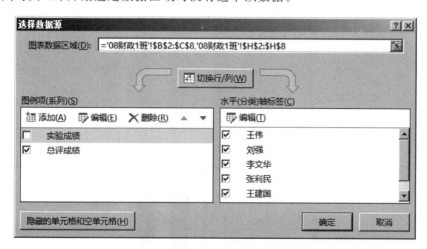

图 4-4-24　"选择数据源"对话框

(2) 添加数据系列。当要给创建的图表添加数据系列时,右击,在快捷菜单中选择"选择数据"命令,在"选择数据源"对话框中选择"添加"命令,在"编辑数据系列"对话框中,分别选择要添加的数据系列的名称及数据所在的单元格区域,如"期末机考"系列,单击"确定"按钮,如图 4-4-25 所示,即可添加数据系列。

4)转换图表的行、列

单击图表任意位置,然后单击功能区的"设计"|"数据"|"切换行/列"按钮,如图 4-4-26 所示。将"学生成绩图表"中的行与列切换,得到图 4-4-27 所示的切换结果。

图 4-4-25 "编辑数据系列"对话框

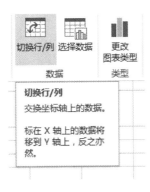

图 4-4-26 切换行列

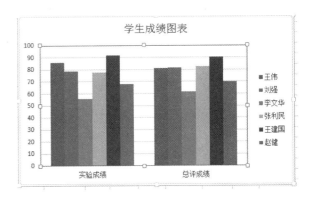

图 4-4-27 变换行、列后的"学生成绩图表"

5)设置图表的数据标签与数据表

数据标签可以显示图表元素的实际值,Excel 2013 默认设置中是不显示数据标签。用户要显示数据标签,可单击生成的图表,在出现的图表工具选项卡上,单击"设计"|"添加图表元素"|"数据标签"或"数据表",如图 4-4-28 及图 4-4-29 所示,即可显示最终效果如图 4-4-30 所示的带数据标签及数据表的图表。

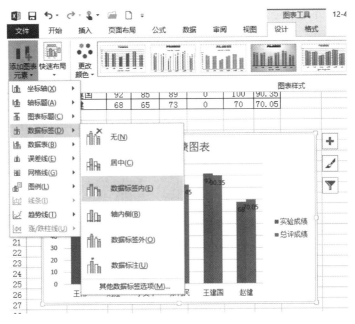

图 4-4-28 添加数据标签

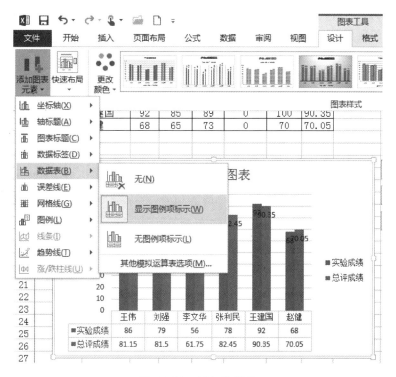

图 4-4-29　添加数据表

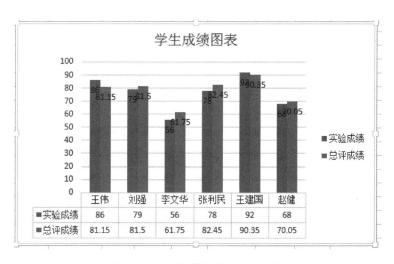

图 4-4-30　添加数据标签后的图表

6. 图表的格式化

图表格式化包括绘图区、图表区、坐标轴、标题、图例中的文字、数值格式、颜色、外观、背景等设置。设置方法：选中要格式化的图表元素，然后采用快捷菜单或在出现的图表工具选项卡上单击"设计"|"当前所选内容"|"设置所选内容格式"，打开相应图表元素格式设置的任务窗格，在任务窗格中选择相应内容进行设计，图 4-4-31 所示为设置坐标轴格式任务窗格。

常用办公软件的电子表格 *Excel*

216

【案例4-13】 打开 Excel 4-13. xlsx 工作簿,根据"产量"工作表的数据,生成图 4-4-32 所示的"产量分析图"。

案例实现

① 打开 Excel 4-13. xlsx 工作簿,选定数据区域(如不选 2013 年一列,则先选车间一列,按 Ctrl 键同时选 2014 年和 2015 年两列)。

② 选择"插入"选项卡,在其"图表"组中,选择图表类型,选择柱形图中的三维柱形图。

③ 单击生成的图表的任意位置,然后单击功能区的"设计"|"图表布局"|"快速布局"|"布局 5"按钮。

④ 单击图表,使其处于激活状态,鼠标变成十字箭头,此时拖动鼠标可以移动图表,将鼠标移向图表的边框,可以调整图表的大小与缩放比例。

⑤ 调整刻度单位,鼠标指向坐标轴,右击,在快捷菜单中选择"设置坐标轴格式"命令,选择"坐标轴选项"中的"主要刻度单位"为"固定"50。

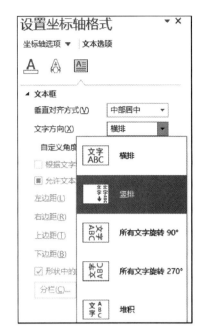

图 4-4-31 "设置坐标轴格式"任务窗格

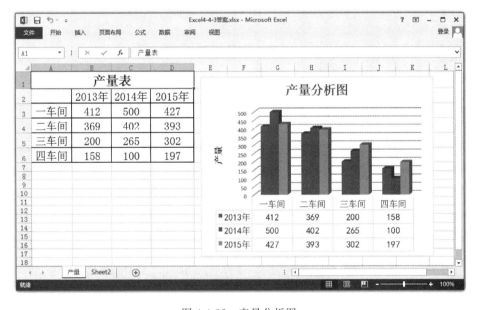

图 4-4-32 产量分析图

⑥ 输入所需的图表标题内容"产量分析图",右击,选字体,设置"黑体"、"加粗"20 磅,分别选横、纵标轴的标题,右击,设置字体为"宋体"、14 磅。

⑦ 单击选中垂直主网格线,在任务窗格中设置为实线。

⑧ 将图表保存在"产量"表中,如图 4-4-32 产量分析图。

4.4.4 数据透视表和透视图

1. 数据透视表与数据透视图的概念

Excel 2013 对数据进行排序、筛选与分类汇总等操作，这些分析数据的方法对于数据量较少的工作表是比较合适的。但是在实际应用中，很多时候都会面对数据量繁杂的工作，而且需要对工作表中的数据进行多种灵活的分析与统计，此时，则可以使用 Excel 2013 提供的强大分析工具——数据透视表来实现。数据透视表最大的特点就是具有非常强的交互性，在创建的数据透视表中，可以根据需要对大量数据快速汇总和建立交叉列表的交互式表格，它不仅可以转换行和列，以便于查看或分析原数据的不同汇总结果，还可以根据用户的要求全面、生动地对原数据进行重新组织和统计，对最有用和最关注的数据子集进行筛选、排序、分组和有条件地设置格式，使用户能够关注所需的信息，为用户提供了一种简单、形象、实用的数据分析工具。

数据透视图以图表形式表示数据透视表中的数据。与数据透视表一样，可以更改数据透视图的布局和数据。数据透视图通常有一个使用相应布局的相关联的数据透视表提供源数据。新建数据透视图时，将自动创建数据透视表。

2. 创建数据透视表和数据透视图教学案例

完成基本数据输入的表格，就可以通过数据透视表向导创建数据透视表了。利用数据透视表，可以生成数据透视图。具体知识点以案例说明。

【案例 4-14】　打开 Excel 4-14.xlsx 工作簿，使用数据透视表与图分别统计、对比各部门男、女职工的平均实发工资，其数据透视表的布局为：以姓名为筛选，"性别"为行，"部门"为列，数据为"实发工资"；根据数据透视表生成数据透视图。

案例实现

① 选中数据区域之后，单击"插入"|"数据透视表"，弹出"创建数据透视表"对话框，在此可选择是在新工作表还是在现有工作表创建数据透视表，如图 4-4-33 所示。

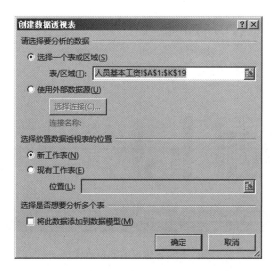

图 4-4-33　创建数据透视表区域

常用办公软件的电子表格 *Excel*

② 在图 4-107 右侧的"数据透视表字段"任务窗格,选择数据透视表的各个字段。将"姓名"拖入"筛选器"中,部门为列,性别为行,实发工资为 ∑ 值,在实发工资处单击下拉箭头,选择值字段设置,计算类型选平均值,即求出实发工资的平均,如图 4-4-34 所示。

图 4-4-34　字段设置完成后的窗口

③ 在数据透视表的工具中单击"分析"|"工具"|"数据透视图",在对话框选择柱形图,生成的数据透视图如图 4-4-35 所示。

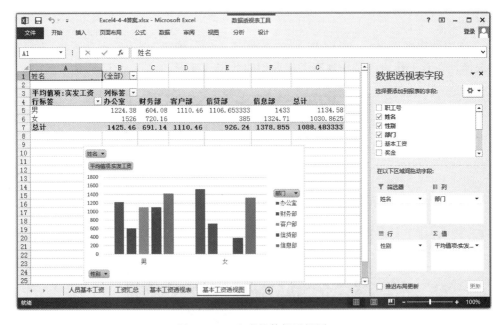

图 4-4-35　生成的数据透视图

④ 对新建立的数据透视图可以使用快捷菜单中的"设置图表区格式"、"更改图表类型"及"选择数据"等命令,或在数据透视图工具上选择"设计"或"格式"选项卡中的相应命令,对

其进行相应的编辑和格式设置。

数据透视图与数据透视表的关系同表与图表的关系相似，修改数据透视表的数据，数据透视图将相应自动调整。

4.5 本章课外实验

4.5.1 工作簿的基本操作

案例描述

建立一个名为“Excelkw4-5-1.xlsx”的工作簿。

重命名 Sheet1 工作表为“销售情况”表，在“销售情况”表中输入图 4-5-1 所示的内容和如图所示的格式；页面格式：采用 A4 纸，横排，采用通页边距，页面设置的“居中方式”，要求“水平”、“垂直”居中，保存在默认路径下，同时设置打开与修改权限密码。

最终效果

本案例效果如图 4-5-1 所示。

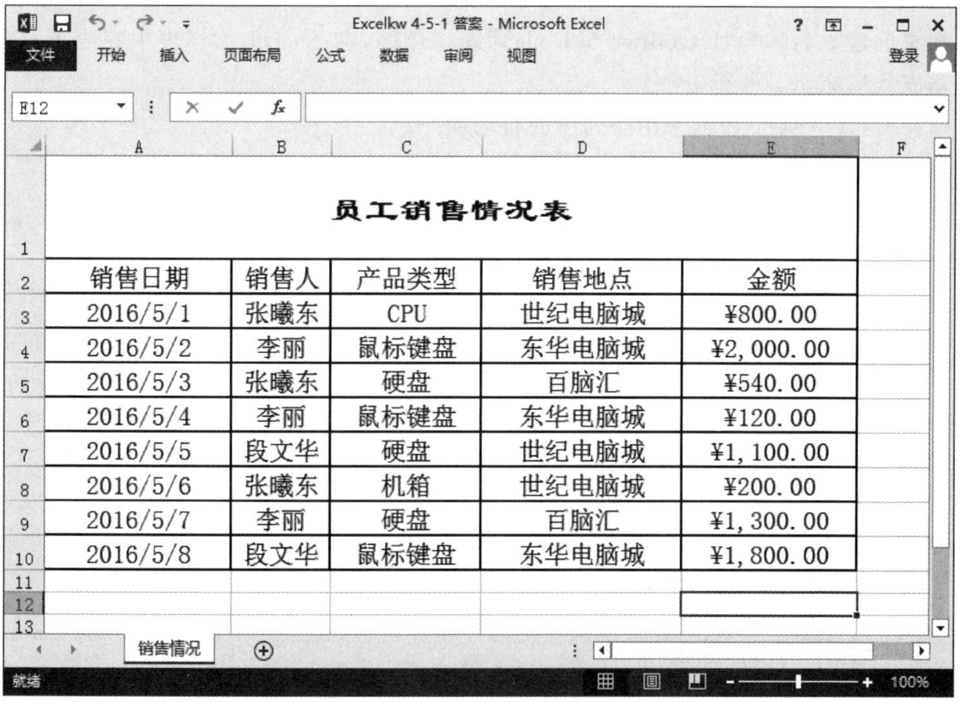

员工销售情况表

销售日期	销售人	产品类型	销售地点	金额
2016/5/1	张曦东	CPU	世纪电脑城	¥800.00
2016/5/2	李丽	鼠标键盘	东华电脑城	¥2,000.00
2016/5/3	张曦东	硬盘	百脑汇	¥540.00
2016/5/4	李丽	鼠标键盘	东华电脑城	¥120.00
2016/5/5	段文华	硬盘	世纪电脑城	¥1,100.00
2016/5/6	张曦东	机箱	世纪电脑城	¥200.00
2016/5/7	李丽	硬盘	百脑汇	¥1,300.00
2016/5/8	段文华	鼠标键盘	东华电脑城	¥1,800.00

图 4-5-1 “销售情况”工作表

4.5.2 产品出库单

案例描述

在桌面建立“Excelkw4-5-2.xlsx”工作簿，将 Sheet1 工作表更名为“产品出库单”，建立图 4-5-2 所示的表格，具体格式在此不作详细要求，用户可根据图示自行设计。

要求：页面采用 B5 纸，横向，普通页边距，先设计出表样(空表)，然后，根据自己的情况填写相关内容。

■ 最终效果

本案例效果如图 4-5-2 所示。

产品出库单

购货单位：　　　　　　　　年　　　月　　　日

产品名称	规格	单位	数量	单价	金额							备注
					十万	百	十	元	角	分		

会计主管：　　　　　记账：　　　　　保管员：　　　　　经手人：

图 4-5-2　产品出库单

4.5.3　数据填充工作表

■ 案例描述

在桌面建立名称为"Excelkw4-5-3.xlsx"的工作簿，在 Sheet1 工作表中完成下列操作，以下填充均填充至 200 行。

(1) A 列(星期)：数据采用序列中的自动填充。

(2) B 列(车牌)：数据采用序列中的自动填充。

(3) C 列(工作日)：数据采用序列中日期的工作日填充。

(4) D 列(等差)：数据采用序列中的等差填充，步长值为 2。

(5) E 列(自定义序列)：数据采用自定义序列填充，内容分别为"海尔、海信、新飞、TCL、夏普、三星"。

(6) F 列(日期)：数据采用序列日期中的按年填充。

(7) G 列(月份)：数据采用序列中的自动填充。

(8) H 列(日期)：按月份进行填充。

(9) 给数据区域加上所有框线。

■ 最终效果

本案例效果如图 4-5-3 所示。

4.5.4　计算存款利息

■ 案例描述

打开"Excelkw4-5-4"工作簿，在"期限与利率"工作表中有年限与利率，如图 4-5-4 所示。"存款数据"工作表中有存款人的信息和数据，根据表中的内容完成如下操作。

根据"存款数据"工作表中的存款期限，在"期限与利率"工作表中找到对应的利率。计算出每个人的存款年利息。

■ 最终效果

本案例素材如图 4-5-4 所示，最终效果如图 4-5-5 所示。

	A	B	C	D	E	F	G	H
1	星期	车牌	工作日	等差	自定义序列	日期	月份	日期按月填充
2	星期一	蒙A1001	2010/7/20	2	海尔	2010/7/20	一月	2010/7/20
3	星期二	蒙A1002	2010/7/21	4	海信	2011/7/20	二月	2010/8/20
4	星期三	蒙A1003	2010/7/22	6	新飞	2012/7/20	三月	2010/9/20
5	星期四	蒙A1004	2010/7/23	8	TCL	2013/7/20	四月	2010/10/20
6	星期五	蒙A1005	2010/7/26	10	夏普	2014/7/20	五月	2010/11/20
7	星期六	蒙A1006	2010/7/27	12	三星	2015/7/20	六月	2010/12/20
8	星期日	蒙A1007	2010/7/28	14	海尔	2016/7/20	七月	2011/1/20
196	星期六	蒙A1195	2011/4/18	390	新飞	2204/7/20	三月	2026/9/20
197	星期日	蒙A1196	2011/4/19	392	TCL	2205/7/20	四月	2026/10/20
198	星期一	蒙A1197	2011/4/20	394	夏普	2206/7/20	五月	2026/11/20
199	星期二	蒙A1198	2011/4/21	396	三星	2207/7/20	六月	2026/12/20
200	星期三	蒙A1199	2011/4/22	398	海尔	2208/7/20	七月	2027/1/20

图 4-5-3　数据填充

图 4-5-4　课外实验 4.5.4 素材——期限与利率

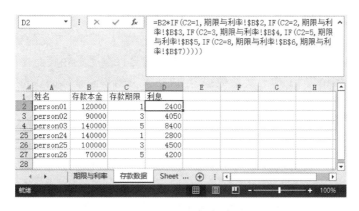

图 4-5-5　课外实验 4.5.4 的最终效果——存款利息

4.5.5　制作销售业绩表

📖 案例描述

打开 Excelkw 4-5-5.xlsx 工作簿,内容为某公司员工产品销售情况。按要求完成下面的操作。

（1）求出每位销售员的全年合计量。

（2）根据每位销售员的全年合计量判断其相应的销售等级。如果销售量达到并超过 800,则为合格;否则为不合格。

常用办公软件的电子表格 Excel

(3) 将销售等级为"不合格"的单元格用红色加粗字体显示。

最终效果

本案例最终效果如图 4-5-6 所示。

	A	B	C	D	E	F	G	H
1	职工号	姓名	1季度	2季度	3季度	4季度	合计	销售等级
2	NMG001	刘欣	226	227	257	231	941	合格
3	NMG002	王金梅	211	204	201	222	838	合格
7	NMG006	衡静	215	165	215	190	785	不合格
8	NMG007	南冰	186	251	252	220	909	合格
22	NMG021	张欣	237	224	210	250	921	合格
23	NMG022	李玉新	162	207	233	147	749	不合格
24	NMG023	于倩	233	239	238	246	956	合格
25	NMG024	韩莉	219	162	215	199	795	不合格
101	NMG100	田杭英	243	224	243	242	952	合格
102								

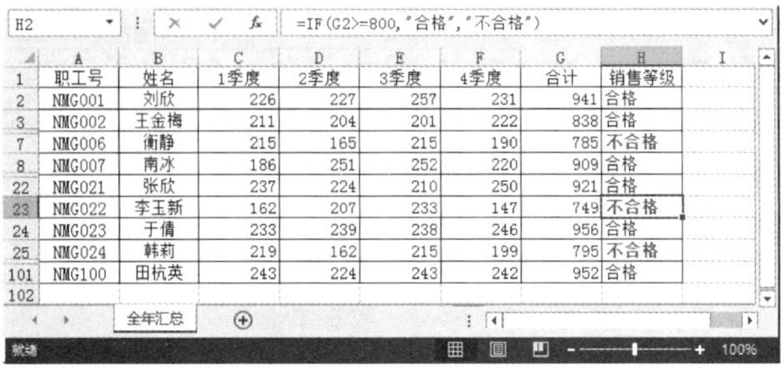

图 4-5-6　课外实验 4.5.5 最终结果

4.5.6　产品销售量统计分析

案例描述

打开 Excelkw4-5-6.xlsx 工作簿,完成以下操作。

(1) 用函数求出"电器销售"表中"销售总金额"字段的值。

(2) 增加"地区按性别排序"、"华北地区"、"华南地区"、"按销售地区分类汇总"和"人员销售总额图表"5 张表,并用"至同组工作表"的方法填充前 4 张表的数据。

(3) 在"地区按性别排序"表中生成地区按性别排序工作表,性别和地区都按升序排序。

(4) 在"华北地区"表中筛选出华北地区的销售数据。

(5) 在"华南地区"表中筛选华南地区且销售总金额大于 300 万元的销售数据。

(6) 在"按销售地区分类汇总"表中,生成按销售地区分类的销售总金额汇总工作表。

(7) 根据"电器销售"工作表所给数据,生成按人员销售总金额的饼形图表,将生成的饼形图复制到"人员销售额图表"的表中。

(8) 根据"电器销售"工作表所给数据,在新工作表中插入数据透视表,并命名为"电器销售数据透视表及图",将"职工号"作为报表筛选,以"销售地区"为行标签,"性别"为列标签,对"销售总金额额"进行求和汇总并生成相应的二维簇状柱型数据透视图。

最终效果

本案例素材如图 4-5-7 所示,效果如图 4-5-8～图 4-5-13 所示。

	A	B	C	D	E	F	G	H	I	J
1	职工号	姓名	性别	销售地区	电冰箱销售额	洗衣机销售额	热水器销售额	空调销售额	微波炉销售额	销售总金额
2	100104	刘猛	男	华北地区	¥2,310,856	¥38,084	¥2,739	¥1,804,703	¥868,231	¥5,024,613
3	100402	裴云菲	男	华东地区	¥2,323,247	¥6,400	¥74,162	¥1,110,695	¥546,672	¥4,061,176
15	100202	吕云华	女	华南地区	¥434,255	¥656,100	¥33,823	¥1,903,576	¥1,934,625	¥4,962,379
16	100205	杨亚蒙	女	华南地区	¥615,550	¥9,559	¥15,280	¥1,004,677	¥72,872	¥1,717,938
17	100204	王思玉	女	华南地区	¥252,848	¥3,629	¥40,345	¥1,869,537	¥1,363,041	¥3,529,400
18	100201	刘菲	女	华南地区	¥261,735	¥3,812	¥66,239	¥1,859,714	¥99,823	¥2,291,323
19	100501	栾雪琼	女	西北地区	¥1,198,675	¥19,110	¥31,782	¥1,264,886	¥632,949	¥3,147,402
20										

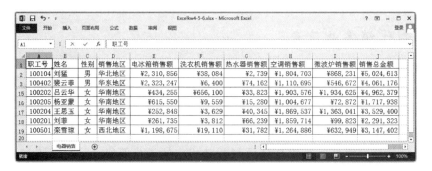

图 4-5-7　电器销售统计表素材图

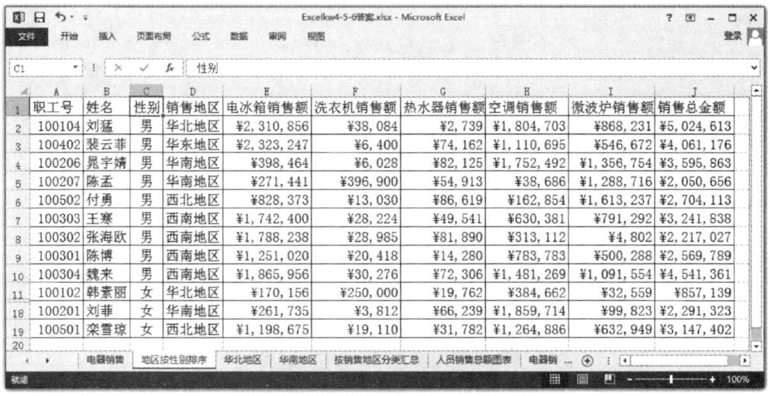

图 4-5-8 排序结果图

图 4-5-9 华北地区筛选结果图

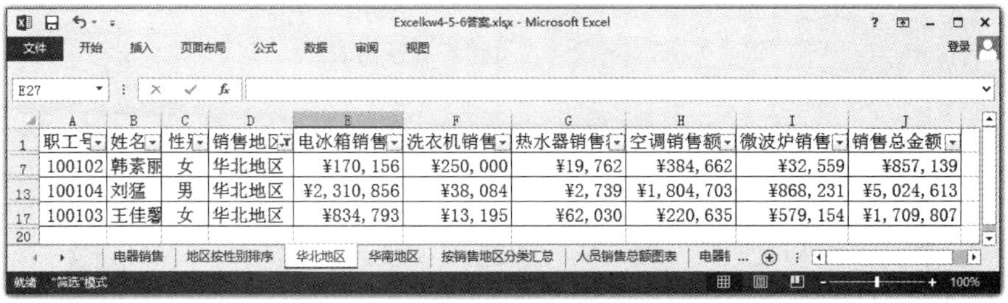

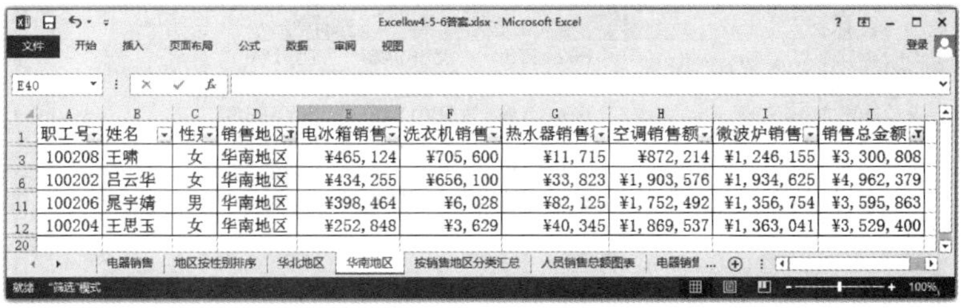

图 4-5-10 华南地区筛选结果图

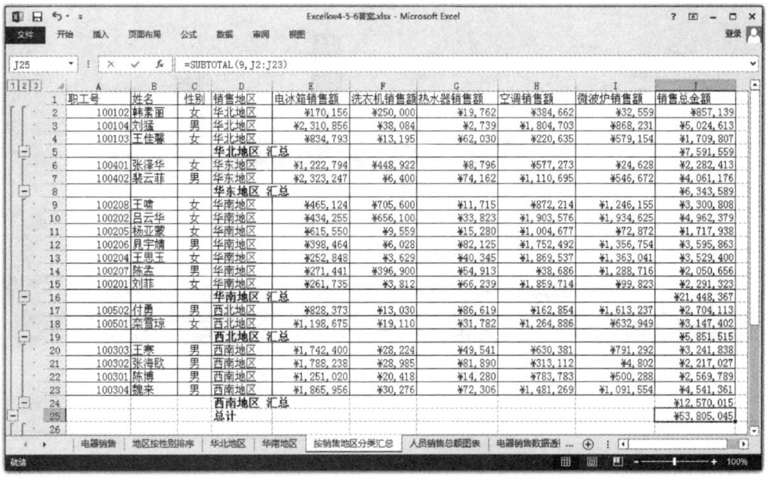

图 4-5-11 分类汇总结果图

223

第4章

常用办公软件的电子表格 Excel

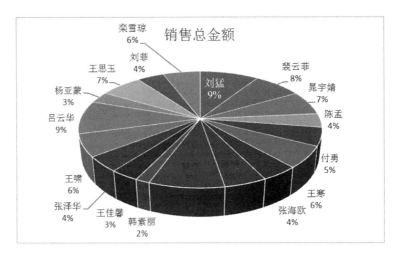

图 4-5-12 人员销售总额图表

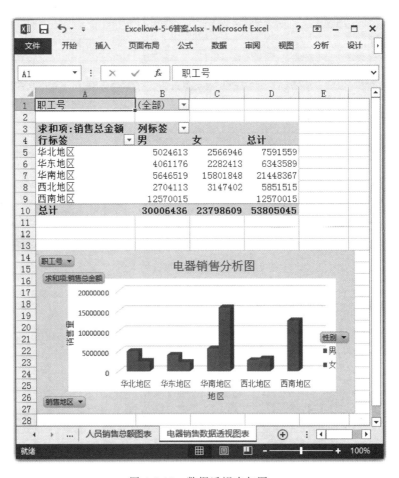

图 4-5-13 数据透视表与图

第 5 章
常用办公软件之演示文稿 PowerPoint

本章说明

　　PowerPoint 2013 是一个专业制作演示文稿的应用软件,主要用于演示文稿的创建,即幻灯片的制作。可有效增强演讲、教学及产品演示的效果。利用它,用户可以轻松地制作出具有专业水准的演示文稿,向观众展示一系列的集文字、图形、图像、声音和动画等于一体的幻灯片,改变单纯枯燥乏味的文字表述,使人们在阐述观点或展示成果时具有极强的表达力和感染力。一份好的演示文稿,除了具有能恰当表达主题的内容之外,外观也至关重要。本章对演示文稿的创建、演示文稿外观的主题、背景、母版的设置和使用,以及动画、超链接和声音对象的添加等内容进行详细的阐述。

本章主要内容

　　 PowerPoint 演示文稿的基本操作
　　 PowerPoint 演示文稿的外观设置
　　 PowerPoint 动画与播放
　　 本章课外实验

5.1　PowerPoint 演示文稿的基本操作

📖 **本节重点和难点：**

重点：
- 演示文稿操作
- 幻灯片的编辑
- 幻灯片内容的输入和编辑

难点：
- 编辑幻灯片
- 幻灯片内容的编辑

5.1.1　PowerPoint 窗口环境和演示文稿文件的操作

1. PowerPoint 2013 的窗口组成

PowerPoint 2013 界面友好，在外观上较以往的版本有了很大的变化，这个版本提供给用户一个耳目一新的操作界面，使操作变得更为简单和高效。

启动 PowerPoint 2013 有很多种方法，所有启动 Word 2013 和 Excel 2013 的方法对 PowerPoint 2013 都是适用的，其中最基本的方法是利用"开始"菜单来启动。单击"开始"|"所有程序"|"Microsoft Office"|"PowerPoint 2013"，屏幕上就会出现图 5-1-1 所示的 PowerPoint 2013 的窗口界面。

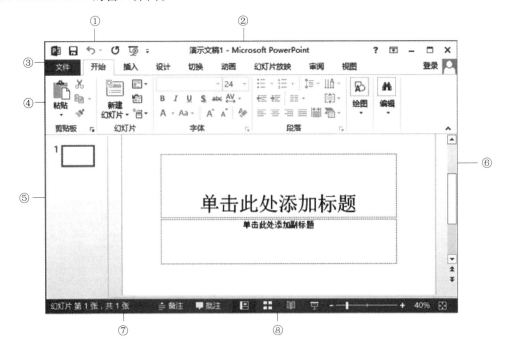

图 5-1-1　PowerPoint 2013 的窗口界面

该窗口和 Microsoft Office 2013 其他组件的窗口类似,前面已经介绍过 Word 2013 和 Excel 2013 的窗口,因此这里只简单地介绍 PowerPoint 2013 的部分界面功能,如表 5-1-1 所示。

表 5-1-1　PowerPoint 2013 的界面组成及功能说明

编号	名　　称	功 能 说 明
①	快速访问工具栏	显示常用的功能按钮,默认显示"保存"、"撤销新建幻灯片"、"重复显示比例"和"从头开始"4 个按钮,可以添加更多的按钮
②	标题栏	显示演示文稿文件的标题
③	选项卡(标签)	每个选项卡中包含一些特定的功能
④	功能区	一组特定的功能按钮
⑤	幻灯片选项卡	显示幻灯片的缩略图
⑥	幻灯片窗格	显示当前幻灯片,对幻灯片进行设计和编辑操作
⑦	状态栏	显示当前演示文稿文件的状态信息
⑧	视图切换按钮	在不同的视图之间切换

1) 选项卡和功能区

在 PowerPoint 2013 的窗口中包含 9 个选项卡,分别是文件、开始、插入、设计、切换、动画、幻灯片放映、审阅和视图。不同的选项卡具有不同的功能。

① "文件"选项卡。打开此选项卡可以对演示文稿文件进行新建、打开、保存、另存为等操作。

② "开始"选项卡。默认情况下,每次启动 PowerPoint 时,该选项卡处于打开状态。在"开始"选项卡中包括剪贴板、幻灯片、字体、段落、绘图和编辑功能区,其中"幻灯片"功能区用于新建或添加幻灯片、删除幻灯片、选择幻灯片的版式、重设占位符的位置、格式和大小为默认状态等操作。

③ "插入"选项卡。该选项卡中有表格、插图、链接、文本、符号和媒体几个功能区,用于向幻灯片中插入对象,包括表格、图片、剪贴画、图表、超链接、文本框、幻灯片编号、日期和时间、符号、影片和声音等。

④ "设计"选项卡。由主题、变体和自定义 3 个功能区组成,分别用来选择主题、设置幻灯片的背景图形及背景图形的填充效果和透明度等、设置页面和幻灯片的方向等。

⑤ "切换"选项卡。由预览、切换到此幻灯片和计时 3 个功能区组成,分别用来预览、控制换片方式的效果、添加声音等,甚至还可以对切换效果的属性进行自定义。

⑥ "动画"选项卡。该选项卡中有预览、动画、高级动画和计时 4 个功能区,用来设置幻灯片中对象的动画效果、切换声音、切换速度。

⑦ "幻灯片放映"选项卡。用于选择幻灯片开始放映的位置、设置自定义放映、设置幻灯片的放映方式、隐藏幻灯片以及设置放映时监视器的分辨率等。

⑧ "审阅"选项卡。该选项卡中有校对、语言、中文简繁转换、批注和比较 5 个功能区。其中"比较"功能区可以设置演示文稿的访问限制权限。

⑨ "视图"选项卡。该选项卡中包括演示文稿视图、母版视图、显示、显示比例、颜色/灰度、窗口和宏 7 个功能区,用于在不同的演示文稿视图之间切换、显示或隐藏标尺和网格线、设置显示比例、设置适应窗口大小而最大限度地显示幻灯片、选择查看演示文稿的颜色模式

和进行窗口的新建、重排和切换等操作。

随着用户的操作,系统还会自动地增加一些选项卡,比如插入表格会自动增加"表格工具"的"设计"和"布局"两个选项卡;选定占位符、文本框等图形对象,会增加"绘图工具"的"格式"选项卡。

用户如果想增大幻灯片窗格的显示比例,可以右击功能区的空白地方,选择其中的"功能区最小化"命令,这样功能区便隐藏了,需要使用功能区中的命令时,只需要单击相应的选项卡即可。用同样的方法便可以取消功能区最小化。

2)"大纲"选项卡

"大纲"选项卡位于 PowerPoint 工作窗口的左侧,该窗格中按照幻灯片编号从小到大的顺序显示幻灯片的编号、幻灯片的图标和在幻灯片上占位符中输入的文本内容,可以在该窗格中输入和编辑幻灯片的文本内容,按照输入内容的标题级别,一级标题系统会自动生成一张幻灯片的标题,其他标题级别的内容生成幻灯片的内容。在"幻灯片"窗格中,演示文稿文件中的所有幻灯片以缩略图的形式按顺序整齐排列,可以在该窗格中查看演示文稿文件中所有幻灯片的整体布局,可以进行幻灯片的插入、移动、复制、删除等操作。

3)备注窗格

备注窗格中用来输入和幻灯片内容相关的一些注释性内容,以便演讲者在演讲时参考。在放映演示文稿时,备注窗格中的内容不会显示出来。

在"视图"菜单下有"备注页视图",单击"备注页视图",切换到备注页视图下,也可以输入备注内容,效果相同。在需要的时候,备注内容也可以打印出来供参考,单击"文件"选项卡中的"打印"按钮,选择"幻灯片"为"备注页"即可。

4)幻灯片窗格

幻灯片窗格是 PowerPoint 2013 的主要工作区域,在该窗格中显示的是当前幻灯片,可以对当前幻灯片进行输入和各种编辑操作。为了让该窗格显示的更大更直观一些,可以把功能区最小化,还可以关闭"大纲"和"幻灯片"窗格,如果幻灯片没有充满窗口,可单击"视图"选项卡下"显示比例"功能区的"适应窗口大小"命令来调整演示文稿当前幻灯片的最佳显示比例,使幻灯片充满窗口。

2. PowerPoint 2013 演示文稿的创建、保存和打开

PowerPoint 2013 提供了多种各具特色的创建演示文稿的方法,根据不同情境的需要可以选择不同的方法。创建的演示文稿文件还可以保存为不同的类型,适合不同的环境,具有不同的功能。

1)创建空白的演示文稿

当启动 PowerPoint 2013 时,系统会自动创建一个新的演示文稿,用户可以按照自己的爱好和需要来设计演示文稿。版式默认是"标题幻灯片"版式。如果要选择其他的幻灯片版式,可以在"开始"选项卡中的"幻灯片"功能区,单击"版式"重新选择版式。

2)使用模板创建演示文稿

PowerPoint 2013 提供了一些专业的、比以往更加丰富多彩的模板供用户快速地创建演示文稿。使用模板创建演示文稿可以按照以下步骤进行。

单击"文件"选项卡,单击"新建"按钮,列出 PowerPoint 2013 内置的各种模板,如图 5-1-2 所示。

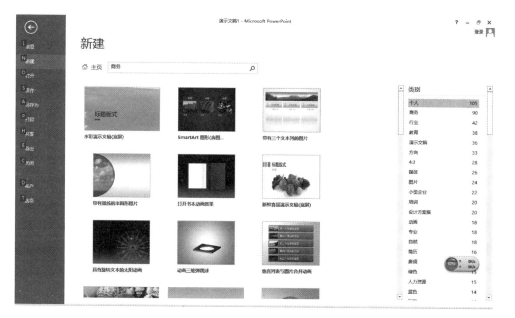

图 5-1-2　演示文稿模板

在列表框中选择一种模板,单击"创建"按钮,系统会生成包含多张幻灯片的演示文稿,用户需要做的就是用自己的内容替换示例文本即可。

当然,用户也可以在"新建演示文稿"对话框中创建空白演示文稿,还可以自己创建模板。只需要把演示文稿文件另存为模板就可以了,在"另存为"对话框的"保存类型"下拉列表框中选择"PowerPoint 模板"选项,保存位置自动成为模板区文件夹,单击"保存"按钮就可以了。

3）保存和打开演示文稿

（1）演示文稿的保存。

创建好的演示文稿应该及时保存,方便以后使用。首次保存演示文稿,单击快速访问工具栏上的"保存"按钮,或单击"文件"选项卡后选择"保存"或"另存为"命令,都会打开"另存为"对话框,选择保存文件的位置和文件名,默认选择保存类型为"演示文稿(＊.pptx)",还可以选择其他的保存类型,选择"PowerPoint 模板(＊.potx)",该文件保存为 PowerPoint 2013 模板文件,可根据此模板创建新的演示文稿文件；选择"PowerPoint 97-2003 模板(＊.pot)",则保存一个和 PowerPoint 97-2003 完全兼容的演示文稿模板。

单击"文件"选项卡后,直接在"另存为"级联菜单中也可以选择演示文稿的保存类型,除了上面说到的类型之外,还可以选择将演示文稿保存为"PowerPoint 2013 放映"格式,保存为始终在幻灯片放映视图中打开的演示文稿。

（2）演示文稿的打开。

演示文稿的打开和其他办公系列软件创建的文件的打开相似,有很多种方法。这里只介绍在 PowerPoint 2013 环境中打开演示文稿的方法。单击"文件"选项卡,选择"打开"命令,在弹出的"打开"对话框中找到要打开的演示文稿文件,单击"打开"按钮的下三角,在展开的列表中可以选择"打开"、"以只读方式"或"以副本方式打开"。如果文件以只读方式打开,打开的文件只能浏览,不能修改；如果是以副本的方式打开,对副本文件修改后保存会

常用办公软件之演示文稿 *PowerPoint*

保存为一个副本,不会影响源文件。还有一个选项是"用浏览器打开",只对网页文件有效,在网页浏览器中显示文件的内容。

5.1.2　演示文稿视图和幻灯片编辑

1. 演示文稿视图

PowerPoint 2013 主要提供了 5 种不同的视图方式,方便用户操作和观察幻灯片的效果,这 5 种视图分别是:普通视图、大纲视图、幻灯片浏览视图、备注页视图和阅读视图。每种视图都是不同的工作环境,可以对演示文稿进行特定的操作。

1)普通视图

普通视图是最常用的一种视图,也是 PowerPoint 2013 的默认视图方式。在普通视图窗口中有"幻灯片"选项卡、幻灯片窗格、备注窗格三部分,基本上可以进行演示文稿的绝大多数操作,包括组织演示文稿的整体结构,对幻灯片进行插入、移动、复制、删除等编辑操作,编辑单张幻灯片的内容或大纲等,在备注窗格中还可以对当前幻灯片添加备注内容。

在启动 PowerPoint 2013 时,系统自动进入普通视图,如果当前没在普通视图下,可以用视图切换按钮切换,也可以在"视图"选项卡下的"演示文稿视图"功能区选择。此种视图切换方式对于其他视图方式的切换也是适用的。

2)大纲视图

使用大纲视图可以迅速地了解文档的结构和内容概况。其中,文档标题和正文文字被分级显示出来,根据需要,一部分的标题和正文可以被暂时隐藏起来,以突出文档的总体结构。

3)幻灯片浏览视图

幻灯片浏览视图可以浏览演示文稿文件中所有幻灯片的整体布局,所有的幻灯片在该视图下以缩略图的形式按编号从小到大整齐地排列。在该视图下,可以进行幻灯片的设计和设置幻灯片的切换效果,还可以进行幻灯片的插入、移动、复制、删除等编辑操作。而且在幻灯片浏览视图下进行幻灯片的编辑操作更为直观。值得注意的是,在这种视图方式下不能修改幻灯片的内容,如果发现某张幻灯片的内容需要修改,只需要双击该幻灯片就可以切换到普通视图下。

4)备注页视图

备注页视图用来给幻灯片添加备注内容,供演讲者在演讲时参考,也可以打印出来。在普通视图的备注窗格中也可以添加对当前幻灯片的提示内容,但该窗格只能添加文本内容。如果在备注中想要加入图片,则需要进入备注页视图。

备注页视图在"视图切换"按钮中没有,只能通过另一种方法,即在"视图"选项卡中的"演示文稿视图"功能区进行选择。

5)阅读视图

阅读视图是以一种全屏幕的方式显示幻灯片,就像真实播放幻灯片一样,幻灯片的切换效果和幻灯片上设置的动画都能显示。这种视图用来预览幻灯片的实际效果,及时地检查和发现错误,以便及时地修改完善。

6)视图操作

PowerPoint 2013 的默认视图方式是普通视图(保存在文件中的视图,是一种包含缩略图、幻灯片和备注的普通视图方式),用户可以根据需要来重新设置默认视图,而且用户无论选择哪种视图方式,都可以进行视图显示比例的调整、颜色和灰度的调整等操作。

PowerPoint 2013 默认视图修改的方法是:单击"文件"选项卡,选择"选项"命令,打开"PowerPoint 选项"对话框,单击"高级",在右窗格"显示"区的"在此视图打开全部文档"下拉列表中进行选择。列表中有 10 个选项,普通视图根据缩略图(幻灯片选项卡)、幻灯片(幻灯片窗格)、备注(备注窗格)、大纲(大纲选项卡)的组合形式分为 6 种;保存在文件中的视图是普通视图之一;另外还有 3 种:只使用大纲、幻灯片浏览和备注;用户单击需要的方式即可完成设置,当新建一个演示文稿的时候便可应用该设置。

用户若要调整显示比例,则可以直接使用 PowerPoint 2013 窗口的底部状态栏中有一个缩放比例控件,如图 5-1-3 所示。

图 5-1-3 中标示① 的是"缩放级别"按钮,单击该按钮可以打开"显示比例"对话框来选择幻灯片的显示比例,也可以直接拖动缩放滑块标示②来实现,单击"使幻灯片适应当前窗口"按钮标示③,可以调整演示文稿的显示比例,以使幻灯片充满窗口。选择"视图"选项卡中"显示比例"功能区的相应命令,也可以调整视图的显示比例。

图 5-1-3　缩放比例控件

在"颜色/灰度"功能区用户可以选择颜色、灰度和纯黑白 3 种模式来查看演示文稿,默认情况是颜色视图,以全色模式来查看演示文稿,也可以设置灰度或者纯黑白,单击"灰度"按钮,打开"灰度"选项卡,选定要设置灰度的对象,单击某个灰度按钮完成设置。如果选择的是"不显示"按钮,则选定文本显示为隐藏效果。

2. 编辑幻灯片

PowerPoint 2013 演示文稿是由一系列的幻灯片组成的文件,新建一个演示文稿后,演示文稿中只有一个幻灯片,可以根据需要添加更多的幻灯片。对一个已经有很多幻灯片的演示文稿,还可以进行幻灯片的选定、移动、复制、删除等编辑操作。

1) 幻灯片的选定

对幻灯片进行的大多数编辑操作,首先需要选定幻灯片。幻灯片的选定操作在普通视图的"幻灯片"选项卡或者在幻灯片浏览视图下进行比较好,选定单张幻灯片,只需单击要选定的幻灯片缩略图;选定多张不连续的幻灯片,按下 Ctrl 键后单击;选定连续的若干张幻灯片,先选定第一张,然后按下 Shift 键单击最后一张。取消选定,只需要在空白处单击就可以了;如果想取消部分幻灯片的选定,则按下 Ctrl 键,单击要取消选定的幻灯片即可。

2) 幻灯片的新建

在创建的演示文稿中,系统一般只有一张幻灯片,用户可以根据需要来新建更多的幻灯片。新建幻灯片的操作一般在普通视图的"幻灯片"选项卡或幻灯片浏览视图中进行更为清晰和直观。

新建幻灯片的方法是:单击要新建幻灯片的位置定位插入点,然后右击,用快捷菜单中的"新建幻灯片"命令新建幻灯片;也可以右击一张幻灯片,在快捷菜单中选择"新建幻灯片"命令,在该幻灯片之后新建一张幻灯片;还可以确定插入点后,单击"开始"选项卡"幻灯片"功能区的"新建幻灯片"按钮来添加,单击"新建幻灯片"箭头,新建特定版式的幻灯片;更快捷的方法是选中一张幻灯片后按 Enter 键,便可以在该幻灯片之后添加一张新幻灯片。

新添加的幻灯片都有一种版式,用户单击"新建幻灯片"箭头,可以新建指定版式的幻灯片;如果用户选择其他方法新建幻灯片而未指定版式,则系统根据插入点的位置自动添加版式。无论哪种情况,用户都可以根据需要随时修改版式,当然修改版式一般是在幻灯片上还没有内容的时候进行。所谓幻灯片的版式是指幻灯片内容在幻灯片上的排列方式,不同的幻灯片版式由不同的占位符构成。若要修改幻灯片的版式,则须先选定要更改版式的幻灯片,单击"开始"选项卡中"幻灯片"功能区的"版式"按钮,选择新版式便可。

另外,在"开始"选项卡的"幻灯片"功能区,单击"新建幻灯片"箭头,单击"复制所选幻灯片"可以将选定的幻灯片复制到选定幻灯片的下方;单击"幻灯片(从大纲)"可以把一些类型的大纲文件生成新幻灯片插入到插入点位置;单击"重用幻灯片(R)…"打开"重用幻灯片"任务窗格,通过"浏览"按钮可以插入幻灯片库或其他演示文稿文件中的幻灯片。单击"浏览"按钮下的"浏览文件"按钮,找到要插入幻灯片的演示文稿文件,确定后该演示文稿文件中的幻灯片都以缩略图的形式显示在任务窗格中,单击便可以插入。在该任务窗格的下面有一个"保留源格式"的复选框,选中该复选框,在插入幻灯片的时候保留该幻灯片原来的格式,否则应用当前演示文稿文件中幻灯片的格式。

3) 幻灯片的移动、复制和删除

在普通视图和幻灯片浏览视图下都可以进行幻灯片的移动、复制和删除操作。

移动幻灯片可以直接用鼠标拖动要移动的幻灯片到目标位置,也可以剪切要移动的幻灯片后到目标位置粘贴。复制幻灯片可以按下 Ctrl 键后用鼠标拖动要复制的幻灯片到目标位置放开,也可以使用剪贴板复制后到目标位置粘贴。另外,当选中一张幻灯片,右击选择"复制幻灯片"命令或者选择"开始"选项卡中"幻灯片"区"新建幻灯片"下面的"复制所选幻灯片"命令,则直接在选定幻灯片的后面复制出一张和选定幻灯片完全一样的幻灯片。

对于演示文稿中不需要的幻灯片可以删除,选定要删除的幻灯片,按 Del 键或者选择"开始"选项卡下"幻灯片"区的"删除"命令便可以删除。

5.1.3 幻灯片内容的编辑

1. 文本的输入与格式化

演示文稿的内容非常丰富,包括文本、图形图像、表格、图表、声音、动画等,其中文本是演示文稿中最主要的一种信息表达方式,是最基础的元素。PowerPoint 2013 给用户提供了两种输入文本的方式,一是在幻灯片窗格中输入,另一种是在大纲视图中的"大纲"选项卡中输入。

1) 在幻灯片窗格中输入

在幻灯片窗格中输入文本有 4 种方式:在占位符中输入文本、在文本框中输入文本、在自选图形中输入文本和艺术字。

占位符是一种带有虚线框的矩形框,不同的幻灯片版式占位符不同。在占位符中可以放置标题、正文、SmartArt 图形、图表、表格和图片等。每个占位符中都有提示性的文字,单击占位符中的提示性文本,占位符中的提示信息消失,这时就可以向占位符中添加文本或其他对象了。

当用户选择了一种幻灯片版式时,幻灯片上的占位符将不能再添加,但可以移动,改变大小，也可以删除，这些对占位符的操作和文本框是类似的，不再赘述。

在文本框中输入文本，首先要插入文本框，单击"插入"选项卡"文本"功能区的"文本框"图标，在幻灯片上要插入文本框的位置拖动鼠标便可以画出一个横排的文本框，在文本框中输入文本。如果插入文本框后没有输入文本，单击文本框之外的其他地方，文本框便会消失；也可以单击"插入"选项卡"文本"功能区的"文本框"箭头，插入横排或竖排文本框，以便输入横排文本或竖排文本。

在自选图形中输入文本，先插入自选图形，单击"插入"选项卡下"插图"功能区的"形状"，插入想要插入的形状（不是所有形状都能输入文本），右击形状，选择快捷菜单中的"编辑文本"便可以输入文本。

艺术字的表现形式是文字，但实质上是图形，艺术字的插入和格式的设置与图片是类似的。在 PowerPoint 2013 中，选定要插入艺术字的幻灯片，单击"插入"选项卡，单击"文本"区的"艺术字"按钮，打开艺术字样式列表，选择一种样式后，在幻灯片上便显示"请在此键入您自己的内容"框，直接输入文字替换提示性内容。编辑完成后，任何时候想修改艺术字的内容，都可以直接单击艺术字进行修改。

2）在大纲视图的"大纲"选项卡中输入

大纲视图中只显示幻灯片的标题和正文，更易于编辑文本和组织演示文稿，而不必把注意力放在演示文稿的外观上。

PowerPoint 2013 的大纲由一系列的标题组成，标题下面有各级子标题，每个一级标题就是幻灯片的标题。不同的标题级别有不同的缩进。在输入的时候，可以先依次输入各个主标题，每输入一个都回车，每按一次 Enter 键，就生成一张新的幻灯片，而每个主标题也就是幻灯片的标题。然后输入子标题，将插入点定位在要输入子标题的主标题末尾，按 Enter键，产生了一张新的幻灯片，按 Tab 键或单击"开始"选项卡"段落"区的"增大缩进级别"按钮，产生了一个项目符号（该项目符合是可以修改的），这时候就可以输入子标题了。如果在子标题下还有下级子标题，可以参照以上的方法进行操作。当某个子标题需要升级为独立的幻灯片时，只需将子标题提升为主标题就可以了，可以按 Shift＋Tab 键，或单击"开始"选项卡"段落"区的"减少缩进级别"按钮。

3）文本的格式化

为了使幻灯片看起来更加美观和吸引人，还需要设置幻灯片上文本的格式，包括设置字体格式、段落格式、项目符号等，这些操作和 Word 基本相同，可以选定文本后用"浮动工具栏"（鼠标未指向时呈半透明状）；也可以用"开始"选项卡中的"字体"和"段落"功能区对选定文本进行格式化。通常对文本的格式化操作直接在幻灯片窗格中进行，能够查看到整体的效果。

艺术字作为一种特殊的文本插入幻灯片，具有更漂亮的外观。它可以像普通文本一样设置格式，包括设置字体格式和段落格式（段落格式是相对于放置艺术字的矩形框而言）。单击艺术字选定后，系统会自动添加"绘图工具/格式"选项卡，该选项卡中的"艺术字样式"功能区可以重新选择艺术字的样式，设置艺术字的文本轮廓、填充颜色和文本效果（包括发光、阴影、棱台、映像和转换等）；"形状样式"功能区用来设置艺术字外围矩形框的主题填充，设置纯色、渐变、纹理、图片等的背景填充，还可以设置形状轮廓和形状效果；"排列"功能区用来设置选定对象的旋转、对齐（相对于幻灯片）、叠放次序等；"大小"功能区设置形状的高度和宽度。

另外，PowerPoint 2013 新增了一项功能，可以实现文本和 SmartArt 图形之间的相互转换，使幻灯片看起来更加直观。方法是选定要转换为 SmartArt 图形的文本，然后单击"开始"选项卡"段落"功能区的"转换为 SmartArt 图形"按钮，在打开的列表中选择一种合适的图形。也可以单击"其他的 SmartArt 图形"，打开"选择 SmartArt"对话框，列出了列表、流程、循环等全部图形，有更多的选择。文本转换为 SmartArt 图形后，选定图形，系统自动添加"SmartArt 工具"，下面有两个选项卡，"设计"和"格式"，其中"设计"选项卡用于更改应用于 SmartArt 图形的布局、更改应用于 SmartArt 图形的颜色变体、更改应用于 SmartArt 图形的外观样式；"格式"选项卡用来设置选定 SmartArt 图形的形状样式和艺术字样式。

【**案例 5-1**】 新建演示文稿，包含 8 张幻灯片，在"大纲视图"的"大纲"选项卡窗格中输入幻灯片的内容，如图 5-1-4 所示；保存文件为"Ppt5-1.pptx"。

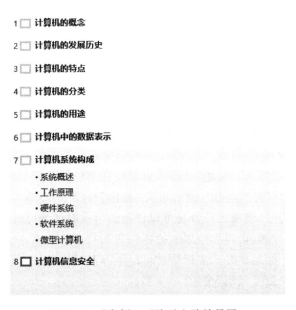

图 5-1-4 "案例 5-1"演示文稿效果图

案例实现

① 启动 PowerPoint，单击"空白演示文稿"，或选择"新建"|"空白演示文稿"，新建演示文稿。

② 单击"视图"|"演示文稿视图"|"大纲试图"，输入第 1 张幻灯片的标题"计算机的概念"，然后按 Enter 键，系统自动生成第 2 张幻灯片，依次新建 8 张幻灯片。所有标题字体设置为黑体，字号为默认。

③ 将插入点放在第 7 张幻灯片标题之后，按 Enter 键，再按 Tab 键，在项目符号后输入第 7 张幻灯片上的内容，每输入一个子标题后都按 Enter 键即可。

④ 保存文件为"Ppt5-1.pptx"。

2. 表格、图片、图表及页眉页脚等对象的插入和格式化

幻灯片上文本是最基本的元素，是表达信息最重要的方式。但要想使设计的幻灯片更加精美,更加有感染力和吸引力,还可以通过向幻灯片中插入图片、表格、图表等方法来表达主题。PowerPoint 2013 提供了非常丰富的多媒体信息对象,可以插入幻灯片中,包括表格、图片、剪贴画、形状、SmartArt、图表、艺术字等。

1) 表格的插入和格式化

在幻灯片上插入表格,用"插入"选项卡中的"表格"区的"表格"按钮可以插入指定行、列数的简单表格,可以单击"插入表格"项,打开"插入表格"对话框,指定表格具体的行、列数;也可以单击"绘制表格",绘制表格轮廓,同时系统打开了表格工具"设计"选项卡,利用"绘图边框"功能区的相应工具绘制表格。

单击"插入"选项卡中"表格"区的"表格"按钮,选择"Excel 电子表格",可以在幻灯片上嵌入 Excel 工作表,在幻灯片窗格中选定工作表,用鼠标拖动工作表周围的控点,可以改变工作表的大小;工作表选项卡右侧的"添加工作表"按钮可以添加若干个工作表。对工作表的其他操作就和在 Excel 环境中基本一样,非常方便。

表格插入到幻灯片中时,系统会自动打开"表格工具"的"设计"和"布局"两个选项卡,"设计"可设置表格样式选项,选择表格的样式,设置底纹,添加表格外观效果如阴影、映像等;在"艺术字样式"区还可以设置表格中文本的阴影、发光、映像等效果;在"绘图边框"区可设置表格边框的颜色和粗细,还可以绘制和擦除一些线条。右击表格,在快捷菜单中选择"设置形状格式",打开"设置形状格式"对话框,也可以设置表格格式。

"表格工具"的"布局"选项卡可进行表格行列的插入、单元格合并拆分、单元格大小设置、对齐方式选择、表格尺寸和叠放次序设置等操作。

如果插入幻灯片中的是 Excel 表格,选定工作表,系统会自动添加"绘图工具"的"格式"选项卡,在"形状样式"区可设置工作表的图片或纹理的填充背景,设置工作表边框的线条轮廓;在"排列"区可设置工作表相对于其他对象的叠放次序和相对于幻灯片的对齐格式;在"大小"区设置选定工作表的具体高度和宽度。双击工作表还可以进入 Excel 环境对表格数据进行处理。

2) 图片、形状等对象的插入和格式化

可以通过"插入"选项卡来插入图片、剪贴画、形状、SmartArt、图表等对象。在"插入"选项卡中的"图像"和"插图"功能区就可以完成。单击"图片"按钮,打开"插入图片"对话框,找到要插入的图片,单击"插入"按钮即可;单击"剪贴画"按钮,打开"剪贴画"任务窗格,搜索需要的剪贴画,单击便可插入;单击"相册"按钮,可以新建相册,插入磁盘文件中的图片或照片,相册新建后还可以通过该按钮编辑相册;单击"形状",打开形状库,单击要插入的形状,在幻灯片窗格拖动绘制形状;单击 SmartArt 按钮,打开"选择 SmartArt 图形"对话框,选择图形,图形插入后按提示输入文本;单击"图表"按钮,打开"插入图表"对话框,选择图表的样式,图表在插入时会启动 Excel 窗口输入数据。

图形对象插入后,系统会自动打开相应的工具选项卡,任何时候选定该对象,便进行格式设置。插入图形、相册、剪贴画和形状,系统会添加"图片工具"|"绘图工具"的"格式"选项卡,用于对选定图形对象进行亮度、对比度等的调整、图片样式的选择、叠放次序和具体大小的设置。

插入 SmartArt 图形,系统添加"SmartArt 工具"的"设计"和"格式"两个选项卡,具体参考前面相关内容。

插入图表,系统会增加"图表工具"的"设计"、"布局"和"格式"3个选项卡,"设计"选项卡可以更改图表的类型、选择和编辑图表数据、选择图表布局和图表样式;"布局"选项卡主要包含"插入"、"选项卡"、"坐标轴"、"背景"和"分析"5个功能区(还有1个和"格式"选项卡共同的功能区"当前所选内容",设置图表不同区域的格式或重设为和图表整体外观相匹配的样式),对图表选项进行设置;"格式"选项卡用来设置图表各个区的格式、设置选定区的形状样式、设置文本样式及设置图表大小等。

在 PowerPoint 2013 中有很多已经设置好的"快速样式",这些快速样式是各种格式设置的综合使用,可以使用快速样式快速地设置对象的格式。方法是选定对象后,单击"开始"选项卡下"绘图"功能区的"快速样式",打开"快速样式"列表,选择一种样式。但不是所有的对象都可以使用"快速样式"来设置格式的。

3)页眉和页脚的插入和格式化

在 PowerPoint 2013 中插入页眉和页脚,首先要选定幻灯片,在"插入"选项卡的"文本"功能区单击"页眉和页脚"或者"日期和时间"或"幻灯片编号"按钮,都能够打开"页眉和页脚"对话框。在该对话框中有日期和时间、幻灯片编号、页脚和标题幻灯片中不显示4个复选框,选中某个复选框时,能在该对话框右上角的预览框中看到该复选框在幻灯片上对应的位置。选择其中的"标题幻灯片中不显示"复选框,单击"全部应用"按钮,则在演示文稿文件的第一张幻灯片上不显示上面的三项设置内容,其他幻灯片上都显示;单击"应用"按钮,只在选定的幻灯片上显示。下面是该对话框的设置情况和对应的效果图(图 5-1-5 和图 5-1-6)。

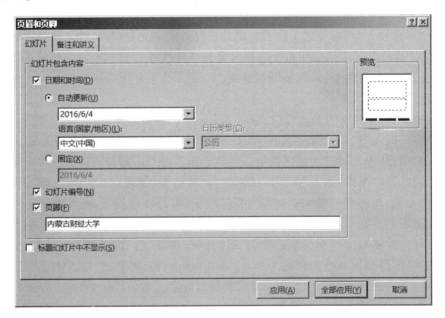

图 5-1-5 "页眉和页脚"对话框

2016/6/4	内蒙古财经大学	1

图 5-1-6 页眉和页脚设置效果

在幻灯片上插入的日期、页脚和幻灯片编号都可以修改，也可以设置格式，单击日期、页脚或幻灯片编号区选定后，便可以像普通的文本一样修改内容和设置格式。

【案例 5-2】 新建演示文稿，添加图 5-1-7 所示的第 1 张幻灯片，在幻灯片窗格输入幻灯片内容，并设置成如图所示的格式；添加内容相同的第 2 张幻灯片，将文本转换为 SmartArt 图形（垂直图片重点列表），如图 5-1-7 中第 2 张幻灯片所示；保存文件为"Ppt5-2. pptx"。

图 5-1-7　案例 5-2 演示文稿

案例实现

① 启动 PowerPoint，单击"空白演示文稿"，或选择"新建"|"空白演示文稿"，新建演示文稿。

② 将第 1 张幻灯片设置为"标题和内容"的幻灯片版式，在幻灯片窗格输入相应内容；标题的字体是微软雅黑，字号为 40，分散对齐；文本的字体为微软雅黑，字号 36，可以用"开始"选项卡的"字体"组设置，也可选定文本后用浮动工具栏设置。

③ 通过复制粘贴生成内容相同的第 2 张幻灯片，选定要转换为 SmartArt 图形的文本，单击"开始"|"段落"|"转换为 SmartArt 图形"按钮，选择"垂直图片重点列表"；单击插入的图形，编辑图形中的文本，字体为微软雅黑，字号为 25。

④ 单击选定图形，单击"SmartArt 工具"中的"设计"选项卡，设置 SmartArt 样式为"三维卡通"；单击 SmartArt 图形圆圈中的"小图片"，打开"插入图片"对话框，选择"浏览"，插入合适的背景图片。

⑤ 保存文件为"Ppt5-2. pptx"。

3. PowerPoint 和 Word 之间的转换

PowerPoint 演示文稿和 Word 文档之间可以相互转换，如果已经有 Word 文档教案，可以直接转为 PowerPoint 演示文稿中的幻灯片，方便播放；而有时也需要将演示文稿转换为 Word 文档打印。

1）将 Word 文档转换为 PowerPoint 演示文稿

在 PowerPoint 2013 中，还可以插入 Word 文档。选择"插入"选项卡下"文本"功能区的"对象"，打开"插入对象"对话框，单击"由文件创建"，单击"浏览"按钮，找到要插入的 Word 文档，单击"确定"按钮，能够把 Word 文档作为一个图形对象插入到幻灯片上，选定对象，可以用系统自动添加的"绘图工具"|"格式"来设置图形格式；双击该对象便嵌入到 Word 环境中，可以像在 Word 中一样编辑文本内容，单击图片之外的位置退出 Word 环境重新进入 PowerPoint 环境。

2）将演示文稿转换成 Word 文档

在 PowerPoint 2013 中，单击"文件"选项卡，选择"导出"下的"创建讲义"，单击"创建讲义"按钮，打开"发送到 Microsoft Word"对话框，如图 5-1-8 所示。操作方法如下。

① 选择在 Word 中使用的版式，如果选择的是"只使用大纲"版式，那么只能把演示文稿中的文字发送到 Word。

② 选择将幻灯片添加到 Word 中的方式，选择"粘贴链接"命令，不但可以将演示文稿发送到 Word 文档，而且在演示文稿发生改变时，打开该 Word 文档，会显示链接文件已改变，是否更新的提示，单击"是"按钮，便可以更新。

③ 单击"确定"按钮，便可以将演示文稿发送给 Word。

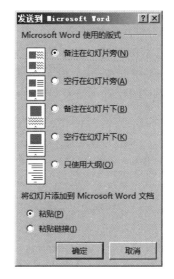

图 5-1-8　"发送到 Microsoft Word"
对话框

5.2　PowerPoint 演示文稿的外观设置

📖 **本节重点和难点：**

重点：
- 主题的设置和使用
- 背景的设置
- 母版的设置和使用

难点：
- 母版的设置
- 母版的使用

5.2.1　主题和背景的设置

1. 主题的设置和使用

在制作演示文稿中的幻灯片时，可以根据不同的情况使用不同的主题，PowerPoint 2013 给用户提供了多种专业设计的主题，用户可以直接使用，也可以自定义主题的颜色、字体和效果，以便满足用户对颜色搭配的特殊需要。

1）主题的设置

主题是由颜色、字体和效果组成的。通常情况下，当新建幻灯片时，自动应用了系统默认的内置主题，用户可以更改主题，也可以自定义主题。在当前演示文稿窗口，打开"设计"选项卡，看到图 5-2-1 所示的"主题"功能区。

在普通视图或幻灯片浏览视图下选定幻灯片，单击"设计"选项卡下"主题"区的某个主题的缩略图（上下滚动可以选择更多的主题）；或者单击"主题"区右下角的"更多"按钮，打

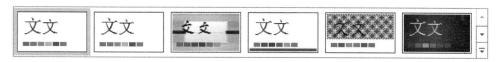

图 5-2-1　"主题"功能区

开"所有主题"窗口进行选择；还可以搜索 Office.com 上的其他主题。单击选择某个主题后，演示文稿中所有的幻灯片都应用了该主题；在某个主题缩略图上右击，则可选择该主题是应用于所有幻灯片还是选定的幻灯片，还可以选择将该主题设置为系统默认的主题，或者把该主题添加到快速访问工具栏，方便以后使用。

一个演示文稿中可以应用多个主题，单击"开始"选项卡"幻灯片"功能区的"新建幻灯片"箭头按钮，能够看到演示文稿中应用的每个主题对应的一系列不同版式的幻灯片，可以新建基于不同主题的相应版式的幻灯片。

2）主题的修改

单击"设计"选项卡下"变体"区右下角的"更多"按钮，选择"颜色"命令，可以重新选择系统内置的主题颜色搭配方案，也可以直接单击"颜色"下的"自定义颜色"命令，自定义主题的颜色方案，如图 5-2-2 所示。

图 5-2-2　"新建主题颜色"对话框

输入新色彩方案的名称，比如"我的配色方案"，单击"保存"按钮，这样便可以将自定义的配色方案添加到系统库中，在当前演示文稿中可以使用，也可以在新建演示文稿中直接使用自定义的配色方案。

单击"设计"选项卡下"变体"区右下角的"更多"按钮，选择"字体"命令，可以修改主题的字体，如果没有可选择的字体，可以单击"自定义字体"命令，打开"新建主题字体"对话框，如

239

图 5-2-3 所示,选择标题和正文字体,单击"保存"按钮,以后新建演示文稿时便可以使用自己选择的字体。

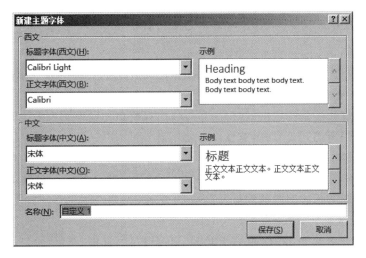

图 5-2-3　"新建主题字体"对话框

单击"设计"选项卡下"变体"区右下角的"更多"按钮,选择"效果"命令,可以更改主题的效果。

【**案例 5-3**】　新建演示文稿,在幻灯片上输入图 5-2-4 所示的内容;将标准主题"环保",通过更改颜色、字体、效果等,将它保存为"我的主题",然后应用这个主题建立图 5-2-4 所示的幻灯片;保存文件名为"Ppt5-3.pptx"。

图 5-2-4　应用"我的主题"幻灯片

案例实现

① 启动 PowerPoint,单击"空白演示文稿",或选择"新建"|"空白演示文稿",新建演示文稿。

② 添加 1 张"标题和内容"版式的幻灯片,输入图 5-2-4 所示的标题和内容。标题字号设置为 44,正文内容字号设置为 32。

③ 在"设计"选项卡上的"主题"组中,选择"环保"主题,单击"变体"组中的"其他"按钮,从"颜色"中选择一种方案,或者单击"自定义颜色"命令选择。本题为"绿色"。

④ 单击"变体"|"其他"|"字体"|"自定义字体"命令,在"新建主题字体"对话框中,选择

要使用的字体。本题在"标题字体(中文)"中选择"华文琥珀",在"正文字体(中文)"中选择"华文隶书",为新主题字体键入适当的名称,单击"保存"按钮。

⑤ 单击"变体"|"其他"|"效果",在"效果"菜单中选择合适的效果。本题为"棱纹"。

⑥ 单击"设计"|"主题"|"其他"|"保存当前主题"命令,在"文件名"框中,输入"我的主题",然后单击"保存"。

⑦ 单击选中幻灯片,再单击"设计"|"主题",选择已经保存好的"我的主题"。

⑧ 保存演示文稿,文件名为"Ppt5-3.pptx"。

2. 背景的设置

给幻灯片添加背景,可以增强幻灯片的对比度,突出文本的显示效果,还使幻灯片看上去更精致美观。

背景的使用分两种情况,一种是直接使用系统内置的背景样式,另一种是用户可以自定义背景样式。背景样式是当前演示文稿"主题"中的颜色和背景的组合,当更改演示文稿中使用的主题时,背景样式也会随之改变。

1) 使用系统的内置背景

使用系统内置的背景的方法是,单击"设计"选项卡下"变体"区右下角的"更多"按钮,选择"背景样式"命令,在打开的背景样式库中,背景样式显示为缩略图,单击某个背景样式,则演示文稿中所有的幻灯片都应用了所选的背景样式。

图 5-2-5　"设置背景格式"对话框

如果想把背景样式只应用于选定的幻灯片,则可以在某个要应用的背景样式缩略图上右击,选择"应用于所选幻灯片"命令。在快捷菜单中,还可以选择将该背景样式添加到快速访问工具栏。

在应用背景样式时,如果选中了"设置背景格式"区的"隐藏背景图形"复选框,那么在幻灯片中将不显示所应用主题中包含的背景图形。比如选择了"凸显"的主题,选中"隐藏背景图形"复选框,则该主题上的背景图形隐藏。

2) 用户自定义背景样式

自定义背景样式,首先单击要添加背景的幻灯片,然后单击"自定义"区中的"设置背景格式"按钮,打开"设置背景格式"窗格,如图 5-2-5 所示。

在"设置背景格式"窗格中,可以选择"填充"和"图片"背景。"填充"背景可以选择纯色背景,可以选择渐变填充,也可以选择图片或纹理填充。如果选择了"图片或纹理填充",则可以选择系统内置的纹理填充,也可选择用图片填充,单击"插入图片来自"选项区的"文件"按钮,打开"插入图片"对话框,找到要作为背景的图片,单击"插入"按钮,返回到"设置背景格式"对话框,单击"关闭"按钮,则图片背景插入到选定的幻灯片上;单击"重置背景"按钮,删除刚设置的背景;单击"全部应用"按钮,应用到所有幻灯片上,这时候"重置背景"按钮不可用,演示文稿文件中的所有幻灯片都应用了该背景。

【案例 5-4】　新建演示文稿,添加 4 张内容(如图 5-2-6 所示)相同的幻灯片;分别设置每张幻灯片的背景样式;保存文件名为"Ppt5-4.pptx";最终效果如图 5-2-6 所示。

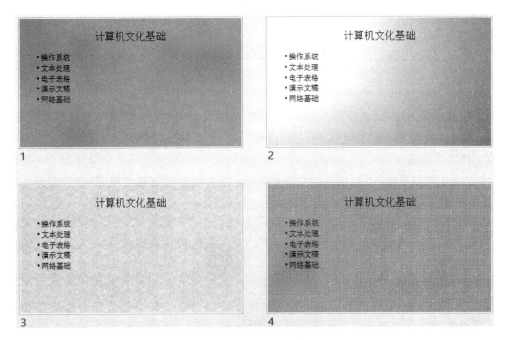

图 5-2-6　设置背景效果

案例实现

① 启动 PowerPoint,单击"空白演示文稿",或选择"新建"|"空白演示文稿",新建演示文稿。

② 单击"开始"|"幻灯片"|"新建幻灯片"|"标题和内容"命令,创建 1 张幻灯片,输入如图所示的标题和内容,然后通过复制粘贴再生成其他 3 张幻灯片。

③ 选择第 1 张幻灯片,单击"设计"|"自定义"|"设置背景格式"命令,打开"设置背景格式"窗格,在"设置背景格式"窗格中选中"纯色填充"按钮,颜色选择"绿色",透明度选择"30%"。

④ 选择第 2 张幻灯片,在"设置背景格式"窗格中选中"渐变填充"按钮,设置"预设渐变"为"顶部聚光灯-着色 6","类型"为"射线","方向"为"从左上角"。

⑤ 选择第 3 张幻灯片,在"设置背景格式"窗格中选中"图片或纹理填充"按钮,设置"纹理"为"花束","透明度"为"30%","镜像类型"为"水平"。

⑥ 选择第 4 张幻灯片,在"设置背景格式"窗格中选中"图案填充"按钮,设置"图案"为"75%","前景色"为"蓝色,着色 1,淡色 40%","背景色"为"白色,背景 1,深色 50%"。

⑦ 保存演示文稿,文件名为"Ppt5-4.pptx"。

5.2.2　母版的设置和使用

在演示文稿中使用母版可以统一设置所有幻灯片的格式,包括标题和正文文本的字体、字号大小、位置、背景、图片以及项目符号的样式等。幻灯片母版是存储着有关应用的设计模板信息的幻灯片,包括字形、占位符大小或位置、背景设计和配色方案。幻灯片母版中记录了演示文稿中应用了该母版的幻灯片的布局信息,它可以使演示文稿中所有应用了该母版的幻灯片具有统一的外观。

对母版格式的修改会反映到所有应用了该母版的幻灯片上，比如给母版插入日期时间、页脚、编号和背景等，所有基于该母版的幻灯片上都插入了这些内容。当然，没有必要用母版去控制幻灯片的所有细节内容，一套母版控制的幻灯片看上去有统一的外观格式，但个别幻灯片也可以有个性的东西。更改某一张幻灯片的格式并不会影响到其他幻灯片，也不会影响到母版。因此，在设置幻灯片的外观时适当使用母版，可以减少很多重复性的工作，还可以使幻灯片具有整齐一致的外观。

1．母版的分类

PowerPoint 2013 提供了幻灯片母版、讲义母版和备注母版。

（1）讲义母版：用来更改讲义的打印设计和版式。

（2）备注母版：设置备注的格式，使备注具有统一的格式。

（3）幻灯片母版：最常用的母版，幻灯片母版的格式将影响基于该母版的一系列幻灯片。

2．母版的应用

各种母版的功能虽然不同，但设置的方法却是基本一样的，因此，这里只讲述幻灯片母版的设置和使用。

在 PowerPoint 2013 中，幻灯片母版和主题及版式是密切相关的。一个演示文稿中如果只使用了一个主题，那么该演示文稿对应的有一组不同版式的幻灯片母版。单击"视图"选项卡中"母版视图"区的"幻灯片母版"按钮，进入到母版视图，看到左面窗格中有一组幻灯片缩略图，分别是不同版式的幻灯片母版，用来控制基于该版式的幻灯片的格式；若演示文稿中应用了多个主题，则进入幻灯片母版视图后能对应的看到多组幻灯片母版，分别控制不同主题不同版式的幻灯片的格式。

在演示文稿中，如果需要控制某个主题某个版式的幻灯片具有统一的外观，只要设置相应主题和版式的幻灯片母版即可。其中"标题幻灯片版式"和"标题和内容版式"的幻灯片母版最为常用。

这两个幻灯片母版中都包含 5 个区域，分别用来设置标题文本的位置、字体、字号和格式等，设置正文文本的位置、字体、字号、格式以及项目符号的样式等，添加日期时间、页脚和幻灯片编号并控制这些内容的位置、字体和大小及格式等。标题母版中"副标题样式"占位符和幻灯片母版不同，其他的都相同，如图 5-2-7 和 5-2-8 所示。

图 5-2-7　"标题幻灯片版式"的母版

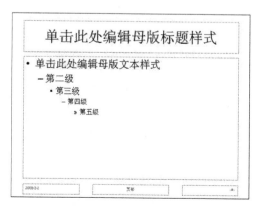

图 5-2-8　"标题和内容版式"的母版

在 PowerPoint 2013 中，如果要用母版来控制某些幻灯片的格式，应该首先进入母版视图进行格式设置，然后返回到普通视图下，新建相应的基于母版版式的幻灯片，输入幻灯片的内容。

PowerPoint 2013 允许在一个演示文稿中使用多个母版，多个母版是和多个主题相关的，这点在前面也提到过。如果要在一个演示文稿中应用多个母版，应该先在普通视图下选定要应用其他母版的幻灯片，给这些幻灯片应用另一个与当前主题不同的主题，这样在进入幻灯片母版视图后，就能看到不同的幻灯片母版了，可以分别进行修改和设置。PowerPoint 2013 也提供了"插入幻灯片母版"、"删除母版"、"重命名母版"、"复制母版"、"保留母版"等相应的操作命令。

【案例 5-5】 新建演示文稿，通过设置幻灯片母版，建立图 5-2-9 所示的幻灯片；保存演示文稿为"Ppt5-5.pptx"。

图 5-2-9　应用母版效果

案例实现

① 启动 PowerPoint，单击"空白演示文稿"，或选择"新建"|"空白演示文稿"，新建演示文稿。

② 单击"开始"|"新建幻灯片"命令，创建 2 张幻灯片，选择第 1 张幻灯片，设置版式为标题幻灯片，选择第 2 张幻灯片，设置版式为标题和内容。

③ 单击"视图"|"母版视图"|"幻灯片母版"命令，进入幻灯片母版视图。

④ 在母版视图左窗格的幻灯片母版中，单击"标题幻灯片版式"幻灯片缩略图，在幻灯片窗格中单击设置标题格式的提示性文本，设置字体为微软雅黑、字号 55、紫色、居中显示；副标题为英文 Mongolian Baiti、字号 36、紫色、居中显示；再单击"插入"|"插图"|"形状"|"星与旗帜"命令，选"五角星"，调整大小位置合适；然后单击选中五角星，再单击"格式"|"形状样式"|"形状填充"命令，选红色；单击"格式"|"形状样式"|"形状轮廓"命令，选黄色；单击"格式"|"形状样式"|"形状效果"|"发光"命令，选择"金色，18pt 发光，着色 4"。

⑤ 在母版视图左窗格中，单击"标题和内容版式"的母版缩略图，设置标题为华文隶书 55 号、深蓝色、居中显示；文本中全部五级标题为红色，为一级标题添加如图所示项目符号，为二级标题添加如图所示项目编号；单击"插入"选项卡"文本"组的"页眉和页脚"，插入日期、页脚（辅导材料）和幻灯片编号，设置标题幻灯片不显示编号。在内容占位符左下角插入一图片，然后选中该图片，单击"格式"|"调整"|"颜色"|"设置透明色"命令，将图片的白色区域设置为透明色。

⑥ 退出幻灯片母版视图切换到普通视图,输入相应内容,单击"设计"|"自定义"|"幻灯片大小"|"自定义幻灯片大小"命令,打开"幻灯片大小"对话框,修改"幻灯片编号起始值"从0开始。

⑦ 保存演示文稿,文件名为"Ppt5-5.pptx"。

5.3 PowerPoint 动画与播放

📖 **本节重点和难点:**

重点:
- PowerPoint 幻灯片动画
- 添加声音效果
- 超链接和动作按钮
- PowerPoint 幻灯片放映和放映控制

难点:
- PowerPoint 幻灯片动画
- 超链接和动作按钮

5.3.1 PowerPoint 幻灯片动画

PowerPoint 2013 的动画包括针对整张幻灯片设置动画效果和针对幻灯片中的某个对象设置动画效果两种情况。对幻灯片设置的动画主要是指幻灯片的切换效果方案,对幻灯片中的对象,如对占位符、文本框、自选图形、图片、剪贴画等对象设置动画,效果分两类:系统预设的动画和用户自定义的动画效果。

1. 应用切换效果方案

PowerPoint 2013 提供了淡出和溶解、擦除、推进和覆盖、条纹和横纹、随机等几十种幻灯片切换的动画方案,可以快速地为演示文稿中的一个或多个或全部幻灯片设置动画切换效果。操作方法如下。

在普通视图下,单击"切换"选项卡,便能够看到"切换到此幻灯片"功能区,如图 5-3-1 所示,幻灯片的动画方案都在该区设置。

图 5-3-1 "切换到此幻灯片"功能区

1) 选定一个或多个要设置切换效果的幻灯片

用鼠标指向该功能区的某个动画方案的缩略图,在幻灯片上便能看到预览效果,单击该缩略图就会给选定的幻灯片设置切换效果。切换方案区右侧有上翻和下翻按钮,可以选择更多的切换方案,单击"其他"按钮,打开所有的切换方案窗口以供选择。单击"全部应用"按钮,可以给演示文稿中所有的幻灯片都应用选择的切换方案。

2）设置"切换方案"的"切换声音"

系统预设了很多种幻灯片在进行切换时播放的声音效果，鼠标指向某个声音，能听到声音的效果，单击便可以给选定的幻灯片设置切换音效，单击"全部应用"按钮，选择的声音应用到所有的幻灯片上。另外，"切换速度"可以设置幻灯片某种切换方案的切换速度，有快速、中速和慢速 3 种选择，设置方法和切换方案及切换声音相同。

3）确定"换片方式"的选择

在"切换到此幻灯片"功能区的最右侧，有个"换片方式"的选择，包括"单击鼠标时"和"在此之后自动设置动画效果"两个选项。其中"单击鼠标时"是默认选项，当放映幻灯片时，单击，切换到下一张幻灯片。当选择了"在此之后自动设置动画效果"选项并设置了时间，则幻灯片放映时，不需要去控制换片，每隔特定的（设置的）秒数，系统自动换片。如果两个复选框都选中，则可以用两种方式控制幻灯片的切换，可以单击换片，每隔特定的时间，鼠标不单击，也换片。

2. 自定义动画的设置

给幻灯片中的对象添加动画效果，可以直接使用系统预设的动画效果，也可以设置自定义动画效果。

1）自定义动画效果的设置

在普通视图下，单击要添加动画效果的对象所在的幻灯片，选定要添加动画的对象，单击"动画"选项卡，单击"高级动画"组中的"添加动画"按钮，弹出一个下拉菜单，有"进入"、"强调"、"退出"和"动作路径"4 个菜单项，每个菜单项下面都列出了多个动画类型，想选其他更多种类型，可以单击"更多效果"按钮，可以有更多的选择，如图 5-3-2 所示。

图 5-3-2　动画效果选项

鼠标指向"淡出"、"擦除"或者"飞入"中的一种，能看到预览效果，单击便给选定对象设置了动画。

选择了一种动画效果，单击"确定"按钮，后该动画就应用到幻灯片上选定的对象上了，在幻灯片窗格中应用了动画的对象旁边会标注动画的编号（该编号在放映幻灯片的时候不会显示），同时该动画设置也可以在打开的"动画窗格"的列表框中看到，如果给一个幻灯片上的很多个对象都设置了动画，则这些动画按照设置的顺序从上到下依次排列在"动画窗格"列表中,顺序号和幻灯片上的动画编号一一对应。

2)动画效果的修改

给幻灯片中的对象添加了动画效果后,还可以编辑和修改。在普通视图下,选定要修改动画效果的幻灯片,打开"动画窗格"任务窗格,在自定义动画列表框中选中要修改的动画,单击"动画"选项卡,在"动画"组中可以重新选择动画。在幻灯片窗格中直接选定对象,单击"添加动画"按钮,可以给该对象添加更多的动画效果。

如果要改变动画在播放时的顺序,可以在自定义动画列表中选中要改变顺序的动画效果,用鼠标拖动到目标位置,也可以选定动画后,用"动画窗格"任务窗格下面的"重新排列"上移或下移按钮来重新排列。若要删除动画,选定后右击,从弹出的快捷菜单中选择"删除"命令即可。

可以通过"动画"选项卡中的"计时"组来设置动画效果开始的方式、播放的方向和速度。在动画列表中选中某个动画,单击其右侧的箭头,或直接在该动画效果上右击,可选择动画效果的开始方式,也可以删除动画,还可以设置动画的其他效果和计时,"效果"和"计时"的选项卡,如图 5-3-3 和图 5-3-4 所示。

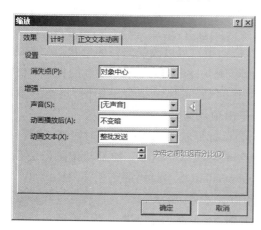

图 5-3-3 "效果"选项卡

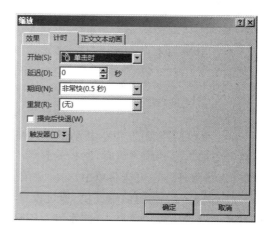

图 5-3-4 "计时"选项卡

在"计时"选项卡中的"延迟"框中输入时间,可设置动画播放前延迟的时间;"重复"下拉列表框可设置动画效果播放的重复次数。

3)动作路径

PowerPoint 2013 除了能够给幻灯片上的对象设置"进入"、"强调"和"退出"的动画效果之外,还可以为对象设置动作路径,使对象按照动作路径指定的路线移动。系统提供了许多已经设置好的动作路径供用户使用,用户也可以自己绘制动作路径。给对象添加或绘制动作路径可按照如下步骤进行。

(1)选定要添加或绘制动作路径的对象,单击"动画"选项卡中"高级动画"组中的"添加动画"按钮,选择"动作路径"下的一种路径即可,系统提供了 6 种选择,如果没有需要的路径,可单击"其他动作路径"按钮,打开"添加动作路径"对话框,如图 5-3-5 所示,有更多的选择。

(2)如果要绘制动作路径,选择"添加动画"下"动作路径"中的"自定义动作路径"下面的相应菜单项,然后在幻灯片上拖动鼠标,绘制就可以了。可选择绘制直线、曲线、任意多边形和自由曲线。其中在绘制曲线时,鼠标拖动到某个位置单击,可以确定一个点,结束时用鼠标双击。其他3种路径直接拖动鼠标绘制就可以。

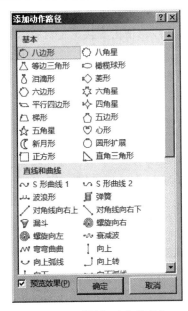

图 5-3-5 "添加动作路径"
对话框

4) 动作路径的修改

绘制好的动作路径,可以根据需要修改。动作路径绘制好后,在幻灯片窗格中用虚线显示,如果路径是不封闭的,则路径的起点用绿色三角形标记,终点用红色的三角形标记;若是封闭的路径,则起点和终点都用绿色的三角形标记。修改动作路径包括改变动作路径的大小、位置、形状和添加顶点等操作。

(1) 如果要改变路径的大小,选定路径后用鼠标拖动控点。

(2) 要改变动作路径的位置,移动鼠标到路径上,当鼠标形状变成四向箭头时拖动,到目标位置放开即可。

(3) 要改变路径的形状,移动鼠标到路径上,当鼠标形状变成四向箭头时右击,选择"编辑顶点"菜单项,进入顶点编辑状态,拖动顶点可以改变路径的形状;右击某个顶点,可选择删除顶点、添加顶点等对顶点的操作;修改完成后,右击动作路径,选择快捷菜单中的"退出顶点编辑状态"命令,退出顶点编辑。

(4) 要改变路径的方向,移动鼠标到路径上,当鼠标形状变成四向箭头时右击,选择"反转路径方向",则动画播放时,路径的起点成为终点,终点变成了起点;如果动作路径是不封闭的(直线除外),在快捷菜单中选择"关闭路径"命令,可以将不封闭的路径关闭。

【案例 5-6】 新建演示文稿,通过设置动画和声音效果,演示"王"字的书写过程。其中幻灯片的背景为纹理填充中的"水滴",幻灯片切换采用"形状",效果选项为"菱形",持续时间为 2 秒,并配有"鼓掌"声音;"王"字的所有笔画采用形状中的"矩形"绘制,线条和填充颜色均为"深蓝色";笔画动画为"擦除",速度为"慢速",均配有"风铃"声,动画间演示采用自动播放;保存演示文稿,文件名为"Ppt5-6.pptx";效果如图 5-3-6 所示。

案例实现

① 启动 PowerPoint,单击"空白演示文稿",或选择"新建"|"空白演示文稿",新建演示文稿。

② 添加 1 张空白版式的幻灯片,单击"设计"|"自定义"|"选择背景格式"|"图片或纹理填充"命令,选择"纹理"中"水滴"。

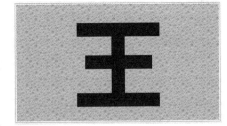

图 5-3-6 演示文稿"案例 5-6"的效果

③ 单击"切换"|"切换到此幻灯片"命令,选择"形状",效果选项选择"菱形";在"计时"组中,设置"持续时间"为 2 秒,"声音"选择"鼓掌",勾选"设置自动换片时间",并设置为 2 秒。

④ 单击"插入"|"插图"|"形状"|"矩形"命令,插入"矩形",调整高度、宽度和位置合适;

选中矩形,单击"格式"|"形状样式"命令,在"形状填充"和"形状轮廓"中均选"深蓝色";然后通过复制粘贴生成其他几个笔画。

⑤ 单击选中第一笔,再单击"动画"|"动画"命令,选择"擦除",效果选项选择"自左侧";然后单击"动画"|"高级动画"|"动画窗格"命令,在幻灯片窗格右侧打开动画窗格;再单击矩形动画列表右边下三角按钮,从列表中选择"从上一项之后开始";单击"效果选项"按钮,打开"擦除"对话框,在"效果"选项卡中选择声音为"风铃",在"计时"选项卡中选择"期间"为"慢速 3 秒"。

⑥ 其他 3 笔动画、效果、声音等设置方法均基本相同。之后如果动画播放顺序不对,可选择"对动画重新排序"中的命令来调整。

⑦ 保存演示文稿为"Ppt5-6.pptx"。

5.3.2 添加声音效果

向幻灯片中添加声音效果,可以增强幻灯片的听觉效果,使幻灯片的放映更加完美。在 PowerPoint 2013 中添加的声音可以在动画窗格中像自定义动画一样设置效果选项和计时。

1. 从文件中添加声音

1)选择幻灯片

切换到普通视图下,选定要插入声音的幻灯片,打开"插入"选项卡,单击"媒体"区的"音频"按钮下的"PC 上的音频",打开"插入音频"对话框,如图 5-3-7 所示。

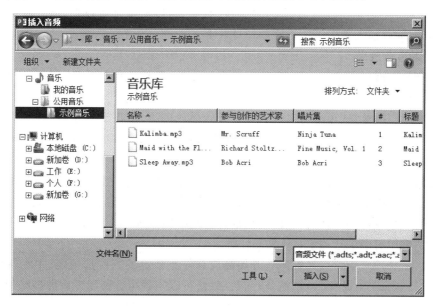

图 5-3-7 "插入音频"对话框

2)选择声音

单击选定的声音图标,便可将声音添加到当前幻灯片中。声音插入到幻灯片中表现为一个小喇叭状的图标,该图标可移动,也可以改变大小。同时,在功能区增加了一个"音频工具"下的"格式"和"播放"两个选项卡,如图 5-3-8 所示。

图 5-3-8 "音频工具"选项卡

3）确定播放效果

在"播放"中有一个"预览"区，可以听到选定声音的效果；"音频选项"区可以设置选定声音文件的选项，比如放映时是否隐藏声音图标、是否循环放映以及声音文件的大小等；在"格式"中"排列"区可设置多个图标的叠放次序，单击"选择窗格"按钮，打开选择窗格，方便选定单个对象；"大小"区用来设置选定声音图标的大小。

2. 录制声音

如果文件中没有合适的音频，PowerPoint 2013还支持用户在演示文稿中自己录制声音。操作步骤如下。

（1）选择幻灯片：在普通视图下，选定要录制声音背景的幻灯片。

（2）开始录音：在"插入"选项卡的"媒体"区单击"音频"按钮的下三角，选择"录制音频"命令，打开"录制声音"对话框，输入录音的名称后，单击"录音"按钮开始录音，录音的长短受硬盘空间大小的影响。

（3）停止录音：单击"停止"按钮，停止录音。

（4）添加声音：单击该对话框中的"播放"按钮，可以试听录音效果，满意后单击"确定"按钮，声音图标就插入到了当前选定的幻灯片上。

3. 设置声音效果

给幻灯片上添加了声音之后，系统自动增加一个"音频工具"|"格式"选项卡和"音频工具/播放"选项卡。

"音频工具/播放"选项卡可以设置声音开始播放的方式、声音音量、在该张幻灯片放映期间是否连续重复播放等。这里介绍另一种设置声音效果的方法，这种方法还可以设置跨越多张幻灯片连续播放声音。

选定幻灯片上的声音图标，打开"动画窗格"任务窗格，该幻灯片上所有设置的声音文件都显示在任务窗格的动画列表框中，右击某个声音文件或者直接单击该文件右侧的箭头，选择"效果选项"命令，打开"播放声音"对话框，如图 5-3-9 所示。

该对话框中有两个选项卡：效果和计时。

在"效果"选项卡中可以设置声音开始播放和停止播放的一些选项，其中在"停止播放"中选择"在第几张幻灯片后"单选钮，输入数字，便可以实现声音跨越设置的多张幻灯片播放的效果。

在"计时"选项卡中，有一个单选钮"单击下列对象时启动效果"，可以实现用播放按钮来控制声音播放的效果，操作步骤设置如下。

（1）选定声音对象所在的幻灯片，在幻灯片窗格中绘制 3 个矩形按钮，文本分别是"播放"、"暂停"和"停止"。

（2）选中声音图标，打开"动画窗格"任务窗格，在任务窗格的声音列表中该声音文件上

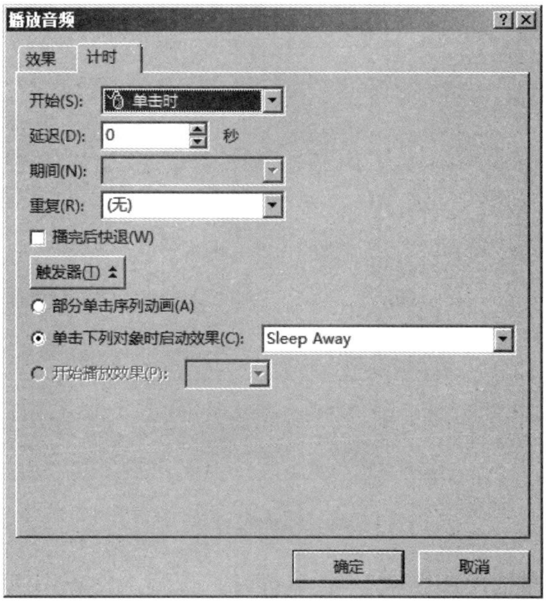

图 5-3-9 "播放音频"对话框

右击,选择"计时"命令,打开"播放音频"对话框的"计时"选项卡,单击"触发器"按钮,选中"单击下列对象时启动效果"单选钮,在其右侧的下拉列表框中选择"矩形:播放",单击"确定"按钮。

(3) 选定声音图标,单击"动画"|"高级动画"|"添加动画"|"暂停",可以看到,在"动画窗格"任务窗格的列表中添加了一个"暂停"的声音效果,打开其"播放音频"对话框的"计时"选项卡,单击"触发器"按钮,选中"单击下列对象时启动效果"单选钮,在右侧的下拉列表中选择"矩形:暂停",单击"确定"按钮。

用同样的方法设置"停止"播放控制按钮,完成后,在放映幻灯片时,单击"播放"、"暂停"和"停止"按钮,就可以控制声音文件的播放了。

5.3.3 演示文稿中的超链接和动作按钮

在演示文稿文件中设置超链接,可以实现在放映幻灯片时从幻灯片的某个位置跳转到其他位置,具体可以实现一张幻灯片与演示文稿的其他幻灯片、其他演示文稿文件中的幻灯片、Web 页等的跳转。

PowerPoint 2013 演示文稿中所有的对象包括文本、图形、图片、表格、图表都可以设置超链接,当为某个对象设置了超链接,在放映演示文稿时,鼠标指向设置了超链接的对象,形状会变为"手",单击便可以实现跳转。

1. 超链接的设置

设置步骤如下。

(1) 在幻灯片窗格中选定要设置超链接的对象,单击"插入"选项卡中"链接"区的"超链接"按钮,打开"插入超链接"对话框,如图 5-3-10 所示。

(2) 在"插入超链接"对话框中,"链接到"提供了 4 种选择:

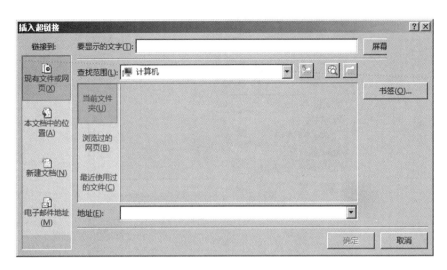

图 5-3-10 "插入超链接"对话框

① 如果想要链接到某个文件或 Web 页,选择"现有文件或网页",给出查找范围,确定要链接到的文件,地址会在"地址"列表框中自动生成。查找范围可以是选定的某个文件夹,也可以是"浏览过的网页"或者"最近使用过的文件"。对话框中还有一个"书签"按钮,单击后打开"在文档中选择位置"对话框,可以设置链接到文档中的某张幻灯片。

② 如果要链接到当前演示文稿文件中的其他幻灯片上,可以选择"本文档中的位置"命令,然后在"请选择文档中的位置"列表中确定具体要链接的幻灯片。

③ 如果要链接到新建的演示文稿,选择"新建文档"命令,输入新演示文稿的文件名和路径,然后选择该新建文档是立刻开始编辑还是以后编辑。若选择"以后编辑新文档",则确定后系统只是创建了一个新的演示文稿,插入点仍然在当前演示文稿中;若选"开始编辑新文档",则系统创建新演示文稿,并将插入点移入该新建的演示文稿中。

④ 如果想链接到某个电子邮件地址,选择"电子邮件地址",然后在右侧的"电子邮件地址"文本框中输入电子邮件的地址或者在"最近用过的电子邮件地址"列表中选择需要的电子邮件地址。在"主题"文本框中输入电子邮件的主题。

(3) 在"插入超链接"对话框中有一个"屏幕提示"按钮,单击该按钮,输入提示信息,当鼠标指向超链接变成"手"时,显示所设置的提示信息。

2. 超链接的修改

对超链接进行的修改,包括改变超链接的颜色、更改超链接的目标和删除超链接等。

1) 改变超链接的颜色

选定设置超链接的对象所在的幻灯片,打开"设计"选项卡,单击"变体"区的"颜色"按钮,选择需要的颜色方案,也可以单击"自定义颜色"命令,建立新的配色方案。

2) 改变超链接的目标

选定超链接所在的对象,单击"插入"选项卡的"超链接"按钮,打开"编辑超链接"对话框,重新设置超链接的目标。

3) 删除超链接

单击设置了超链接的文本,或选定设置了超链接的对象,单击"插入"选项卡的"超链接"

按钮,打开"编辑超链接"对话框,单击"删除链接"按钮,这种方法只是删除了超链接,设置超链接的对象还在;若选中了设置超链接的对象,按 Del 键,则超链接连同对象一起删除。

3. 动作按钮

PowerPoint 2013 提供了一组动作按钮,其实质就是添加了超链接的一些图形对象。利用这些动作按钮,用户可以方便地实现在放映演示文稿时,跳转到本演示文稿的其他幻灯片、其他文件、网页等,还可以启动应用程序、播放声音或影片。

设置动作按钮,可以按照以下步骤进行。

(1) 选择动作按钮形状。在普通视图下,选定要添加动作按钮的幻灯片,打开"插入"选项卡,单击"形状"按钮,在窗口的最下面"动作按钮"区可以看到,系统提供了 12 种动作按钮,最后一个是"自定义"按钮,单击需要的动作按钮小图标。

(2) 确定动作按钮形状。在幻灯片窗格中,定位要放置动作按钮的位置后单击,可以添加系统定义大小的一个动作按钮,同时打开"动作设置"对话框。也可以按下鼠标左键,拖动绘制自定义大小的动作按钮,放开鼠标左键的同时也会打开"动作设置"对话框,如图 5-3-11 所示。

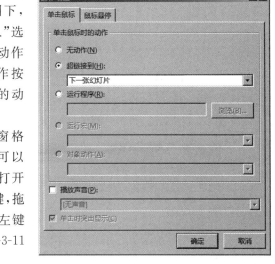

图 5-3-11 "操作设置"对话框

(3) 设置按钮动作。在"动作设置"对话框中,有两个选项卡,"鼠标单击"和"鼠标悬停",分别用来设置在放映幻灯片时,是鼠标单击还是鼠标移过该动作按钮时跳转到链接目标;选择"单击鼠标"选项卡,选中"超链接到"单选钮,在下面的列表框中设置链接目标;选中"运行程序"单选钮,并给出程序所在的路径和程序名,在放映演示文稿时,单击该按钮会运行相应的程序;选择"播放声音"复选框,可设置当单击该按钮时播放的声音。单击"确定"按钮,完成动作设置。

如果在绘制了动作按钮后没有立刻设置动作,以后设置,可以选定动作按钮后,单击"插入"选项卡"链接"区的"动作",便可设置。

动作按钮的形状可以进行编辑,编辑的方法和其他自选图形完全相同,选定按钮,系统自动添加"绘图工具"|"格式"选项卡,对按钮图形进行格式设置。右击动作按钮,选择"编辑文本"命令,可编辑按钮形状上的文本。

5.3.4 PowerPoint 幻灯片放映和放映控制

对一个演示文稿输入内容并进行的各种外观设置之后,就可以放映了。若想熟练的控制演示文稿的放映过程,还需要了解和掌握演示文稿的放映类型、放映方式等内容。

1. 演示文稿的放映类型

在 PowerPoint 2013 中演示文稿的放映有两种类型:一是手动进行幻灯片的放映;另一种是自动进行幻灯片的放映。

(1) 使用"幻灯片放映"选项卡中的"开始放映幻灯片"功能区。

(2) 单击"从头开始"按钮(或者直接按 F5 功能键),从第一张幻灯片开始放映,单击"从当前幻灯片开始"按钮(或组合键 Shift＋F5),则从选定的幻灯片开始放映。

(3) 单击"自定义幻灯片放映",打开"自定义放映"对话框,如图 5-3-12 所示。

图 5-3-12 "自定义放映"对话框

在该对话框中,可以根据不同的场合需要设置幻灯片放映的顺序和幻灯片放映的张数。方法是单击"新建"按钮,打开"定义自定义放映"对话框,如图 5-3-13 所示。

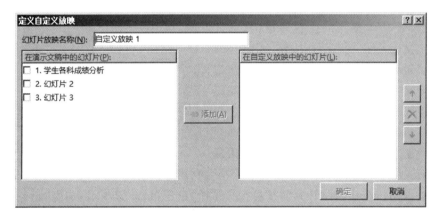

图 5-3-13 "定义自定义放映"对话框

在"幻灯片放映名称"文本框中输入自定义放映的名称,把要放映的幻灯片从"在演示文稿中的幻灯片"列表框中添加到"在自定义放映中的幻灯片",如果想删除自定义放映中的幻灯片,可以在"在自定义放映中的幻灯片"中选中,单击"删除"按钮,被删除的幻灯片又移入"在演示文稿中的幻灯片"列表框中。在"定义自定义放映"对话框右侧,有"向上"和"向下"按钮,可以调整幻灯片的放映顺序。设置好后,单击"确定"按钮,关闭对话框,返回到演示文稿中,单击"幻灯片放映"选项卡的"开始放映幻灯片"区的"自定义幻灯片放映"按钮,则会打开刚才建立的幻灯片放映,单击,便可实现自定义放映。

2. 设置自动放映

在保存演示文稿时,如果将保存类型设置为"PowerPoint 放映(＊.ppsx)",则幻灯片的放映设置为自动放映,当再次打开演示文稿时,自动进入到幻灯片放映状态。

方法是:在当前演示文稿窗口,单击"文件"选项卡,选择"另存为"下的"PowerPoint 放映"命令,在打开的"另存为"对话框中可以看到,"保存类型"自动选择了"PowerPoint 放映(＊.ppsx)"类型,选择保存位置并输入文件名,单击"保存"按钮,便可以保存。退出PowerPoint,再次打开该演示文稿时,自动进入幻灯片放映状态。

3．设置幻灯片的放映方式

设置步骤如下。

（1）用户单击"幻灯片放映"选项卡中"设置"区的"设置幻灯片放映"按钮，打开"设置放映方式"对话框，如图 5-3-14 所示。

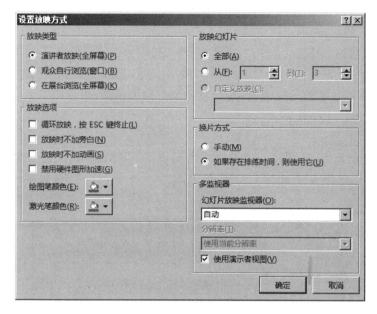

图 5-3-14　"设置放映方式"对话框

（2）在该对话框中，用户可以设置幻灯片的放映方式、放映选项和换片方式等。

幻灯片的放映方式有 3 种：演讲者放映、观众自行浏览和在展台浏览。

- "演讲者放映"是最常见的一种全屏幕放映方式，演讲者完全控制幻灯片的放映过程。
- "观众自行浏览"适合于小规模的窗口演示，可用滚动条从一张幻灯片移动到另一张幻灯片。
- "在展台浏览"适合展览会或会议场合，这种方式下演示文稿通常是自动放映。

（3）设置幻灯片的放映选项，如"循环放映，按 Esc 键终止"，也可以设置放映哪些幻灯片和设置换片方式等，这里不再赘述。

4．隐藏幻灯片

如果在放映时不想放映某些幻灯片，也可以让这些幻灯片隐藏起来。方法是单击选定要隐藏的幻灯片，单击"幻灯片放映"选项卡中"设置"区的"隐藏幻灯片"按钮，则该幻灯片被隐藏，放映时不会被放映。

在"普通视图"的"幻灯片"窗格中，幻灯片被隐藏之后，其缩略图左侧的幻灯片编号上加了一个带对角线的矩形框。选定被隐藏的幻灯片，再次单击"隐藏幻灯片"按钮，则取消隐藏。

5．幻灯片的定位

在幻灯片放映的过程中，需要切换和定位幻灯片。

（1）在幻灯片放映视图下，右击，在快捷菜单中选择相应的命令，可以控制幻灯片的切换。

（2）最快捷的方法是，直接单击幻灯片或按下 Enter 键，都可以切换到下一张幻灯片；

单击 BackSpace 键,可以返回到上一张幻灯片;按 Esc 键可以结束放映。

6. 演示文稿的网上发布和打包

PowerPoint 2013 提供了将演示文稿发布到 Web 站点上,从而转换为扩展名为.htm 或.html 的网页文件,用户也可以将演示文稿文件进行打包。这两种方式都可以使演示文稿文件在没有安装 PowerPoint 2013 的计算机上也能够放映。

1) 演示文稿的发布

发布演示文稿的方法是:单击"文件"选项卡,选择"另存为"按钮,在打开的"另存为"对话框中选择文件的类型是"PowerPoint XML 演示文稿",选择文件保存的路径和文件名,然后单击"保存"按钮,下次打开文件时,系统自动会启动浏览器,可以浏览发布为网页的演示文稿的内容。

2) 演示文稿的打包

演示文稿打包方便用户携带和传送。在普通视图下,单击"文件"选项卡,选择"导出"下的"将演示文稿打包成 CD"命令,单击"打包成 CD"按钮,打开"打包成 CD"对话框,如图 5-3-15 所示。

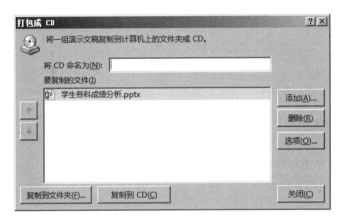

图 5-3-15 "打包成 CD"对话框

单击该对话框中的"选项"按钮,打开图 5-3-16 所示的"选项"对话框,根据需要设置打包是否包含播放器、超链接及打开演示文稿时是否有密码保护等选项,单击"确定"按钮,返回到"打包成 CD"对话框。

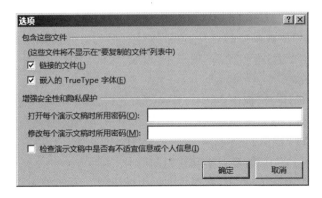

图 5-3-16 "选项"对话框

如果要将多份演示文稿一并打包，单击"打包成 CD"对话框中的"添加"按钮，打开"添加"对话框，将相应的文件添加即可。

单击"打包成 CD"对话框中的"复制到文件夹（F）…"按钮，打开"复制到文件夹"对话框，输入文件打包后要保存的文件夹的名称，输入或者选择文件存放的位置，单击"确定"按钮，开始打包，打包的过程中会询问是否确定打包超链接，单击"是"按钮，则该文件中包含的超链接会同时复制。如果选择将播放器一起打包，则演示文稿可以在没有安装 PowerPoint 的计算机上播放。

7．演示文稿的打印

演示文稿中的内容在需要的时候可以打印出来，当然在打印之前需要对幻灯片进行页面设置。

在普通视图下，单击"设计"选项卡下的"幻灯片大小"按钮下的"自定义幻灯片大小"命令，打开"幻灯片大小"对话框，如图 5-3-17 所示。

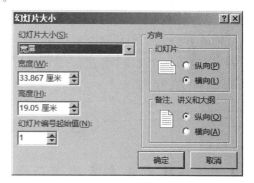

选择"幻灯片大小"为 A4 纸张；设置幻灯片编号的起始值，一般情况下，如果标题幻灯片上不显示编号，这里设置为 0；选择幻灯片的方向为横向。设置完成后单击"确定"按钮。

页面设置完成后，单击"文件"选项卡下的"打印"菜单，可以预览打印效果、设置打印选项和打印演示文稿等。

【案例 5-7】 新建演示文稿，通过模板"教育"中"大学课程的学术演示文稿"创建一系列幻灯片，将幻灯片 6～8、10～13 删除，只保留 7

图 5-3-17 "幻灯片大小"对话框

张幻灯片，输入前 3 张和最后 1 张幻灯片的有关内容，如图 5-3-18 所示；保存演示文稿为"Ppt5-7.pptx"；设置有关动画和放映方式，最后将演示文稿进行网上发布并打包。

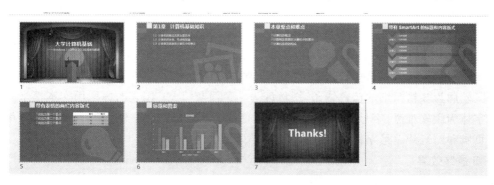

图 5-3-18 演示文稿"案例 5-7"效果

案例实现

① 启动 PowerPoint，单击"空白演示文稿"，或选择"新建"|"空白演示文稿"，新建演示文稿。

② 单击"文件"|"新建"，选择模板"教育"中"大学课程的学术演示文稿"，单击"创建"按钮，创建一系列幻灯片，将幻灯片 6～8、10～13 删除，只保留 7 张幻灯片，输入前 3 张和最后 1 张幻灯片的有关内容。

③ 单击"幻灯片放映"|"设置"|"设置幻灯片放映",打开"设置放映方式"对话框,"放映类型"选择"演讲者放映(全屏幕)","放映选项"选择"循环放映,按 Esc 键终止"。

④ 单击选中第 4 张幻灯片,单击"幻灯片放映"|"设置"|"隐藏幻灯片",幻灯片放映时,第 4 张幻灯片不放映。

⑤ 选中所有幻灯片,单击"切换"|"切换到此幻灯片"|"分割";通过"计时"组,设置持续时间为"2 秒",切换声音为"鼓掌";勾选"设置自动换片时间",并设置为 3 秒,实现幻灯片自动放映。

⑥ 单击"幻灯片放映"|"开始放映幻灯片"|"自定义幻灯片放映"|"自定义放映",只放映 1、2、3、7 四张幻灯片。

⑦ 保存演示文稿为"Ppt5-7. pptx"。

⑧ 单击"文件"|"另存为"|"浏览",在打开的"另存为"对话框中选择"保存类型"为"PowerPoint XML 演示文稿",文件名为"Ppt5-7. xml",然后单击"保存"按钮,将该演示文稿文件发布为网页。

⑨ 单击"文件"|"导出"|"将演示文稿打包成 CD"|"打包成 CD",打开"打包成 CD"对话框,单击"复制到文件夹"按钮,打开"复制到文件夹"对话框,输入打包后文件夹的名称为"Ppt5-7CD",保存。

5.4　本章课外实验

5.4.1　创建内容丰富的演示文稿

📖 案例描述

创建一个用来分析学生成绩的演示文稿文件,文件名为"Pptkw5-4-1. pptx"。新建空白文档,添加 3 张幻灯片。将该演示文稿文件发送到 Word,生成一个 Word 文档,选择"空行在幻灯片下"版式。其中"学生总评成绩分析"为艺术字,字号 60,艺术字样式任选一种;阴影为右上对角透视;副标题"计算机信息管理学院",用文本框输入,字体华文新魏,字号 48,居中对齐;表格内容:字体微软雅黑,字号 60,表格套用格式为"浅色样式 2",设置"单元格凹凸效果"为"柔圆",表格中数据的对齐设置为居中对齐和垂直对齐;图表为簇状柱形图,图表区轮廓为 3 榜粗细的蓝色线条,图例区为纯色浅灰填充;图表的标题用文本框来完成,文字字体为微软雅黑,字号 54;3 张幻灯片下面都有页脚(PowerPoint 练习)和幻灯片编号,设置页脚和幻灯片编号字体为微软雅黑,字号为 40。

📇 最终效果

本案例最终效果如图 5-4-1 所示。

图 5-4-1　案例最终效果

5.4.2　设置背景的演示文稿

📖**案例描述**

新建演示文稿,创建图 5-4-2 和图 5-4-3 所示幻灯片(共 3 张),为其设置背景,采用渐变填充,类型选择"标题的阴影",预设颜色为"中等渐变-着色 6"。保存文件名为"Pptkw5-4-2. pptx"。

操作提示:

若要设置幻灯片的背景,则选定要设置背景的幻灯片,单击"设计"选项卡下"自定义"区的"设置背景格式"按钮,打开"设置背景格式"任务窗格,选择"填充\渐变填充",类型选"标题的阴影",预设颜色为"中等渐变-着色 6"。

📖**最终效果**

本案例最终效果如图 5-4-2 和图 5-4-3 所示。

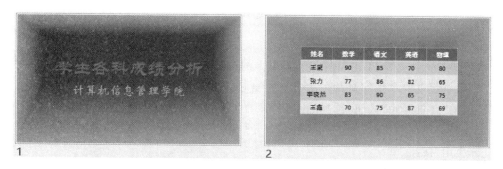

图 5-4-2　演示文稿前两张幻灯片的效果

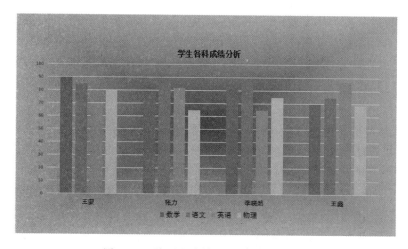

图 5-4-3　演示文稿第 3 张幻灯片的效果

5.4.3　应用母版的演示文稿

📖**案例描述**

创建用来展示"演示文稿 PowerPoint 学习纲要"的演示文稿,演示文稿中包含两张幻灯片,幻灯片的格式都通过母版来设置,保存文件名为"Pptkw5-4-3.pptx"。

最终效果

本案例最终效果如图 5-4-4 所示。

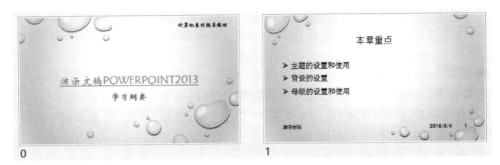

图 5-4-4　演示文稿 2 张幻灯片的效果

5.4.4　幻灯片动画和超链接的使用

案例描述

(1) 创建演示文稿,单击"视图"选项卡下的"演示文稿视图"区的"幻灯片母版",进入母版视图,用母版设置 3 张幻灯片的背景;单击选定"标题幻灯片版式"的母版缩略图,单击"背景"区的"背景样式"按钮,选择"设置背景格式(B)…",打开"设置背景格式"对话框,设置背景为渐变填充中"预设颜色"的"顶部聚光灯-着色 1",颜色为蓝色,类型选择"路径",单击"全部应用"按钮。

(2) 第一张幻灯片采用空白内容版式(选定幻灯片后,单击"开始"|"幻灯片"|"版式"更改版式);标题和副标题都是艺术字,单击"插入"|"文本"|"艺术字",选择第 1 行第 3 列的艺术字样式,标题字体为华文琥珀,大小 54,发光(强调文字颜色蓝色,11pt 发光着色 5),文本效果为"棱台"中的"角度",映像为"半映像";副标题的"课程内容"和"课程介绍"采用华文新魏 44,文本效果为"棱台"中的"凸起";"计算机系"采用文本框输入,华文行楷 32。

(3) 第二张和第三张幻灯片选择"标题和内容"版式,输入如图 5-40 所示的内容,采用图片项目符号。

(4) 设置超链接和动作按钮。选定要设置超链接的文本,单击"插入"选项卡"链接"区的"超链接",设置链接到"本文档中的位置","课程内容"能够链接到第二张幻灯片上,"课程介绍"链接到第三张幻灯片上,"计算机系"能够链接到某个网页上;单击"设计"选项卡"变体"区的"颜色",选择"自定义颜色",设置超链接的颜色为蓝色,已访问过的超链接为红色;单击"插入"选项卡"插图"区的"形状"按钮,在第三张幻灯片上添加"第一张"动作按钮,形状效果为"预设 1",单击该按钮,能够返回到第一张幻灯片上。

(5) 设置声音。单击"插入"选项卡"媒体"区的"音频"按钮,在第一张幻灯片上插入声音"CHIMES";选定声音图标(小喇叭),用"音频工具"|"播放",设置循环播放,从上一位置开始播放,在所有幻灯片播放完后停止播放,放映幻灯片时隐藏声音图标;在"动画窗格"任务窗格动画列表中,单击声音右侧的下拉三角,选择"效果选项"|"计时",通过"触发器"设置用"停止"按钮来控制幻灯片放映时声音的播放,单击"停止"按钮,可随时停止播放声音。

（6）设置动画。单击"动画"选项卡"高级动画"区的"动画窗格"按钮，打开"动画窗格"任务窗格。具体设置："网页设计与制作"采用进入中的"螺旋飞入"自动播放（之后），快速；"课程内容"采用"进入"中的"轮子"，8 根轮辐，之后；"课程介绍"采用进入中的"飞入"，自底部，非常快，之后；"计算机系"先采用进入中的"随机线条"，然后自定义水平的（和文字在一条直线上）直线路径，从左到右，都选"之后"。

（7）用"切换"选项卡来设置幻灯片的切换方案为"分割"。

（8）最后保存文件名为"Pptkw5-4-4.pptx"。

📑 最终效果

本案例最终效果如图 5-4-5 所示。

图 5-4-5　本案例最终效果

第 6 章
网络与安全

本章说明

  计算机网络将不同地域的计算机连接起来，主要目的是为了实现信息交换、资源共享、分布式处理等任务。Internet 是重要的计算机网络，Internet 越来越深入地影响和改变着人们的生活、学习、生产和商务等活动。

  本章主要介绍计算机网络的概念；Internet 的概念、发展历史、功能和工作原理；浏览器、搜索引擎的使用方法；网上图书馆、网上书店、电子图书、网上学校、网上远程教育、网上求职、电子邮件、BBS 及博客等网络交流学习方法；网络安全；网络设置。

本章主要内容

- 计算机网络的概念
- 网上信息检索
- 网上学习交流与收发电子邮件
- 病毒与防火墙
- 用户账户
- 设置无线网络

6.1　计算机网络

📖 **本节重点和难点：**

重点：
- 计算机网络的概念
- Internet 的概念
- Internet 的功能
- Internet 的工作原理

难点：
- 计算机网络分类
- Internet 的工作原理

6.1.1　计算机网络的概念

1. 计算机网络的定义

计算机网络是指将地理位置不同的、具有独立功能的多台计算机及其外部设备，通过通信线路连接起来，在网络操作系统、网络管理软件及网络通信协议的管理和协调下，实现资源共享和信息传递的计算机系统。

计算机网络通俗地讲就是将多台计算机(或其他计算机网络设备)通过传输介质和专用的网络软件连接在一起组成的。总地来说，计算机网络基本上包括计算机、传输介质、网络操作系统以及相应的应用软件四部分。

2. 计算机网络的功能

计算机网络的功能主要体现在信息交换、资源共享和分布式处理三个方面。

1) 信息交换

这是计算机网络最基本的功能，主要完成计算机网络中各个节点之间的系统通信。用户可以在网上传送电子邮件、发布新闻消息、进行电子购物、电子贸易、远程电子教育等。

2) 资源共享

所谓资源是指构成系统的所有要素，包括软、硬件资源，如计算处理能力、大容量磁盘、高速打印机、绘图仪、通信线路、数据库、文件和其他计算机上的有关信息。由于受经济和其他因素的制约，这些资源并非(也不可能)所有用户都能独立拥有，所以网络上的计算机不仅可以使用自身的资源，也可以共享网络上的资源，因而增强了网络上计算机的处理能力，提高了计算机软硬件的利用率。

3) 分布式处理

一项复杂的任务可以划分成许多部分，由网络内各计算机分别协作并行完成有关部分，使整个系统的性能大为增强。

3. 计算机网络分类

计算机网络类型的划分标准很多，从地理范围划分是一种目前被普遍认可的通用网络划分标准。按这种标准可以把网络划分为局域网、城域网、广域网 3 种。一般来说，局域网只能是一个较小区域内，城域网是不同地区的网络互联。

1) 局域网(Local Area Network,LAN)

局域网 LAN 是最常见、应用最广的一种网络。现在局域网随着整个计算机网络技术的发展和提高得到充分的应用和普及，几乎每个单位都有自己的局域网，有的甚至家庭中都有自己的小型局域网。很明显，所谓局域网，那就是在局部地区范围内的网络，它所覆盖的地区范围较小。局域网在计算机数量配置上没有太多的限制，少的可以只有两台，多的可达几百台。一般来说，在企业局域网中，工作站的数量在几十到两百台次左右，在网络所涉及的地理距离上可以是几米至 10 千米以内。

这种网络的特点是：连接范围窄、用户数少、配置容易、连接速率高。目前局域网最快的速率要算目前的 10GB 以太网了。IEEE 的 802 标准委员会定义了多种主要的 LAN 网：以太网(Ethernet)、令牌环网(Token Ring)、光纤分布式接口网络(Fiber Distributed Data Interface,FDDI)、异步传输模式网(Asynchronous Transfer Mode,ATM)以及最新的无线局域网(WLAN)。这些内容都将在后面详细介绍。

2) 城域网(Metropolitan Area Network,MAN)

一般来说，这种网络是在一个城市，但不在同一地理小区范围内的计算机互联。这种网络的连接距离可以在 10～100 千米，它采用的是 IEEE 802.6 标准。MAN 与 LAN 相比，扩展的距离更长，连接的计算机数量更多，在地理范围上可以说是 LAN 网络的延伸。在一个大型城市或都市地区，一个 MAN 网络通常连接着多个 LAN 网。如连接政府机构的 LAN、医院的 LAN、电信的 LAN、公司企业的 LAN 等。由于光纤连接的引入，使 MAN 中高速的 LAN 互连成为可能。

城域网多采用 ATM 技术做骨干网。ATM 是一个用于数据、语音、视频以及多媒体应用程序的高速网络传输方法。ATM 包括一个接口和一个协议，该协议能够在一个常规的传输信道上，在比特率不变及变化的通信量之间进行切换。ATM 也包括硬件、软件以及与 ATM 协议标准一致的介质。ATM 提供一个可伸缩的主干基础设施，以便能够适应不同规模、速度以及寻址技术的网络。ATM 的最大缺点就是成本太高，所以一般在政府城域网中应用，如邮政、银行、医院等。

3) 广域网(Wide Area Network,WAN)

这种网络也称为远程网，所覆盖的范围比城域网(MAN)更广，它一般是在不同城市之间的 LAN 或者 MAN 网络互联，地理范围可从几百千米到几千千米。因为距离较远，信息衰减比较严重，所以这种网络一般是要租用专线，通过 IMP(Interface Message Processor，接口信息处理器)协议和线路连接起来，构成网状结构，解决循径问题。这种城域网因为所连接的用户多，总出口带宽有限，所以用户的终端连接速率一般较低，通常为 9.6Kbps～45Mbps，如邮电部的 CHINANET、CHINAPAC 和 CHINADDN 网。

6.1.2 Internet 的概念

"Internet"又称为"英特网"，从地理范围上划分属于广域网。在互联网应用快速发展和普及的今天，它已是每天都要打交道的一种网络，无论从地理范围，还是从网络规模来讲，它都是最大的一种网络。从地理范围来说，它可以是全球计算机的互联。这种网络的最大的特点就是不定性，整个网络每时每刻随着用户计算机的接入和断开而不断地变化。当接入互联网上的时候,用户的计算机可以算是互联网的一部分;当断开互联网的连接时,用户的计算机就不属于互联网了。

事实上目前还没有一个准确的定义能概括 Internet 的特征和全部含义。从结构上看 Internet 是将不同类型的计算机、不同技术组成的各种计算机网络,按照一定的协议相互连结在一起,构成一个网络的网络,从而实现资源和服务的共享。目前有多种译名,如国际互联网、全球网、网际网和因特网等。1997 年 7 月 18 日全国科学技术名词审定委员会发布的信息科学领域英文名词的中文译名中,把 Internet 统一规范为"因特网"。

6.1.3　Internet 的发展

Internet 是在美国较早的军用计算机网 ARPAnet 的基础上经过不断发展变化而形成的。Internet 的起源主要可分为以下几个阶段。

1. 雏形

1969 年,美国国防部高级研究计划管理局(Advanced Resarch Projects Agency, ARPA)开始建立一个命名为 ARPAnet 的网络,目的只是为了将美国的几个军事研究用计算机主机连接起来,用来支持分时工作的主机系统,但用户们随即就发现他们更依赖于后来增加的一些功能,如电子邮件、文件传输和文件共享等,人们普遍认为这就是 Internet 的雏形。

2. 诞生

1975 年,ARPAnet 交由美国国防通信署管理。到 1980 年,TCP/IP 已被成功地建立起来。1983 年,ARPAnet 完成了向 TCP/IP 的转换。美国加利福尼亚伯克利分校把该协议作为其 BSD UNIX 的一部分,使得该协议得以在社会上流行起来,从而诞生了真正的 Internet。

3. 发展

1986 年,美国国家科学基金会(NSF)利用 ARPAnet 发展出来的 TCP/IP 通讯协议建立了 NSFnet 广域网。由于美国国家科学基金会的鼓励和资助,很多大学、研究机构把自己的局域网并入 NSFnet 中。那时,ARPAnet 的军用部分已脱离母网,建立自己的网络 MILnet。ARPAnet 逐步被 NSFnet 所替代。到 1990 年,ARPAnet 已退出了历史舞台, NSFnet 成为 Internet 的重要骨干网之一。

4. 商业化

到了 20 世纪 90 年代初,Internet 事实上已成为一个"网中网",各个子网分别负责自己的架设和运作费用,而这些子网又通过 NSFnet 互联起来。由于 NSFnet 是由政府出资的,所以当时 Internet 最大的老板还是美国政府。1991 美国三家公司分别经营的 CERFnet、PSInet 及 ALternet 网络,可以在一定程度上向用户提供 Internet 联网服务。它们组成了"商用 Internet 协会"(CIEA),宣布用户可以把它们的 Internet 子网用于任何商业目的。商业机构一踏入 Internet 这一陌生的世界,就发现了它在通信、资料检索、客户服务等方面的巨大潜力,于是其势便一发不可收拾,世界各地无数的企业及个人纷纷涌入 Internet,带来 Internet 发展史无前例一个新的飞跃。1995 年,NSFnet 停止运作,Internet 已彻底商业化了。

6.1.4　Internet 的功能

Internet 提供的功能服务种类繁多，而且随着 Internet 的发展而不断增加。目前 Internet 的主要功能有以下几类。

1. Internet 的基本功能

1）电子邮件 E-mail

电子邮件是 Internet 上使用得最广泛的一种服务，是 Internet 最重要、最基本的应用。它可以发送和接收文字、图像、声音等多种媒体的信息，可以同时发送给多个接收者，是一种极为方便的通信工具。

2）文件传输 FTP

文件传输是由文件传送协议（File Transfer Protocol，FTP）支持的，用于在 Internet 上的两台计算机之间文件的互传。FTP 几乎可以传送任何类型文件。访问 FTP 服务器有两种方式：一种访问是注册用户登录到服务器系统，另一种访问是用"匿名"（Anonymous）进入服务器。目前网络中公共的 FTP 站点都支持匿名访问。此外，FTP 还提供了许多十分实用的免费工具软件。

3）远程登录 Telnet

远程登录是在通讯协议 Telnet 的支持下，使用户自己的计算机暂时成为远程计算机的一个终端。要在远程计算机上登录，首先要成为远程计算机系统的合法用户、并拥有相应的用户名和口令。一旦登录成功后，用户便可以使用远程计算机对外开放的相应资源。

2. Internet 的信息服务功能

1）万维网 WWW

WWW 是 World Wide Web 的缩写形式。WWW 在我国曾被译为"环球网"、"环球信息网"、"超媒体环球信息网"等，最后经全国科学技术名词审定委员会定译为万维网。

WWW 是当前 Internet 上最受欢迎、最为流行、最新的信息检索服务系统。它把 Internet 上现有资源统统连接起来，使用户能浏览到在 Internet 上已经建立了 WWW 服务器的所有站点提供的超文本媒体资源。

WWW 客户程序在 Internet 上被称为 WWW 浏览器（Browser），它是用来浏览 Internet 上 WWW 主页的软件。目前流行的浏览器软件主要有 Netscape communicator 和 Microsoft Internet Explorer。

2）Gopher 信息查询

Gopher 是菜单式的信息查询系统，提供面向文本的信息查询服务。Gopher 服务器对用户提供树形结构的菜单索引，引导用户查询信息，使用非常方便。由于 WWW 提供了完全相同的功能且更为完善，界面更为友好，因此，Gopher 服务将逐渐淡出网络服务领域。

3）WAIS 资源检索

广域信息服务器 WAIS（Wide Area Information System）用于查找建立有索引的资料（文件）。由于 WWW 已集成了这些功能，现在的 WAIS 信息系统已逐渐作为一种历史保存在 Internet 网上。

4）Archie 文件查询

网络文件搜索系统 Archie 的输出是存放结果文件的服务器地址、文件目录及文件名及其属性。由于在 Internet 发展过程中信息量巨大,而没有更多的人员投入 Archie 信息服务器的建立,因此基于 WWW 的搜索引擎已逐步地取代了它的功能。

3. Internet 的信息交流功能

网络新闻组(Usenet)、电子公告栏(BBS)、网络日志(weblog)、网络会议、网上聊天等。

6.1.5 Internet 的工作原理

Internet 连接了世界上不同国家与地区无数不同硬件、不同操作系统与不同软件的计算机,为了保证这些计算机之间能够畅通无阻地交换信息,必须拥有统一的通信协议。

1. Internet 通信协议

Internet 就是由许多小的网络构成的国际性大网络,在各个小网络内部使用不同的协议,正如不同的国家使用不同的语言,那如何使它们之间能进行信息交流呢? 这就要靠网络上的世界语——TCP/IP 协议,如图 6-1-1 所示。

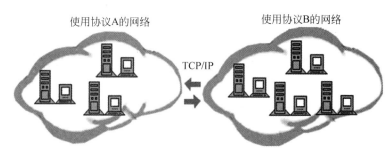

图 6-1-1　TCP/IP 协议

TCP/IP 协议最早发源于美国国防部的 DARPA 互联网项目。TCP/IP 实际上是一种层次型协议,是一组协议的代名词,它的内部包含许多其他的协议,如应用层的简单电子邮件传输(Simple Message Transfer Protocol,SMTP)、文件传输协议(File Transfer Protocol,FTP)、网络远程访问协议(Telent);传输层的传输控制协议(Transmission Control Protocol,TCP)、用户数据报协议(User Datagram Protocol,UDP);互连网络层的网际协议(Internet Protocol,IP)等。

2. IP 地址

Internet 上,为了实现连接到互联网上的节点之间的通信,必须为每个节点(入网的计算机)分配一个地址,并且应当保证这个地址是全 Internet 唯一的,这便是 IP 地址。

目前的 IP 地址(IPv4,IP 第 4 版本)的长度为 32 位,占用 4 个字节。

IP 地址的点分十进制表示法:为方便起见,一般将 32 位的 IP 地址分成 4 个组,每组中8 位二进制数转换成十进制数,其范围是 0~255,中间由小数点间隔(如 211.82.168.8),称为点分十进制表示法。

3. 域名地址

尽管 IP 地址能够唯一地标识网络上的计算机,但 IP 地址是数字的,不如名字记忆起来方便,于是人们又使用了一套字符型的地址方案即所谓的域名地址。IP 地址和域名地址是一一对应的,如内蒙古财经大学的 WWW 服务器 IP 地址是 211.82.168.8,对应域名地址为www.imufe.edu.cn。域名地址的信息存放在一个叫域名服务器(Domain Name Server,

DNS)的主机上,通常使用者只需了解记忆其域名地址,对应转换工作由服务器DNS上的域名系统来完成。

域名地址是由一些有意义的字符表示的,最右边的部分为顶层域名,最左边的则为主机名称。一般域名地址可表示为:主机名.单位名.网络名.顶层域名。

根据Internet国际特别委员会(IAHC)的报告,将顶层域名定义为两类:组织域名和地理域名。组织域名指明了该域名所表示机构的性质,如表6-1-1所示。地理域名指明了该域名所表示的国家或地区,一般用两个字符表示,如表6-1-2所示。

表 6-1-1　组织域名

域　　名	含　　义	域　　名	含　　义
com	商业机构	org	非营利组织
edu	教育机构	art	艺术类机构
gov	政府部门	nom	个人
mil	军事机构	rec	娱乐休闲
net	网络组织	store	销售类公司企业
int	国际机构(主要指北约)	web	从事万维网活动的机构

表 6-1-2　地理域名

域　　名	国家或地区	域　　名	国家或地区
au	澳大利亚	nz	新西兰
ca	加拿大	pa	巴拿马
dk	丹麦	ph	菲律宾
fr	法国	pt	葡萄牙
de	德国	ru	俄罗斯
hk	中国香港	sg	新加坡
in	印度	se	瑞典
it	意大利	th	泰国
jm	牙买加	gb	英国
jp	日本	us	美国
cn	中国	tw	中国台湾
ch	瑞士	gr	希腊

4. 统一资源定位器

统一资源定位器,又称为URL(Uniform Resource Locator),是专为标识Internet网上资源位置而设的一种编址方式,平时所说的网页地址指的即是URL地址,它一般由三部分组成,格式如下。

传输协议://主机IP地址或域名地址/资源所在路径/文件名

例如,"http://news.cn.yahoo.com/cn/cn_local/list.html"是个URL,这里http指超文本传输协议,"news.cn.yahoo.com"是其Web服务器域名地址,"cn/cn_local"是网页所在路径,"list.html"才是相应的网页文件。

http://news.cn.yahoo.com/cn/cn_local/list.html 和 http://news.cn.yahoo.com/

world/list. html 两个 URL 地址,其域名地址是一样的,也就是说一个服务器上的不同路径下的资源。

6.2　网上信息检索

📖 **本节重点和难点:**

重点:
- IE 浏览器的使用
- 搜索引擎的概念
- 搜索引擎介绍

难点:
- IE 浏览器的使用

6.2.1　IE 浏览器的使用

1. 快速输入地址的方法

启动 IE 浏览器,在其地址栏中输入某个单词,然后按 Ctrl＋Enter 组合键在单词的两端自动添加 http://www. 和.com 并且自动开始浏览,比如在地址栏中输入 baidu 并且按 Ctrl＋Enter 组合键时,IE 将自动打开浏览 http://www. baidu.com。

2. 停止、刷新、返回主页

如果感觉网页打开的速度太慢或不想打开此网页,可以单击 IE 工具栏上的"停止"按钮,停止网页传输;如果因传输出错网页无法正常显示,或想获得网页上的最新数据,可单击工具栏上"刷新"按钮;如果想返回启动 IE 时显示的网页,则单击工具栏上的"主页"按钮。

3. 快速浏览网页

单击 IE"标准按钮"工具栏上的"前进"或"后退"按钮旁边的小箭头,此时系统就会将用户此次浏览操作中浏览过的所有页面列表名称显示出来,只需从中选择某个网页的名称,IE 就会快速地前进和后退到该网页,用户也可以单击任务栏中系统显示的网页名切换当前网页。

4. 保存当前网页

使用 IE 的文件保存功能,可以保存当前网页的文字内容或全部内容包括图像、框架和样式等,具体操作如下。

(1) 打开将要保存的网页。单击"文件"菜单,选择"另存为"命令,进入到"保存网页"对话框。

(2) 在"保存在"下拉列表框中选择用来保存网页的文件夹,在"文件名"文本框中输入要保存的文件名,在"保存类型"下拉列表框中选择网页的保存类型。

(3) 单击"保存"按钮。

5. 保存网页中的文本

保存文字资料的操作步骤如下。

(1) 选中要保存的文本,右击,从弹出的快捷菜单中选择"复制"(或 Ctrl＋C 组合键)。

（2）启动 Word 或其他文字处理器，新建一个空白文档，单击常用工具栏中的"粘贴"（或 Ctrl＋V 组合键），可实现网页中的文字复制到字处理文档中，保存该文档即可。

6. 保存网页中的图片

将网页中的图片保存为图片文件的操作如下。

（1）将鼠标指针移到图片上，并右击，弹出快捷菜单。

（2）选择"图片另存为"选项，则弹出"保存图片"对话框。

（3）选择保存文件的位置、文件名和文件类型后，单击"保存"按钮即可。

IE 的拖动技术已经融合到整个系统中，可以任意将网页中的内容（图片、超级链接等）拖到其他应用程序中，如 Word、FrontPage 等应用程序中，对制作网页特别有效。当在网上看到感兴趣的图片，只需把图片拖到编辑页面中即可。对于 Word 等编辑软件也是一样，若将图片拖到 Word 中，一幅图像就嵌入到了文档中。

7. 收藏常用的网址

在网上浏览时，可以将一些有用的网址保存起来，以备以后使用。IE 提供的收藏夹有保存网址的功能。如何将网址添加到收藏夹中，操作步骤如下。

（1）进入喜欢的网页，如在 IE 地址栏中输入 www.mtvtop.net。

（2）单击"收藏"菜单，选择"添加到收藏夹"命令，则打开"添加到收藏夹"对话框。

（3）在"名称"文本框中输入要添加到收藏夹的网页名称（如"中国音乐在线"）。

（4）单击"创建到"按钮，单击"新建文件夹"按钮，输入新文件夹名（如"音乐网站"），单击"确定"按钮。

（5）此时，收藏夹下增添了一个文件夹"音乐网站"，并处于打开状态，单击"确定"按钮，则将当前网址添加到指定的文件夹中。

（6）下次访问时只要单击"收藏"菜单，指向"音乐网站"文件夹，选择相应网页的名称，则打开此网页，如图 6-2-1 所示。如果要在收藏夹上快捷地新增网址，可以按 Ctrl＋D 组合键。

图 6-2-1　收藏夹

8. 查看访问过的历史网页

IE 浏览器提供了"历史记录"功能,它记录了一段时间内访问过的所有网站,在每一个网站中浏览的网页都被收集在不同的文件夹中,这样就可以利用它的脱机浏览功能在没有连接 Internet 的情况下查看这些历史信息,从而提高了上网效率。

(1) 在脱机状态下启动 IE,选择"文件"菜单的"脱机工作"命令,激活 IE 的脱机浏览功能。

(2) 单击快捷工具条上的"历史"按钮,打开 IE 的"历史记录"窗口。

(3) "历史记录"窗口将用户最近浏览过的网址按时间顺序显示出来,可以从中选择某个以前已经查看过的网址,这样 IE 就会在脱机状态下将相应网页内容显示出来。

6.2.2 搜索引擎的概念

搜索引擎是一个提供信息检索服务的网站,它使用某些程序对互联网上的信息资源进行搜集、整理、归类,以帮助人们在茫茫网海中搜寻到所需要的信息。

搜索引擎按其工作方式主要分为以下 3 种。

1. 全文搜索引擎

全文搜索引擎是名副其实的搜索引擎,国外具代表性的有 Google、AltaVista、Inktomi、Teoma 等,国内著名的有百度(Baidu)。它们都是通过从互联网上提取各个网站的信息(以网页文字为主)并建立数据库,在数据库中检索与用户查询条件匹配的相关记录,然后按一定的排列顺序将结果返回给用户,因此它们是真正的搜索引擎。

2. 目录索引引擎

目录索引虽然有搜索功能,但在严格意义上讲并不是真正的搜索引擎,仅仅是按目录分类的网站链接列表而已。用户完全可以不用关键词查询,仅靠分类目录便可找到需要的信息。目录索引中最具代表性的莫过于大名鼎鼎的雅虎(Yahoo),国内的搜狐、新浪、网易搜索也都属于这一类,适合于查找那些不知道关键词的资料。

3. 元搜索引擎

元搜索引擎在接受用户查询请求时,同时在其他多个引擎上进行搜索,并将结果返回给用户。中文元搜索引擎中具代表性的有搜星搜索引擎(www.99soso.com)。

除上述三大类引擎外,还有几种非主流形式,如集合式搜索引擎、门户搜索引擎、免费链接列表等。

6.2.3 常用搜索引擎简介

随着网络信息呈几何级数增长,用户获取有用的信息变得越来越困难。搜索引擎是日常获取网络信息的常用工具,它对迅速筛选所需信息起到很重要的作用。如今世界上的搜索引擎数以万计,因此选择合适的搜索引擎就成为重中之重。

1. 百度(http://www.baidu.com)

百度公司由李彦宏、徐勇等人于 1999 年底成立于美国硅谷。百度是目前国内技术水平最高的全文搜索引擎,在中文搜索支持方面有些地方甚至超过了 Google。中国所有提供搜索引擎的门户网站中,超过 80% 以上都由百度提供搜索引擎技术支持,提供搜狐、新浪、263、Tom、腾讯、上海热线、新华网等站点的网页搜索服务。图 6-2-2 所示为百度主页。

图 6-2-2　百度主页

2. 谷歌 Google(http://www.google.com)

Google 搜索引擎由斯坦福大学博士生 Larry Page 与 Sergey Brin 于 1998 年 9 月开发的,1999 年创立了 Google Inc.,是目前世界上最大的搜索引擎之一。网易、雅虎、netscape、Deja 等全球 130 多家公司采用 Google 搜索引擎,目前各大引擎竞相模仿 Google 的功能和特色,如网页快照、偏好设置等。而且 Google 引擎的技术发展很快,经常有更新的技术诞生。Google 的搜索相关性高,高级搜索语法丰富,提供 Google 工具条,属于全文(Full Text)搜索引擎。如图 6-2-3 所示为 Google 主页。

图 6-2-3　Google 主页

3. 雅虎 Yahoo（http://www.yahoo.com）

Yahoo 是全球最大搜索引擎之一。可以通过两种方式在上面查找信息，一类是通常的关键词搜索，另一类是按分类目录逐层查找。使用目录列表进行搜索的方式适合于查找那些不知道关键词的资料。Yahoo 于 2004 年 2 月推出了自己的全文搜索引擎，并将默认搜索设置为网页搜索。如图 6-2-4 所示为雅虎主页。

图 6-2-4　Yahoo 主页

4. 新浪（http://www.sina.com.cn）

新浪网搜索引擎是面向全球华人的互联网信息查询系统。自创立以来依托自身强大的技术实力，不断提升服务质量，赢得了庞大稳定的用户群。新浪搜索在 2000 年 11 月推出了国内第一个综合搜索引擎，并于 2002 年 7 月推出中国大陆、中国香港、中国台湾及北美四地搜索引擎联合推广服务，进一步确立了在中文搜索领域的领先地位。

5. 搜狐（http://www.sohu.com）

搜狐创立于 1998 年，是中国大型分类查询搜索引擎之一，是目前深受用户喜爱的综合门户网站。搜狐新闻和内容频道已成为主流人群获取资讯的最大的平台；搜狐庞大的社区体系，包括中国最领先的门户网站 sohu、华人最大的青年社区、中国最大的网络游戏信息和社区网站、北京最具影响力的房地产网站、国内领先的手机 WAP 门户、具有最领先技术的搜索搜狗、国内领先的地图服务网站图行天下七大网站。

6. 网易（http://www.163.com）

网易公司是中国领先的互联网技术公司，自 1997 年 6 月创立以来，曾两次被中国互联网络信息中心评选为中国十佳网站之首。2000 年 9 月，网易正式推出了全中文搜索引擎服务，并拥有国内唯一的互动性开放式目录管理系统（Open Dictionary Project，ODP）。2003 年推出相册服务，成为中国第一个无限容量的网络产品。2004 年 6 月底，网易搜索和 Google 签订战略合作，成为目前国内唯一采用 Google 网页搜索技术的门户网站。2006 年 9 月 1 日，网易博客正式上线，成为网民对外展示个人和进行网络生活的新起点。

7. 搜搜（http://www.soso.com）

腾讯搜搜是在 2006 年上线的，起初使用的是 Google 的搜索技术，自主搜索引擎已于 2009 年 9 月上线。搜搜借助强大的 QQ 软件用户资源很容易在用户中传播，并树立口碑，所以从各中文网站的搜索引擎流量占有率来看，SoSo 一直名列前茅。

8. 天网（http：//e. pku. edu. cn/）

由北京大学计算机系网络与分布式系统研究室研制开发的"天网"中英文搜索引擎系统是国家"九五"重点科技攻关项目"中文编码和分布式中英文信息发现"的研究成果，于 1997 年 10 月 29 日正式在 CERNET 上向广大 Internet 用户提供 Web 信息导航服务，受到学术界广泛好评。

9. hao123 网址大全（http：//www. hao123. com）

hao123 网站始建于 1999 年 5 月，原名"精彩实用网址"。本站的宗旨是：方便网友们快速找到自己需要的网站，而不用去记太多复杂的网址；同时也提供了搜索引擎入口，可搜索各种资料及网站。网站首页有国内各方面最有名的网站，分类一目了然，较适合刚刚学习上网，还不太会用搜索引擎，或不想记住那么多网址的人们。hao123 网址大全的首页如图 6-2-5 所示。

图 6-2-5　hao123 主页

【案例 6-1】　使用百度搜索引擎来查找有关"搜索引擎使用方法"的信息。

案例实现

① 在 IE 浏览器的地址栏中输入"baidu"，并使用 Ctrl＋Enter 组合键，则进入 baidu 的首页。

② 在关键词栏内输入关键字"搜索引擎使用方法入门"，这样就会搜到大量有关信息。

注意：输入关键字时如果加双引号，则关键字不会被拆开，也就是说查询结果中都包含有"搜索引擎使用方法入门"；如果不带双引号输入，则关键字会被拆开，也就是说可能找到包含有"搜索引擎"、"使用方法"、"搜索入门"、"方法入门"、"使用"、"方法"等的查询结果。

【案例 6-2】　搜索有关"企鹅"的图片。

案例实现

① 进入百度的首页，单击"图片"，便可进入其图片搜索界面。

② 在关键词栏内输入描述图片内容的关键字"企鹅"，这样就会搜到大量有关企鹅的图片。

【案例 6-3】 查看"呼和浩特"地图。

案例实现

① 在百度的首页中单击"地图",便可进入其地图搜索界面。

② 在关键词栏内输入"呼和浩特",便可显示地图,可用鼠标拖动地图、双击进行放大、滚动鼠标轮缩小或放大看地图。

【案例 6-4】 搜索有关"Excel 2013 应用"的.ppt 演示文稿文件。

案例实现

① 在百度的首页搜索栏中输入"Excel 2013 应用 ppt",单击"百度一下"按钮,则查到关于"Excel 2013 应用 ppt"方面的.ppt 演示文稿文件,可下载使用。

② 如果只知道某些汉字词的发音,却不知道怎么写,只要输入查询词的汉语拼音,百度就能把最符合要求的对应汉字提示出来。事实上它是一个无比强大的拼音输入法,拼音对应的可能的汉字提示在输入拼音的过程中显示在输入框下方,单击"百度一下"按钮,则提示显示在搜索结果上方。如输入"zhurongji",单击"百度一下"按钮,在搜索结果上方提示如下:您要找的是不是:朱镕基。

6.3 网上学习交流与收发电子邮件

📖 本节重点和难点：

重点：

- 网上求职
- 电子邮件的使用
- 电子公告板的使用

难点：

- 网上求职
- 电子邮件的使用

6.3.1 网上图书馆

网上图书馆其实是传统图书馆在 Internet 上创建的 Web 站点。以前为了找到一本想看的书或一些急需的资料,可能需要在图书馆翻上几个小时,最令人失望的是当终于找到书的编号时发现它已经被借出去了。现在有了网上图书馆,情况就大不相同了,这些图书馆通常会将馆中的藏书目录经过整理后放到网络上,并随时更新借阅情况。这样当用户访问某一个图书馆的网站时,利用它提供的自动检索功能,只需输入想要的书名,就可以轻松地找到所需书籍,同时还可以查看该书的借阅情况,从而大大地节省了时间和精力。一般来说,网上图书馆要比传统图书馆提供的服务多,如用户不但可以检索普通书籍,还可以检索博士论文、会议记录、报刊论文以及查找各种国家标准、统计资料、文献资料等。以下列出部分网上图书馆网址,也可以通过搜索引擎查找更多的网上图书馆。

- 中国科学院国家科学图书馆 http://www.las.ac.cn/
- 中国国家图书馆 http://www.nlc.gov.cn/

- 清华大学图书馆 http://www.lib.tsinghua.edu.cn/
- 北京大学图书馆 http://www.lib.pku.edu.cn/
- 浙江大学图书馆 http://libweb.zju.edu.cn/

6.3.2 网上书店

网上书店,顾名思义是网站式的书店,是一种高质量、快捷、方便的购书方式。网上书店不仅可用于图书的在线销售,也有音碟、影碟的在线销售。网上书店一般都提供新书推荐、图书畅销榜、特价图书、图书评论、顾客留言等服务,还可以进一步地了解到图书封面、作者、出版社和内容提要等信息。以下列出几个网上书店网址。

- 当当网上书店 http://www.dangdang.com
- 卓越亚马逊网上书店 http://www.amazon.cn/
- 北发图书网 http://www.beifabook.com/
- 99 网上书城 http://www.99read.com/

6.3.3 电子图书

对于爱书的朋友来说,花费较多的钱买书,有时也会舍不得。如果网上有免费阅读或免费下载的图书,就可以避免买书消费的经济负担,电子图书的出现真的让人们美梦成真了。与传统的图书相比,电子图书是无形的,以电子文件的形式存在,阅读时需要电脑设备和特定的应用软件;电子图书可以包含图片、声音、电影、动画等内容,而且支持超文本链接,信息量更加丰富,阅读更加方便;便于传播和扩散,适合大家共享。

现有的电子图书格式有很多种。介绍下列几种电子图书格式。

(1) EXE 格式的可以直接打开阅读。

(2) CHM 格式一般使用于软件的帮助文档,在 Windows 环境下可直接打开阅读。CHM Reader 是 pocket pc 上专门用来阅读 CHM 文档的工具。

(3) PDF 是 Portable Document Format 的缩写,译为可移植文件格式,PDF 阅读器 Adobe Reader 专门用于打开后缀为.pdf 格式的文档。

(4) PDG 格式是超星图书网的一种存储格式,一般用超星阅览器 SSREADER 来阅读。

(5) WDL 格式是北京华康信息技术有限公司开发研制的一种电子读物文件格式,需要该公司专门的阅读器 DynaDoc Free Reader 来阅读。

(6) NLC 是中国国家图书馆的电子图书格式,用 Book Reader for NLC 阅读器来阅读。

(7) 方正 Apabi Reader 是一个为中文电子书环境设计的阅览软件,可阅读 CEB、PDF、XEB、HTML、TXT 和 OEB 多种格式的电子书籍或文件。

(8) CajViewer 全文浏览器是中国期刊网的专用全文格式阅读器,它支持中国期刊网的 CAJ、NH、KDH 和 PDF 格式文件。

(9) 手机支持的常用电子书格式有 TXT、JAR、UMD 等。

- TXT 格式最为常见,也就是纯文本格式,很多数码产品(比如 MP3)都支持 TXT 文本阅读。也可以下载阅读器安装到手机阅读,常用的阅读器主要是 microreader、Qreader、moto-txt、掌上书院等。
- JAR 格式是在支持 JAVA 格式的手机或者 MP3 上可以直接打开阅读。

- UMD 格式电子书需要下载阅读器"掌上书院"或"百阅"来阅读。UMD 格式支持图片和音频,可以看漫画,阅读时配套背景音乐。

有些网站如超星数字图书馆(http://www.ssreader.com/)提供网上综合性图书资料,电子图书在线阅读、免费下载和在线销售等服务。常用的电子图书网站如下。
- 零度软件园　http://books.05sun.com/
- 我爱电子书　http://www.52eshu.com/
- 公益电子书　http://www.gy16.com/
- 电子书在线阅读 http://read.book118.cn/

6.3.4　网上学校

网校是远程教育的一种,称为"现代远程教育",它不同于函授、广播、有线电视和视频点播等传统教育形式。网校是利用现代网络手段和信息技术,以多媒体和交互的特点,远距离、快速和高质量地传送声音、图文和数据,从而实现远程教学的一种新型教学模式。网校的优势在于突破了时间和地点的限制,为人们接受现代教育提供了方便。

1. 101 远程教育网(http://www.chinaedu.com/)

101 远程教育网是由北京一零一中学和北京高拓公司于 1996 年创办 101 远程教育网,国内首家中小学远程教育网。范围涵盖小学、中学主要课程,与教学同步,并有疑难解答。

2. 科利华(http://beijing.cleverschool.com/)

科利华是北京师大附中创办的网上学校,对于网校的学员来讲,通过参加网校的学习和活动,可以亲身体验互联网带来全新的教育模式。同时还可以兼顾家长和教师的需要,提供和学生交流的平台,为家长提供家庭教育的方法,为教师提供教育和教学的经验。

3. 英语帮帮网(http://www.english88.com.cn/)

英语帮帮网是专为中国人学英语打造的网上学校,其目的是为提供零基础、起步、入门、提高、进阶、扩展等各阶段的课程,每位会员都能找到合适自己的学习课程。

6.3.5　网上求职

网上求职的好处主要有两点,一是信息来源广,二是反应速度快。如今网上的招聘广告非常多,无论是在 BBS 上,还是在新闻组中,随手都能找到很多这类需求信息。电子邮件是在网上投递个人简历的一种最便捷的方式。下面介绍两种网上求职的途径。

1. 登录人才交流站点

现在人才交流的站点很多,它的功能与展览中心举办的大型招聘会相类似,只不过供求双方的接触是通过互联网这个平台进行的。人才交流站点为求职者准备了发布简历的地方,也为用人单位提供了发布信息的场所,求职者可以以多种方式查询用人单位的招聘信息,用人单位也可以从人才库中挑选合适的人选。所以求职者应当做一份电子简历并将其发往招聘站点。常见的人才交流网站如下。
- 教培英才网　http://www.cneduhr.com/
- 中华英才网　http://www.chinahr.com/
- 智联招聘　http://www.zhaopin.com/
- 528 招聘网　http://www.528.com.cn/

- 北京人才网　http://www.bjrc.com/
- 上海市人才网　http://www.001hr.net/
- 中国卫生人才网　http://www.21wecan.com.cn/

2. 直接登录招聘单位站点

现在有实力的公司纷纷在网上建立自己的网站,而且都刊登招聘广告,因为公司希望备有一个人才资源库,一旦有空缺可以随时调用数据库里的人才。因此,在用人单位网上求职也不失为一种好办法。

6.3.6　电子邮件

电子邮件是 Internet 上使用得最广泛的一种服务,是 Internet 最重要、最基本的应用。它可以发送和接收文字、图像、声音等多种媒体的信息。世界各地的人们通过电子邮件联系在一起,互相传递信息,进行网上交流。现在电子邮件已经成为人们互通信息的一种常用方式,是快速的电话通讯与邮政结合的通讯手段。

1. 收发电子邮件方式

通常,收发电子邮件的方式有两种,一种是使用邮件客户端程序,另外一种是直接登录的邮件服务器的主机上去收发自己的电子邮件。

(1) 直接登录邮件服务器的主机收发电子邮件(Web 方式):大多数的邮箱都支持 Web 方式收取信件,并且都提供一个友好的管理界面,只要在提供免费邮箱的网站登录界面,输入自己的用户名和口令,就可以收发信件并进行邮件的管理。

(2) 使用邮件客户端程序收发电子邮件(专用邮箱工具方式):用一个邮件管理软件来收发邮件,这样的软件有 Outlook Exprees、Foxmail 和 The Bat 等。

这两种方式各有优缺点。用 Web 页方式收信不受时空限制,只要能上网,就能收发电子邮件,但是用户需要定期清理自己的邮箱,否则就会造成邮箱爆满,从而导致收不到信件。使用专用邮箱工具,可以将信件收取到本地计算机上,离线后仍可继续阅读信件。也可同时将邮件保存在邮件服务器端。

2. 申请电子邮箱

不管使用哪种方式来收发电子邮件,首先都要申请一个邮箱(目前有收费和免费邮箱),才能收发电子邮件。

3. 选择电子邮箱

选择电子邮箱一般从信息安全、反垃圾邮件、防杀病毒、邮箱容量、稳定性、收发速度、能否长期使用、邮箱的功能、使用是否方便等综合考虑。每个人可以根据自己的需求不同,选择最适合自己的邮箱。

(1) 如果经常和国外的客户联系,建议使用国外的电子邮箱。比如 Gmail、Hotmail、MSN mail、Yahoo mail 等。

(2) 如果将邮箱当作网络硬盘使用,经常存放一些图片资料,那么就应该选择存储量大的,比如 Gmail、Yahoo mail、网易 163mail、126mail、yeah mail、TOM mail、21CN mail 等。

(3) 如果自己有计算机,最好选择支持 POP/SMTP 协议的邮箱,可以通过 Outlook、Foxmail 等邮件客户端软件将邮件下载到自己的硬盘上,这样就不用担心邮箱的大小不够用,同时还能避免别人窃取密码偷看信件。

（4）若是想在第一时间知道自己的新邮件，那么推荐使用中国移动通信的移动梦网随心邮，当有邮件到达的时候会有手机短信通知。中国联通用户可以选择如意邮箱。

（5）如果只是在国内使用，那么 QQ 邮箱也是很好的选择，拥有 QQ 号码@qq.com 的邮箱地址能让用户通过 QQ 发送即时消息。

【案例 6-5】 在网易网站上申请免费电子信箱。

案例实现

① 在 IE 浏览器地址栏输入"http://www.163.com"，打开网易首页。单击"163 邮箱"，或者浏览器地址栏输入"http://mail.163.com"，打开图 6-3-1 所示的邮箱登录界面。

图 6-3-1　邮箱登录界面

② 单击"注册"按钮，则打开注册页面，如图 6-3-2 所示的注册页面。

③ 根据页面的提示填写用户名、密码和个人资料等，具体的操作步骤省略。

④ 完成个人信息的设置后，单击"注册账号"按钮，则打开申请成功的提示。注意：有时候在申请注册免费邮箱时，不会成功，很可能是因为所申请的用户名已经被别人申请过，所以需要重新返回再以新的用户名申请。

【案例 6-6】 以 163 的网站邮箱为例，熟悉 Web 方式收发电子邮件的操作方法。

案例实现

① 在 IE 浏览器地址栏输入"http://www.163.com"，打开网易首页。单击邮件按钮（信封图标）下的"免费邮箱"，打开邮箱登录界面。输入已经申请的用户名和密码，单击"登录"按钮。

② 登录后进入邮件管理界面。有时单击"登录"按钮后，会打开显示广告的内容，直接再单击"进入邮箱"按钮即可。

③ 在邮件管理界面里，左边的栏目主要是邮件管理和操作的文件夹，有收件箱、草稿箱、已发送、已删除等。右边是收件人姓名、邮件主题、邮件内容等邮件的阅读、编辑操作

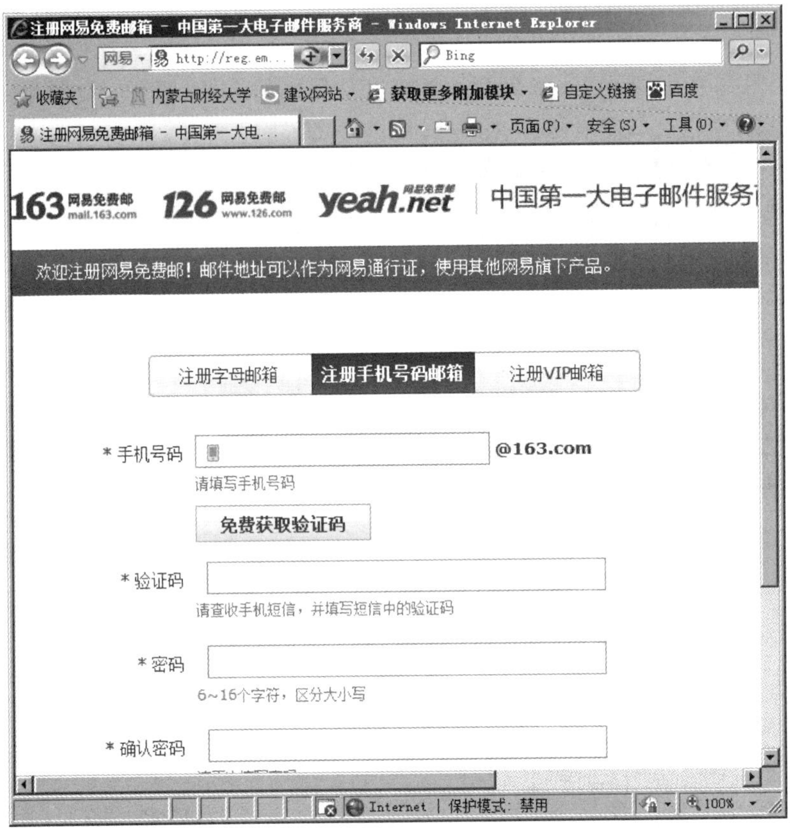

图 6-3-2　163 邮箱注册页面

图 6-3-3　写邮件

部分。

④ 如果要写信,单击"写信"按钮,可以编写邮件的各栏目相关内容,例如,收件人姓名、邮件主题、邮件内容等。如果有文件一起发送,可以用附件的形式添加,如图 6-3-3 所示。

单击"添加附件"按钮后,系统会提示用户浏览并查找到要作为附件添加的文件,然后,逐项添加完所有的文件(通常最多可以加 10 个附件文件)。写完邮件后,单击"发送"按钮,就可以把邮件发送出去了。

⑤ 如果要查看邮件,单击"收信"按钮,则打开收件箱,可读取邮件。

6.3.7 电子公告板

电子公告板 BBS 是 Bulletin Board System 的缩写,翻译成中文叫"电子公告栏系统",也称为"论坛"。BBS 最早是用来公布股市价格等类信息的,当时 BBS 没有文件传输的功能,而且只能在苹果计算机上运行。如今 BBS 的用户已经扩展到各行各业,只要浏览一下世界各地的 BBS 系统,就会发现它花样非常的多。

BBS 按访问方式可分为两类。第一类是传统的运程登录方式的 BBS,这种方式只能提供字符方式的界面。第二类是用浏览器直接访问的 BBS,这种方式除了仍然保持传统 BBS 的功能外,在界面及使用上都有很大变化,由于已经发展成了 Internet 网站,所以可以通过浏览器直接登录、访问。各大网站一般都有论坛区域,如图 6-3-4 所示。进入 BBS 后,可以选择感兴趣的讨论区、感兴趣的话题参与交流,加入到热烈的 BBS 大家庭中。

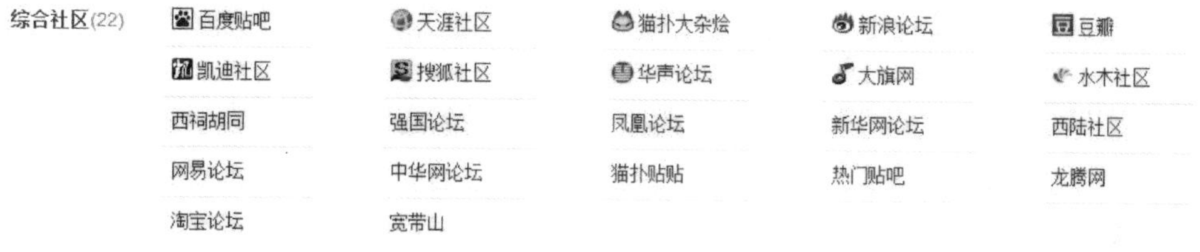

综合社区(22)	百度贴吧	天涯社区	猫扑大杂烩	新浪论坛	豆瓣
	凯迪社区	搜狐社区	华声论坛	大旗网	水木社区
	西祠胡同	强国论坛	凤凰论坛	新华网论坛	西陆社区
	网易论坛	中华网论坛	猫扑贴贴	热门贴吧	龙腾网
	淘宝论坛	宽带山			

图 6-3-4　BBS 论坛

6.3.8 博客

"博客"(Blog 或 Weblog)一词源于"Web Log(网络日志)"的缩写,是一种十分简易的个人信息发布方式。如果把论坛(BBS)比喻为开放的广场,那么博客就是开放的私人房间。可以充分利用超文本链接、网络互动、动态更新的特点,精选并链接全球互联网中最有价值的信息、知识与资源;也可以将个人工作过程、生活故事、思想历程、闪现的灵感等及时记录和发布,发挥个人无限的表达力;更可以以文会友,结识和汇聚朋友,进行深度交流沟通。图 6-3-5 中给出一些博客空间。

博客(20)	新浪博客	网易博客	搜狐博客	百度空间	腾讯博客
	凤凰博客	博客中国	天涯博客	雨后池塘	博客大巴
	韩寒博客	和讯博客	点点网	Tumblr	时寒冰博客
	瑞丽博客	教育人博客	奇谈社区	草根网	LOFTER轻博客

图 6-3-5　博客空间

要真正了解什么是博客,最佳的方式是自己去实践,开一个自己的博客账号。注册一个博客比注册邮箱还简单,也不用花费一分钱,各大网站都能注册博客。

【案例 6-7】 在新浪网站注册博客。

案例实现

① 打开新浪(www.sina.com.cn)主页。

② 单击"博客"按钮,进入"新浪博客"页面,如图 6-3-6 所示。

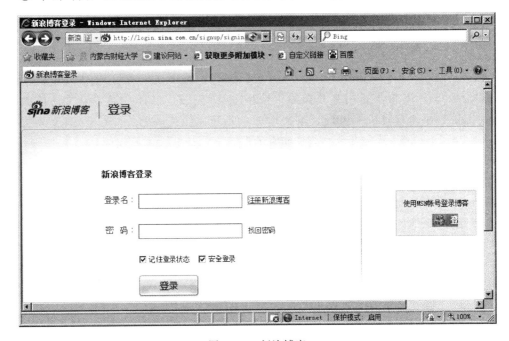

图 6-3-6　新浪博客

③ 如果已有账号可以直接登录;否则,单击"注册新浪博客"按钮,打开注册页面,可以选择手机注册或者邮箱注册两种方式完成注册。

④ 填写好注册信息,单击"开通博客"按钮,进入"开通新浪博客"页面。

⑤ 单击"快速设置我的博客"按钮,设置博客,完成后便可以登录了。

6.4　病毒与防火墙

📖 本节重点和难点:

重点:

- 计算机病毒的概念
- 计算机病毒的种类
- 计算机病毒的检测、清除与预防

难点:

- 计算机病毒的特点
- 计算机病毒的症状

6.4.1　计算机病毒的概念

"病毒"(Virus)一词起源于生物学,它是一种能够侵入生物体并给生物体带来疾病的微生物,具有破坏性、扩散性和繁殖性等特征。与此相似,计算机病毒(Computer Virus)这一概念是美国学者 F•Cohon 在 1983 年 11 月首次提出的。首例造成灾害的计算机病毒是在 1987 年 10 月公开报道于美国。计算机病毒是一种人为特制的程序,这种程序通过非授权入侵而隐藏在可执行程序或数据文件中,具有自我复制能力,极易传播,并造成计算机系统运行失常或导致整个系统瘫痪的灾难性后果。由于它就像病毒在生物体内部繁殖导致生物患病一样,所以人们形象地称为"计算机病毒"。

在《中华人民共和国计算机信息系统安全保护条例》中将计算机病毒定义为:"计算机病毒是指编制或者在计算机程序中插入的破坏计算机功能或者数据,影响计算机使用并且能够自我复制的一组计算机指令或者程序代码。"

6.4.2　计算机病毒的起源与特性

1. 起源

计算机病毒是人为特制的。起源主要如下。

(1)恶作剧者或显示自己以为能者制造的。

(2)心怀不满,出于某种目的编制的。

(3)软件开发者为了追踪非法拷贝软件的行为,故意在软件中加入病毒,只要他人非法拷贝,其系统便会感染病毒。

这些都是违法或犯罪的行为。

2. 特性

计算机病毒的主要的特点是其传染性和破坏性,即自我复制能力和对计算机系统及网络系统的干扰与破坏是计算机病毒最根本的特征,也是它和正常程序的本质区别。

1) 寄生性

病毒程序一般不独立存在,而是寄生在磁盘系统区或文件中。侵入磁盘系统区的病毒称为系统型病毒,其中较常见的是引导区病毒,如大麻病毒、2708 病毒等。寄生于文件中的病毒称为文件型病毒,这类病毒感染可执行文件(如扩展名为 exe、com 的文件)、动态连接库(以扩展名为 ddl 结尾的文件)、Word 文档等,这类病毒如"以色列"病毒(黑色星期五)等。还有一类既寄生于文件中又侵占系统区的病毒,如"幽灵"(Ghost)病毒、Flip 病毒等,属于混合型病毒。

2) 潜伏性

侵入计算机的病毒程序可能并不立即发作。在潜伏期中,它不急于表现自己或起破坏作用。只是悄悄地进行传播、繁殖,使更多的正常程序成为病毒的"携带者"。一旦满足一定的条件(称为触发条件),便表现其破坏作用。触发条件可以是一个或多个,例如,某个日期、某个时间、某个事件的出现、某个文件的使用次数以及某种特定软件硬件环境。

3) 破坏性

计算机病毒发作后则表现出其破坏性。病毒的种类不同其破坏性也不同。有的计算机病毒仅干扰软件的运行而不破坏该软件;有的无限制地侵占系统资源,使系统无法运行;

有的可以毁掉存储的数据或程序,使之无法恢复;有的恶性病毒甚至可以毁坏整个系统、使系统无法启动,甚至可以影响计算机硬件的运行。如1999年出现的CIH病毒,可以破坏计算机主机板芯片中(如BIOS)存储的内容,使计算机无法正常引导系统、开机,改变了计算机病毒只破坏计算机软件系统的概念,给用户带来了巨大损失。其后出现的Melissa、ExploreZIP、July-Killer以及"冲击波"等病毒也在计算机用户中造成了恐慌。随着计算机技术的不断发展和人们对计算机系统和网络依赖程度的增加,计算机病毒已经构成了对计算机系统和网络的严重威胁。

4) 传染性

传染性是计算机病毒的一个主要特征,也是确定一个程序是否为计算机病毒的首要条件。计算机病毒一旦夺取了计算机的控制权(即占用了CPU),就把自身复制到内存、硬盘或其他移动盘,甚至传染到所有文件中。已染病毒的移动盘可能使所有使用该盘的计算机系统受到传染。网络中的病毒可以传染给连网的所有计算机系统。

5) 不可预见性

病毒的制作技术在不断提高,不同种类的计算机病毒的代码也千差万别。另外,新的操作系统和应用系统的出现,软件技术的不断发展,为计算机病毒的制作提供了新的发展空间。计算机病毒永远超前于反病毒软件。对未来病毒的预测将更加困难,这就要求人们不断地提高对病毒的认识,增强防范意识。

6.4.3 计算机病毒的种类

有资料说全世界每天要产生五六种计算机病毒,所以已出现的病毒有数万种。微机的病毒通常有以下几种分类方法。

1. 按破坏程度分类

可分为良性病毒与恶性病毒。良性病毒不破坏系统及文件,只显示一些特定的文字或图形,并干扰系统的正常运行。恶性病毒既破坏系统,使之瘫痪或崩溃,又破坏系统及用户的文件。

2. 按入侵的途径分类

可分为为源代码病毒(Source Code Viruses)、入侵病毒(Intrusive Viruses)、外壳病毒(Shell Viruses)、操作系统病毒(Operation System Viruses)。其中操作系统病毒最为常见,其破坏性也最强。

3. 按寄生方式分类

可分为引导型病毒、文件型病毒和复合型病毒三类。

1) 引导型病毒

该病毒是指寄生在磁盘引导区或主引导区的计算机病毒。它是一种开机即可启动的病毒,先于操作系统而存在,所以用软盘引导启动的计算机容易感染这种病毒。此种病毒利用系统引导时,不对主引导区的内容正确与否进行判别的缺点,在引导系统的过程中侵入系统,驻留内存,监视系统运行,伺机传染和破坏。通过感染磁盘上的引导扇区或改写磁盘分区表(FAT)来感染系统,该病毒几乎常驻内存,激活时即可发作,破坏性大。

引导型病毒按其寄生对象的不同又可分为两类,即MBR(Master Boot Record,主引导区记录)病毒、PBR(Partition Boot Record,分区引导记录)病毒。MBR病毒感染硬盘的主引导区,典型的病毒有大麻(Stoned)、2708病毒、火炬病毒等。PBR病毒感染硬盘的活动分区引导记录,典型的病毒有Braln、球病毒、Girl病毒等。

2)文件型病毒

该病毒是指能够寄生在文件中的计算机病毒。这类病毒程序感染可执行文件或数据文件(即扩展名为com、exe等可执行程序)。病毒以这些可执行文件为载体,当运行可执行文件时就可以激活病毒。文件型病毒大多数也是常驻内存的。在各种PC病毒中,文件型病毒占的数目最大,传播最广,采用的技巧也多。而且,各种文件型病毒的破坏性也各不相同,例如,对全球造成了重大损失的CIH病毒,主要传染可执行程序,同时破坏计算机BIOS,导致系统主板损坏,使计算机无法启动。

宏病毒是近几年出现的一种文件型病毒。它是利用宏语言编制的病毒,寄存于Office文档中,充分利用宏命令的强大系统调用功能,实现某些涉及系统底层操作的破坏。

3)复合型病毒

兼有文件型病毒和引导型病毒的特点。这种病毒扩大了病毒程序的传染途径,既感染磁盘的引导记录,又感染可执行文件。所以,它的破坏性更大,传染的机会也更多,杀灭也更困难。这种病毒典型的有Flip病毒、新世纪病毒、One half病毒等。

4. 按传播媒介分类

随着Internet的发展,计算机病毒可分为单机病毒和网络病毒。

1)单机病毒

其载体是磁盘、光盘等存储设备,常见的是病毒从移动盘传入硬盘,感染系统,然后再传染其他移动盘,移动盘又传染其他系统。

2)网络病毒

该病毒是通过计算机网络传播媒介,不再是移动式载体,而将网络作为计算机病毒的传播通道,其传染能力更强,破坏力更大,防范与清除就更加困难。

6.4.4 计算机病毒的症状与传播途径

1. 计算机病毒的症状

计算机病毒虽然很难检测,但是留心计算机的运行情况还是可以发现计算机感染病毒的一些异常症状的。下面列举实践中常见的病毒症状作为参考。

- 磁盘文件数目无故增多。
- 文件的日期时间值被修改成新近的日期时间(用户自己并没有修改)。
- 感染病毒的可执行文件长度通常会明显增加;系统运行速度明显减慢。
- 程序加载的时间比平时明显变长。
- 内存空间明显变小;正常情况下可以运行的程序却报告内存不足而不能装入。
- 喇叭出现异常现象,如发出不正常的蜂鸣声、尖叫、长鸣、乐曲等。
- 显示器出现一些异常显示(如白斑、圆点、小球、雪花、闪烁、提示语句等画面)。
- 经常出现死机或不正常启动。
- 一些正常的外部设备无法使用,如无法正常读写软盘、无法正常打印等。

2. 计算机病毒的传播途径

经常检测计算机系统是否有病毒,一旦发现染上病毒,就应设法将其清除。另外,更应以预防为主,采取积极的防范措施,了解病毒的所有传播途径,堵塞病毒的传播渠道。计算机病毒的传播途径主要如下。

- 计算机网络:是目前病毒传播的主要途径。
- 盗版光盘:盗版光盘常带有各种病毒。
- 软、硬磁盘:使用来历不明的程序盘或不正当途径复制的程序盘。
- 各种移动磁盘:使用未经查杀计算机病毒的移动硬盘、U 盘、MP3 等。

6.4.5 计算机病毒的检测、清除与预防

1. 计算机病毒的检测和清除

在使用微机时,一旦发现计算机系统的运行不正常,或出现了上述计算机病毒的症状,就应当使用专业的反病毒软件进行检测和清除。反病毒软件即常说的杀毒软件。反病毒软件可以检测出并清除数百种至数千种病毒。反病毒软件使用方便安全,一般不会因检测和清除病毒而破坏系统中的数据,不会影响系统的正常运行。优秀的反病毒软件都具有较好的界面和提示,使用相当方便。当然,反病毒软件实质是病毒程序的逆程序,它通常只能检测出已知的病毒并清除,却很难处理原病毒变种及新的病毒。所以各种反病毒软件都不能一劳永逸,而要随着新病毒的出现不断升级。此外,还应经常、定期的检测和杀毒。

目前的反病毒软件一般都带有实时、在线检测系统运行的功能。目前较好的反病毒软件像国外的有 Norton Antivirus 2000、MSAV、Mcafee、PC-Cillin 等,国内有如 KILL(公安部研制)、瑞星、KV 3000、360 杀毒等。

2. 计算机病毒的预防

1) 软件预防

主要使用计算机病毒疫苗程序及各种"防火墙"软件系统。监督系统运行并防止某些病毒入侵。目前个人及单位使用较多。但随着新病毒的出现,其预防计算机病毒的效果有限。

2) 硬件预防

主要有两种方法:一是改变计算机系统结构,二是插入附加固件,如将防病毒卡、硬盘保护卡插到主机板上。目前大型企业及学校使用的比较多,预防计算机病毒的效果比较好。

3) 管理预防

这也是最有效的预防措施。主要措施如下。

- 安装正版软件,不使用盗版软件。
- 对外来软盘、U 盘、光盘应先清查病毒,确认其无病毒后再使用。
- 对重要的数据或文件经常进行备份。
- 不要轻易打开来历不明的邮件,上网后要及时清查病毒。
- 打好安全补丁,弥补操作系统的漏洞。
- 定期更新清除病毒的软件,定期清查、清除硬盘病毒。

计算机病毒的预防除了技术手段之外,还涉及法律、教育、艺术、管理制度等。我国目前已制定了软件保护法,非法拷贝和使用盗版软件都是不道德的和违法的行为。通过教育,使广大用户提高尊重知识产权的意识,增强法律法规意识,不随便复制他人的软件,认识到病毒的严重危害性,积极采取防病毒措施,最大限度地减少病毒的产生与传播。

6.4.6 防火墙技术简介

防火墙(Firewall)是设置在被保护的内部网络和外部网络之间的软件和硬件设备的组合。对内部网络和外部网络之间的通信进行控制,通过检测和限制跨越防火墙的数据流,尽可能地对外部屏蔽网络内部的结构、信息和运行情况,以防发生不可预测的、潜在破坏性的入侵或攻击,这是一种行之有效的网络安全技术。如图 6-4-1 所示。

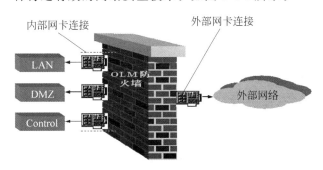

图 6-4-1　防火墙示意图

防火墙通常是运行在一台计算机上的计算机软件,主要保护内部网络的重要信息不被非授权访问、非法窃取和破坏,并记录了内部网络和外部网络进行通信的有关安全日志信息,如通信发生的时间、允许通过的数据包和被过滤掉的数据包信息等。

将局域网络放置于防火墙之后,可以有效地阻止来自外界的攻击。例如,一台 WWW 代理服务器防火墙,它不是直接处理请求,而是验证请求发出者的身份、请求的目的地和请求的内容,如果都通过了验证,这个请求会被批准送到真正的 WWW 服务器上。当真正的 WWW 服务器处理完这个请求后,并不直接把结果发送给请求者,而是把结果送到代理服务器,代理服务器会按照事先的规则检查这个结果是否违反了安全策略,当一切都验证通过后,返回结果才会真正地送到请求者的手中。

公司的局域网接入 Internet 时,肯定不希望让全世界的人随意翻阅公司内部的工资单、个人资料和客户数据库等,即使公司内部也可能存在非法存取数据的可能性。例如,一些对公司不满的员工可能会修改工资表或财务报告。而设置了防火墙之后,就可以对网络数据的流动实现有效的管理,允许公司内部的员工使用电子邮件、进行 Web 浏览以及文件传输等服务,但不允许外界随意访问公司内部的计算机,同样还可以限制公司中不同部门之间的相互访问。新一代的防火墙还可以阻止网络内部人员将敏感数据向外传输,限制访问外部网络的一些危险站点。

大部分防火墙软件都可以与防病毒软件搭配实现扫描功能,有的防火墙则集成了扫描病毒功能。对于个人计算机可以用防病毒软件建立病毒防火墙。例如,经纬 AV95 111,这是一个完善的、嵌入式的操作系统(Windows 95/98/2000/NT)内核病毒防火墙,可以在线检测、即时查杀病毒。还有金山公司提供的病毒防火墙以及瑞星公司提供的病毒防火墙都可以在线检测病毒,只要发现病毒的症状即可警告并提示处理方法。

1. 防火墙的主要类型

按照防火墙实现技术的不同可以将防火墙分为以下几种主要的类型。

1）数据包过滤防火墙

数据包过滤是指在网络层对数据包进行分析、选择和过滤。选择的依据是系统内设置访问控制表（又称为规则表），规则表指定允许哪些类型的数据包可以流入或流出内部网络。通过检查数据流中每一个 IP 数据包的源地址、目的地址、所用端口号、协议状态等因素或它们的组合来确定是否允许该数据包通过。包过滤防火墙一般可以直接集成在路由器上，在进行路由选择的同时完成数据包的选择与过滤，也可以由一台单独的计算机来完成数据包的过滤。

数据包过滤防火墙的优点是速度快、逻辑简单、成本低、易于安装和使用，网络性能和透明度好，广泛地应用于 Cisco 和 Sonic System 等公司的路由器上。缺点是配置困难，容易出现漏洞，而且为特定服务开放的端口存在着潜在的危险。

例如，"天网个人防火墙"就属于包过滤类型防火墙，根据系统预先设定的过滤规则以及用户自己设置的过滤规则来对网络数据的流动情况进行分析、监控和管理，有效地提高了计算机的抗攻击能力。

2）应用代理防火墙

应用代理防火墙能够将所有跨越防火墙的网络通信链路分为两段，使得网络内部的用户不直接与外部的服务器通信。防火墙内外计算机系统间应用层的连接由两个代理服务器之间的连接来实现。优点是外部计算机的网络链路只能到达代理服务器，从而起到隔离防火墙内外计算机系统的作用；缺点是执行速度慢，操作系统容易遭到攻击。

代理服务在实际应用中比较普遍，如学校校园网的代理服务器一端接入 Internet，另一端接入内部网，在代理服务器上安装一个实现代理服务的软件，如 WinGate Pro、Microsoft Proxy Server 等，就能起到防火墙的作用。

3）状态检测防火墙

状态检测防火墙又叫动态包过滤防火墙。状态检测防火墙在网络层由一个检查引擎截获数据包并抽取出与应用层状态有关的信息，以此为依据来决定对该数据包是接受还是拒绝。检查引擎维护一个动态的状态信息表并对后续的数据包进行检查，一旦发现任何连接的参数有意外变化，该连接就被中止。

状态检测防火墙克服了包过滤防火墙和应用代理防火墙的局限性，能够根据协议、端口及 IP 数据包的源地址、目的地址的具体情况来决定数据包是否可以通过。

在实际使用中，一般综合采用以上几种技术，使防火墙产品能够满足对安全性、高效性、适应性和易管理性的要求，还可以集成防毒软件的功能来提高系统的防病毒能力和抗攻击能力。例如，瑞星企业级防火墙 RFW-100 就是一个功能强大、安全性高的混合型防火墙，它集网络层状态包过滤、应用层专用代理、敏感信息的加密传输和详尽灵活的日志审计等多种安全技术于一身，可根据用户的不同需求，提供强大的访问控制、信息过滤、代理服务和流量统计等功能。

2. 防火墙的局限性

设计防火墙时的安全策略一般有两种，一种是没有被允许的就是禁止；另一种是没有被禁止的就是允许。如果采用第一种安全策略来设计防火墙的过滤规则，其安全性比较高，但灵活性差，只有被明确允许的数据包才能跨越防火墙，所有其他数据包都将被丢弃。而第二种安全策略则允许所有没有被明确禁止的数据包通过防火墙，这样做当然灵活方便，但同时也存在着很大的安全隐患。在实际应用中一般需要综合考虑以上两种策略,尽可能地做到既安全又灵活。防火墙是网络安全技术中非常重要的一个因素,但不等于装了防火墙就可以保证系统百分之百的安全,从此高枕无忧,防火墙仍存在许多局限性。

防火墙防外不防内。防火墙一般只能对外屏蔽内部网络的拓扑结构,封锁外部网上的用户连接内部网上的重要站点或某些端口,对内也可屏蔽外部的一些危险站点,但是防火墙很难解决内部网络人员的安全问题。例如,内部网络管理人员蓄意破坏网络的物理设备,将内部网络的敏感数据复制到软盘等,防火墙将无能为力。据统计,网络上的安全攻击事件有70%以上来自网络内部人员的攻击。

3. Windows 7 防火墙

Windows 7 提供了功能强大、设置简便的防火墙。打开"控制面板",单击"系统和安全",单击"Windows 防火墙",出现图 6-4-2 所示的防火墙设置。窗口左边有 5 个相关的设置。

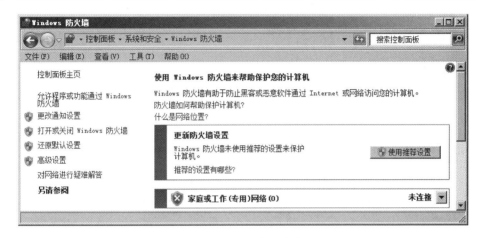

图 6-4-2　Win 7 防火墙设置

- 允许程序或功能通过 Windows 防火墙。
- 更改通知设置。
- 打开或关闭 Windows 防火墙。
- 还原默认设置。
- 高级设置。

每一项的设置都比较简单、易理解,在此不详细演示,读者可借助帮助系统进行实验。

6.5　用户账户与无线网络

📖 **本节重点和难点:**

重点:

- 管理账户、添加删除账户
- 无线网络的设置

难点:

- 管理员和 Guest 账户的区别

6.5.1 用户账户

用户账户是加强用户本地计算机安全的一个措施。用户的计算机一般都要进行用户账户建立与设置。打开"控制面板",单击"用户账户和家庭安全",用户账户有 3 个选项:"更改账户图片"、"添加或删除用户账户"、"更改 Windows 密码",如图 6-5-1 所示。

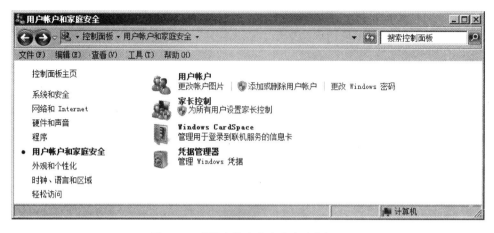

图 6-5-1 "用户账户和家庭安全"窗口

单击"添加或删除用户账户"选项,进入图 6-5-2 所示的窗口。

图 6-5-2 "管理账户"窗口

单击其中的"创建一个新账户",出现图 6-5-3 所示的创建新账户窗口,选择账户类型,输入新账户名,单击"创建账户"按钮,在新窗口中出现了所创建的用户账户。

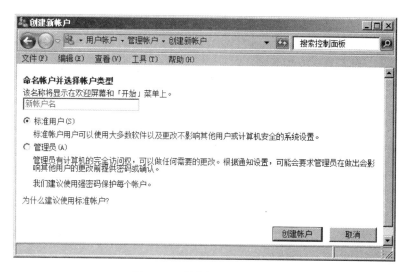

图 6-5-3　"创建新账户"窗口

单击所创建的用户账户,出现图 6-5-4 所示的更改用户账户信息窗口,为新账户创建密码、更改图片等。

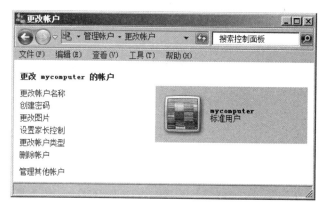

图 6-5-4　"更改账户"窗口

在图 6-5-3 中,Windows 7 提供了标准用户账户和管理员账户两种类型,说明如下。

(1) Windows 7 建议为每个用户创建一个标准账户,使用标准账户可以让 Windows 7 更安全。标准账户能够避免用户做出对该计算机的所有用户造成影响的更改(如删除计算机工作所需要的文件),从而更好地保护计算机。

(2) 当使用标准账户登录到 Windows 7 时,可以执行管理员账户下的几乎所有的操作,除非要执行影响该计算机其他用户的操作(如安装软件或更改安全设置),此时才需要管理员账户。

在图 6-5-2 中,有一个 Guest 来宾账户,除非计算机是公用的,否则就要禁用该账户。

6.5.2　设置无线网络

网络连接分为有线连接和无线连接。对于笔记本等移动计算机,无线连接比较方便。方法和步骤如下。

打开控制面板,单击其中的"网络和 Internet",出现图 6-5-5 所示的窗口。

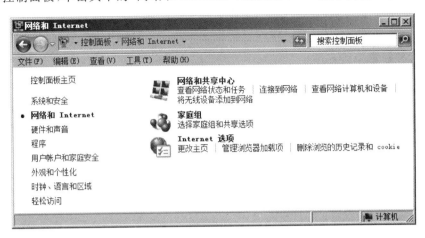

图 6-5-5 "网络和 Internet"窗口

单击其中的"网络和共享中心"选项,出现图 6-5-6 所示的窗口。

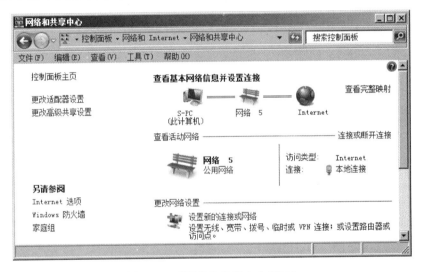

图 6-5-6 "网络和共享中心"窗口

单击"设置新的连接或网络"选项,出现图 6-5-7 所示的连接选项窗口。

若计算机中有网络连接,要重新设定一个无线网络连接,选择"连接到 Internet",否则,选择"设置新网络"。然后单击"下一步"按钮。

在选择连接方式窗口中,如果所在环境中有无线网络,就会在下面的列表中显示出可连接的无线网络连接选项。单击其中的一个选项,然后单击"确定"按钮。之后回到系统托盘处,找到网络连接的图标,打开,选择连接,单击之后将出现一个设定无线网络的选项,输入网络名和安全密钥,单击"确定"按钮就配置好了。

此时,无线网络连接设置完毕。打开系统托盘处的网络图标,会发现无线网络已经连接。

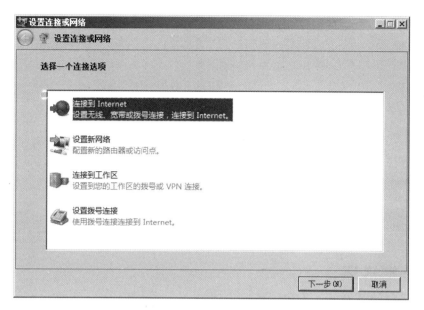

图 6-5-7　"设置连接或网络"窗口

6.6　本章课外实验

6.6.1　浏览器选项设置与使用

📖**案例描述**

将 IE 浏览器的主页设置为"百度",并将网上搜索到"姚明"的图片保存到一个文件,命名为"yaoming.jpg";查看 IE 浏览器的历史记录,然后将保存历史记录的天数改为 3 天;网上搜索当天人民日报头版头条新闻。

6.6.2　使用收藏夹

📖**案例描述**

建立一个名称为"我的音乐网站"的收藏夹,然后搜索到两个喜欢的音乐网站添加到该收藏夹中,分别起名为"音乐网站一"和"音乐网站二"。

6.6.3　使用电子邮箱

📖**案例描述**

注册一个电子邮件,在电子邮件通讯簿里新添加几个同学的电子邮件地址。网上搜索出小说"简爱"的第 20 章内容,以附件的形式发给同学。

6.6.4　使用 BBS 和博客

📖**案例描述**

在学校的 BBS 的某个讨论区上发表一篇文章;选择一个喜欢的博客站点,建立自己的博客。

第 7 章
计算机常用工具软件

本章说明

在计算机飞速发展的今天，工具软件的使用已经成为计算机应用过程中不可缺少的组成。掌握常用工具软件的使用会使计算机的操作水平和应用能力大大提高。本章主要是通过计算机常用工具软件介绍，让读者了解计算机中常用的工具软件，并通过重点介绍掌握常用工具软件的使用。

本章主要内容

- 常用输入法
- 多媒体软件
- 反病毒软件
- 压缩软件
- 网页浏览
- 下载软件
- 上传软件
- 即时通讯软件
- 常用系统工具软件
- 光盘刻录软件
- 图像处理软件
- 网络电视广播软件
- 屏幕捕捉软件

7.1　常用输入法

📖 **本节重点和难点:**

重点:
- 输入法的安装
- 输入法的使用

难点:
- 输入法的使用
- 五笔输入法

7.1.1　输入法软件

输入法是指为了将各种符号输入计算机或其他设备(如手机)而采用的编码方法。汉字输入的编码方法基本上都是采用将音、形、义与特定的键相联系,再根据不同汉字进行组合来完成汉字的输入的,常见的输入法如表 7-1-1 所示。

表 7-1-1　常用输入法

序号	输入法种类	软 件 介 绍
1	搜狗输入法	搜狗输入法是由搜狐(SOHU)公司推出的一款 Windows 平台下的汉字输入法,包括搜狗拼音和搜狗五笔两种输入法。其中搜狗拼音输入法是基于搜索引擎技术的、特别适合网民使用的、新一代的输入法产品,用户可以通过互联网备份自己的个性化词库和配置信息。搜狗拼音输入法为中国国内现今主流汉字拼音输入法之一,奉行永久免费的原则
2	五笔输入法	五笔是五笔字型输入法的简称,是目前最常用的一种汉字输入法之一,发明人王永民。而后来也衍生出多种其他五笔输入法,如陈桥五笔、万能五笔、搜狗五笔、极品五笔
3	拼音输入法	主要是通过拼音来完成汉字的输入,最流行的有搜狗拼音输入法、QQ 拼音输入法、微软拼音输入法、谷歌拼音输入法、智能 ABC、紫光华宇拼音输入法等

7.1.2　输入法的使用

1. 输入法的设置

主要是通过输入法设置来增加或删除输入法,本节以搜狗拼音输入法为例来讲解输入法的设置。

(1) 首先单击任务栏右下方的 ，打开右侧的下拉按钮,选择"设置",即可打开"文字服务和输入语言"对话框,也可以在输入法状态条上右击,在快捷菜单中选择"设置"命令,打开图 7-1-1 所示的对话框。

(2) 单击"添加"按钮,显示"添加输入语言"对话框,输入语言为"中文(中国)",键盘布局/输入法为"中文(简体)—搜狗拼音输入法",如图 7-1-2 所示。

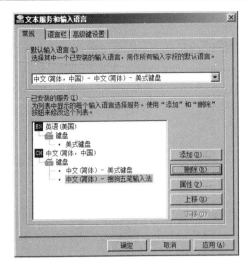

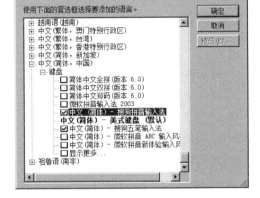

图 7-1-1 "文本服务和输入语言"对话框   图 7-1-2 "添加输入语言"对话框

（3）单击"确定"按钮，即可将"搜狗拼音输入法"添加到"文字服务和输入语言"对话框中。再次单击"确定"按钮，即可将输入法添加到语言栏中，如图 7-1-3 所示。

（4）单击任务栏右下方的语言栏或按下 Ctrl＋Shift 组合键，即可查看所添加的输入法，如图 7-1-4 所示。

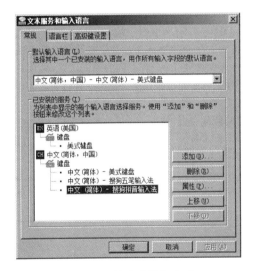

图 7-1-3 输入法添加完成   图 7-1-4 查看添加输入法

2. 输入法控制快捷键

输入法控制快捷键如表 7-1-2 所示。

表 7-1-2 输入法快捷键

按　键	作　用	按　键	作　用
Ctrl＋空格	打开或关闭输入法	Ctrl＋.（点）	标点的全角与半角的切换
Ctrl＋Shift	输入法间的切换	Caps Lock	字母锁定键
Shift＋空格	字符的全角与半角的切换		

打开输入法后,输入法状态条上各控制按钮状态如图 7-1-5 所示。

英文锁定　文字的半角　标点的半角　中文锁定　文字的全角　标点的全角

图 7-1-5　输入法状态条

3. 软键盘的使用

标准的键盘只提供英文字母、数字、各种符号的输入。除了这些基本输入外,需要输入一些特殊字符或符号时,可以借助于输入法软键盘来实现,如图 7-1-6 所示,通过搜狗软键盘实现特殊输入。

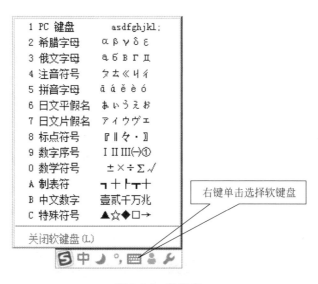

1 PC 键盘	asdfghjkl;
2 希腊字母	αβγδε
3 俄文字母	абвгд
4 注音符号	ㄅㄆ≪ㄐㄟ
5 拼音字母	āáěèó
6 日文平假名	あいうえお
7 日文片假名	アイウヴェ
8 标点符号	『‖々·』
9 数字序号	ⅠⅡⅢ㈠①
0 数学符号	±×÷Σ√
A 制表符	┐┼┼┰┼
B 中文数字	壹贰千万兆
C 特殊符号	▲☆◆□→

右键单击选择软键盘

关闭软键盘(L)

图 7-1-6　软键盘

在快捷菜单中可以看到,PC 键盘、希腊字母、俄文字母等,还有数字符号、数学符号、制表符等一些特殊符号。当选择了一种以后,软键盘会自动变成相应的符号,常用的软键盘上的符号,如表 7-1-3 所示。

表 7-1-3　软键盘上的符号

序号	软键盘名称	软键盘样式
1	PC 键盘	

计算机常用工具软件

续表

序号	软键盘名称	软键盘样式
2	希腊字母	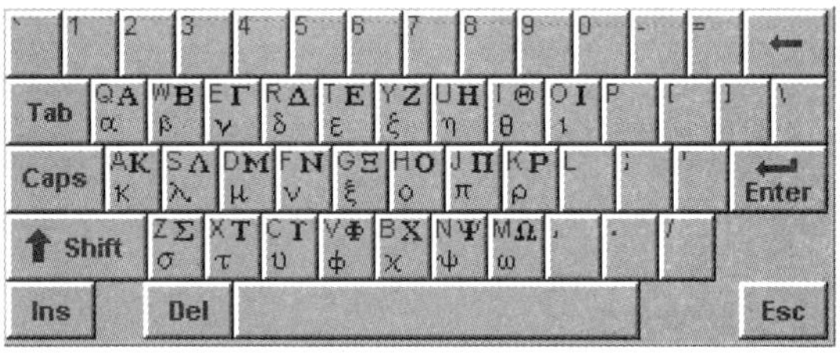
3	标点符号	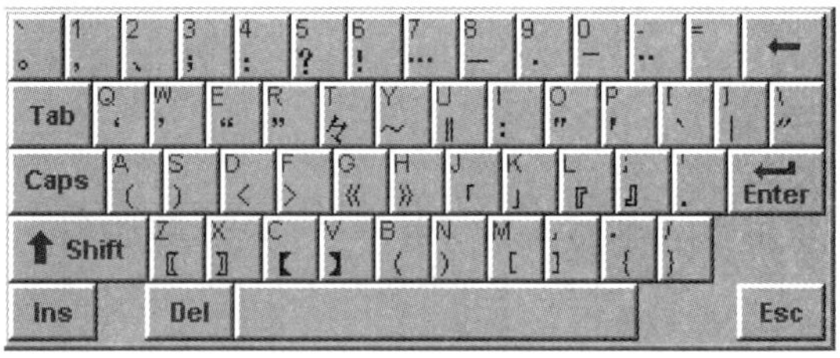
4	数字序号	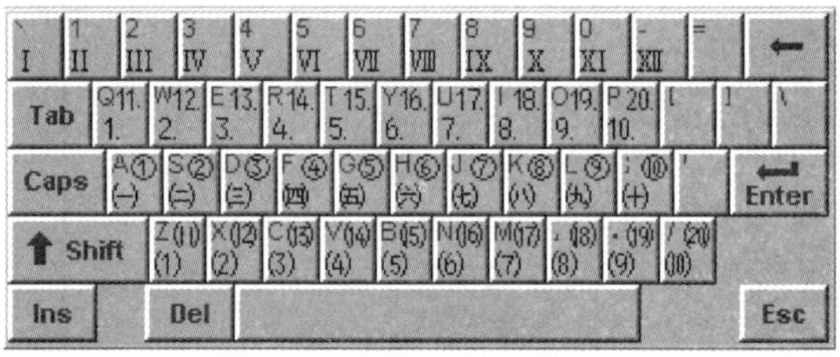
5	数学符号	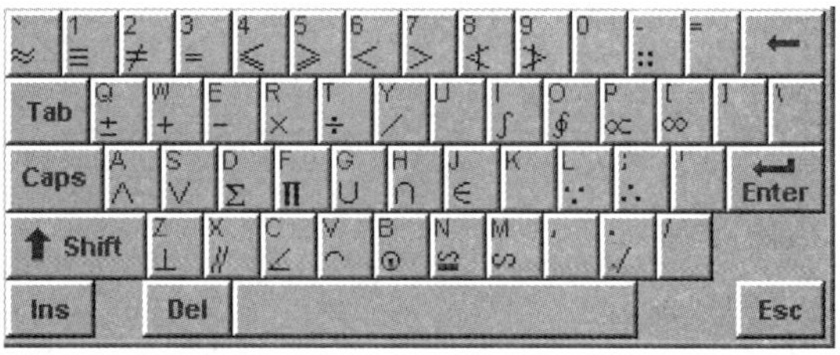
6	中文数字	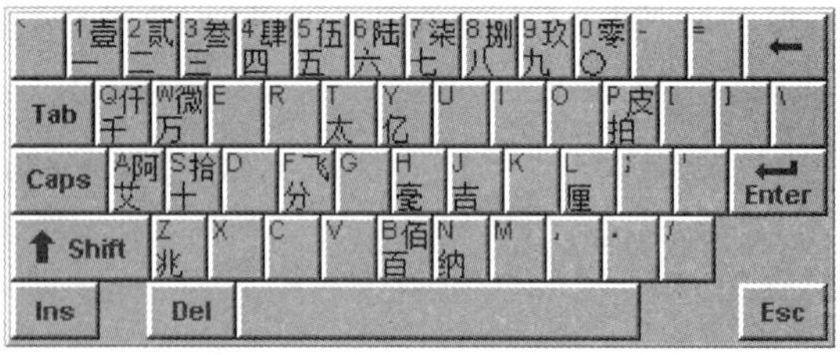
7	特殊符号	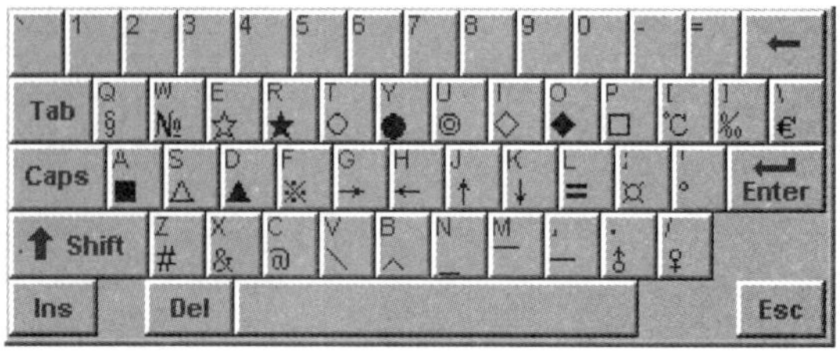

7.1.3 五笔输入法

1. 五笔的含义

五笔是通过汉字的五种笔画来完成汉字的输入,分为 5 区,主要分布如表 7-1-4 所示。

表 7-1-4　五笔分布表

分　区	笔　划	按　键
1 区	横类『一』	字根分布在 GFDSA 键上
2 区	竖类『丨』	字根分布在 HJKLM 键上
3 区	撇类『丿』	字根分布在 TREWQ 键上
4 区	捺类『丶』	字根分布在 YUIOP 键上
5 区	折类『乙』	字根分布在 NBVCX 键上

2. 五笔键盘分布及口诀

五笔字根分布及口诀如图 7-1-7 所示。

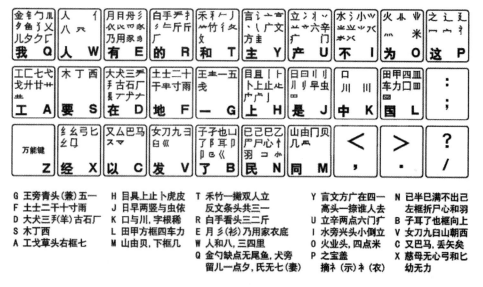

图 7-1-7　五笔字根分布及口诀

3. 五笔输入法的使用

(1) 一级简码。一级简码中需按除 Z 键以外的其他键加空格就可以完成输入,总计 25 个汉字,如表 7-1-5 所示。

表 7-1-5　一级简码

汉字	编码	汉字	编码	汉字	编码	汉字	编码	汉字	编码
一	11(G)	地	12(F)	在	13(D)	要	14(S)	工	15(A)
上	21(H)	是	22(J)	中	23(K)	国	24(L)	同	25(M)
和	31(T)	的	32(R)	有	33(E)	人	34(W)	我	35(Q)
主	41(Y)	产	42(V)	不	43(I)	为	44(O)	这	45(P)
民	51(N)	了	52(B)	发	53(V)	以	54(C)	经	55(X)

（2）二级简码。二级简码共有 $25×25＝625$ 个,只要按前两个字根加空格键即可。例如

吧：口巴按 KC 及空格

给：纟人按 XW 及空格

（3）三级简码。三级简码由单字的前 3 个根字码组成,只要按一个字的前 3 个字根加空格即可。例如

华：人七十按 WXF 加空格。

（4）词汇编码。词汇编码见表 7-1-6 所示。

表 7-1-6 词汇编码

种 类	编 码	示 例
单字	这里的单字是指除键名汉字和成字字根汉字之外的汉字,如果一个字可以取够 4 个字根,就全部用字根键入,只有在不足 4 个字根的情况下,才有必要追加末笔识别码	驭：马又（CCY）末笔是丶
双字词	分别取两个字的单字全码中的前面个字根代码,共四码组成	机器：木几口口（SMKK）
三字词	前两个字各取其第一码,最后一个字取其二码,共为四码	计算机：言竹木几（YTSM）
四字词	每字各取其第一码,共为四码	光明日报：小日日扌（IJJR）
多字词	取第一、二、三及最末一个字的第一码,共为四码	中华人民共和国：口人人口（KWWL）

（5）键名汉字输入。键名是指各键位左上角的第一个字根,它们是组字频度较高,而形体上又有一定代表性的字根,它们中绝大多数本身就是汉字,只要把它们所在键连击 4 次就可以了。例如

金：按 QQQQ

（6）成字字根汉字输入。在每个键位上,除了一个键名字根外,还有数量不等的几种其他字根,它们中间的一部分其本身也是一个汉字,称之为成字字根。成字字根输入公式：键名代码＋首笔代码＋次笔代码＋末笔代码,如果该字根只有两笔画,则以空格键结束。例如

由：（MHNG）　十：（FGH）

（7）5 种单笔画的输入。

一（GGLL）；丨（HHLL）；丿（TTLL）；丶（YYLL）；乙（NNLL）。

7.2　多媒体软件

📖 本节重点和难点：

重点：

- 视频播放软件的使用
- 音频播放软件的使用

难点：

- 使用阅读器阅读各类文件

多媒体的英文单词是 Multimedia，它由 media 和 multi 两部分组成。一般理解为多种媒体的综合。多媒体是计算机和视频技术的结合，实际上它是声音和图像两个媒体。

广义多媒体，指的是能传播文字、声音、图形、图像、动画和电视等多种类型信息的手段、方式或载体，包括电影、电视、CD-ROM、VCD、DVD、电脑、网络等。

狭义多媒体，专指融合两种以上"传播手段、方式或载体"的、人机交互式信息交流和传播的媒体，或者说是指在计算机控制下把文字、声音、图形、影像、动画和电视等多种类型的信息，混合在一起交流传播的手段、方式或载体。常见的多媒体软件如表 7-7 所示。

7.2.1 常用的视频播放软件

在计算机多媒体世界，支持视频播放的软件很多，常见的视频播放软件见表 7-2-1 所示。

表 7-2-1 常见的视频播放软件

序号	软件名称	软件简介
1	RealPlayer	RealPlayer 是一个在 Internet 上通过流技术实现音频和视频的实时在线收听的工具软件，使用它不必下载音频、视频内容，只要线路允许，就能完全实现网络在线播放
2	迅雷看看	"迅雷看看"是中国第一高清影视门户，免费提供电影、电视剧、综艺、音乐等视频资源，"迅雷看看"播放器是一款基于 P2P Streaming 技术的播放软件，支持在线点播
3	暴风影音	暴风影音是暴风国际公司推出的一款视频播放器，该播放器兼容大多数的视频和音频格式，支持本地播放、在线直播、在线点播、高清播放等
4	QQ 影音	QQ 影音是由腾讯公司最新推出的一款支持多种格式影片和音乐文件的本地播放器，QQ 影音首创轻量级多播放内核技术，深入挖掘和发挥新一代显卡的硬件加速能力，软件追求更小、更快、理流畅的视听享受
5	百度影音	百度影音是百度公司最新推出的一款全新体验的播放器。支持主流媒体格式的视频、音频文件，实现本地播放和在线点播
6	快播	快播又叫 qvod，是一款国内自主研发的基于准视频点播(Quasi Video On Demand，QVOD)内核的、多功能、个性化的播放器软件。快播集成了全新播放引擎，不但支持自主研发的准视频点播技术；而且还是免费的 BT 点播软件，用户只需通过几分钟的缓冲即可直接观看丰富的 BT 影视节目。快播具有的资源占用低、操作简捷、运行效率高、扩展能力强等特点，使其成为目前国内颇受欢迎的万能播放器
7	风行	"风行"提供高清电影及电视剧的免费在线点播，支持网络电视、在线电影点播、免费电影下载、在线网络电视、边下边看。采用全球最先进的 P2P 点播，高速流畅，高清晰度，上万部免费电影、网络电视、动漫综艺，每日更新，全球超过一亿两千万用户已经在使用了

7.2.2 常用的音频播放软件

常用的音频播放软件见表 7-2-2 所示。

计算机常用工具软件

表 7-2-2 常用的音频播放软件

序号	软件名称	软件简介
1	酷狗音乐	酷狗音乐(KuGoo)是国内最大、最专业的 P2P 音乐共享软件,拥有超过数亿的共享文件资料,深受全球用户的喜爱,拥有上千万使用用户。娱乐主页每天会提供大量最新的娱乐资讯,欧美、中文和日韩的最新大碟,单曲排行下载让轻松掌握最前卫的流行动态,充分享受 KuGoo 的精彩娱乐生活。KuGoo 还开放了音乐酷吧,让喜欢同一个歌手的歌迷们聚在一起。酷狗具有强大的搜索功能,支持用户从全球 KUGOO 用户中快速检索所需要的资料,还可以与朋友间相互传输影片、游戏、音乐、软件、图片
2	酷我音乐	酷我音乐盒是一款融歌曲和 MV 搜索、在线播放、同步歌词为一体的音乐聚合播放器,具有"全"、"快"、"炫"三大特点。酷我音乐是全球第一家集音乐的发现、获取和欣赏于一体的一站式个性化音乐服务平台。它运用世界最新的技术,为用户提供实时更新的海量曲库、一点即播的速度、完美的音画质量和一流的 MV、K 歌服务,是最贴合中国用户使用习惯、功能最全面、应用最强大的正版化网络音乐平台
3	千千静听	千千静听是一款完全免费的音乐播放软件,拥有自主研发的全新音频引擎,集播放、音效、转换、歌词等众多功能于一身。其小巧精致、操作简捷、功能强大的特点,深得用户喜爱,被网友评为中国十大优秀软件之一,并且成为目前国内最受欢迎的音乐播放软件
4	QQ 音乐	QQ 音乐是中国最大的网络音乐平台,是中国互联网领域领先的正版数字音乐服务提供商,是腾讯公司推出的一款免费音乐播放器,向广大用户提供方便流畅的在线音乐和丰富多彩的音乐社区服务,海量乐库在线试听、卡拉 OK 歌词模式、最流行新歌在线首发、手机铃声下载、超好用音乐管理,绿钻用户还可享受高品质音乐试听、正版音乐下载、免费空间背景音乐设置、MV 观看等特权

7.2.3 常用的阅读器

互联网中,文件的格式多种多样,针对不同的文件格式,要使用专用的阅读器才能打开,常用的阅读器如表 7-2-3 所示。

表 7-2-3 常用的阅读器

序号	软件名称	软件简介
1	Adobe Reader	Adobe Reader 是用于打开和使用在 Adobe Acrobat 中创建的 PDF 的工具,可以对 PDF 文件进行查看、打印和管理。如果收到审阅 PDF 的邀请,则可使用注释和标记工具为其添加批注,使用 Reader 的多媒体工具可以播放 PDF 中的视频和音乐
2	超星阅读器(SSreader)	超星阅览器(SSReader)是超星公司拥有自主知识产权的图书阅览器,是专门针对数字图书的阅览、下载、打印、版权保护和下载计费而研究开发的,经过多年不断改进,是国内外用户数量最多的专用图书阅览器之一
3	cajviewer	CAJ 全文浏览器是中国期刊网专用的全文格式阅读器,支持 CAJ、NH、KDH、PDF 格式文件,可以配合网络在网上对原文阅读,也可以阅读下载下来的文件,增加了即时工具释义、参考文献链接等功能

7.3 反病毒软件

📖 **本节重点和难点：**

重点：
- 常用的反病毒软件
- 360 软件的使用

难点：
- 通过 360 解决电脑异常问题

计算机病毒是通过在计算机程序中编制或者插入破坏计算机功能和数据来影响计算机使用的一组计算机指令或者程序代码，具有破坏性、复制性和传染性。它能通过某种途径潜伏在计算机的存储介质（或程序）里，当达到某种条件时即被激活，通过修改其他程序的方法将自己的代码放入其他程序中，从而感染其他程序，对计算机资源进行破坏。

7.3.1 常用的反病毒软件

反病毒软件是用于消除电脑病毒的一类软件。反病毒软件通常集成监控识别、病毒扫描和清除及自动升级等功能，有的杀毒软件还带有数据恢复等功能，是计算机防御系统的重要组成部分。常见的反病毒软件如表 7-3-1 所示。

表 7-3-1　常见的反病毒软件

序 号	软 件 名 称	软 件 简 介
1	瑞星杀毒软件	瑞星诞生于 1991 年，是中国互联网起步较早的反病毒软件，致力于帮助政府部门、企业、个人应对网络安全威胁，提供了信息安全的整体解决方案。针对互联网上大量出现的恶意病毒、挂马网站和钓鱼网站等，瑞星"智能云安全"系统可自动收集、分析、处理，完美阻截木马攻击、黑客入侵及网络诈骗，为用户上网提供安全的环境
2	360	360 是中国互联网第一个提出永久免费的反病毒软件，旗下 360 安全卫士、360 杀毒、360 安全浏览器、360 安全桌面、360 手机卫士等系列产品。360 安全卫士拥有查杀木马、清理插件、修复漏洞、电脑体检等多种功能，并独创了"木马防火墙"功能，依靠抢先侦测和云端鉴别，可全面、智能地拦截各类木马，保护用户的账号、隐私等重要信息
3	金山毒霸	金山毒霸是金山网络旗下的研发的云安全智扫反病毒软件，融合了启发式搜索、代码分析、虚拟机查毒等可靠的反病毒技术，在查杀病毒种类、查杀速度、未知病毒防治等方面答到了世界先进水平。具有病毒防火墙实时监控、压缩文件查毒、电子邮件查杀等多项先进的功能
4	木马克星	木马克星是专门针对国产木马的软件，该软件拥有大量的病毒库。一旦启动电脑，该软件就扫描内存，寻找类似特洛伊木马的内存片断，支持重启之后清除。还可以查看所有活动的进程，扫描活动端口，设置启动列表等

序 号	软 件 名 称	软 件 简 介
5	卡巴斯基	卡巴斯基总部设在俄罗斯首都莫斯科，Kaspersky Labs 是国际著名的信息安全领导厂商。公司为个人用户、企业网络提供反病毒、防黑客和反垃圾邮件产品。经过多年与计算机病毒的战斗，卡巴斯基获得了独特的知识和技术，使得卡巴斯基成为了病毒防卫的技术领导者和专家。该公司的旗舰产品著名的卡巴斯基反病毒软件（Kaspersky Anti-Virus，原名 AVP）被众多计算机专业媒体及反病毒专业评测机构誉为病毒防护的最佳产品

7.3.2　360 软件的使用

360 产品可以通过 http://www.360.cn/下载，如图 7-3-1 所示。

图 7-3-1　360 主页

360 安全产品有很多，如图 7-3-2 所示。

360 众多产品中，安全卫士是当前功能最强、效果最好、最受用户欢迎的上网必备安全软件，如图 7-3-3 所示，它的功能如下。

(1) 电脑体检：对电脑进行详细的检查。

(2) 查杀木马：使用 360 云引擎、360 启发式引擎、小红伞本地引擎、QVM 四引擎杀毒。

(3) 清理插件：给系统瘦身，提高电脑速度。

(4) 修复漏洞：为系统修复高危漏洞和功能性更新。

(5) 系统修复：修复常见的上网设置，系统设置。

(6) 电脑清理：清理垃圾和清理痕迹并清理注册表。

(7) 优化加速：加快开机速度。

(8) 功能大全：提供几十种各式各样的功能。

(9) 软件管家：安全下载软件，小工具。

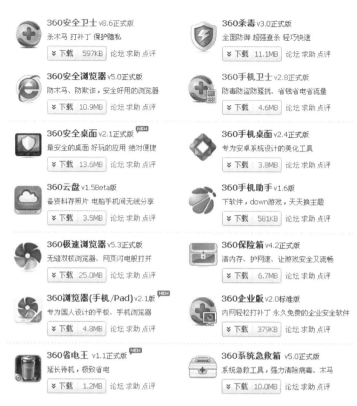

图 7-3-2　360 安全产品

图 7-3-3　360 安全卫士

第7章

计算机常用工具软件

7.4　压 缩 软 件

📖 本节重点和难点：

重点：
- 常用的压缩软件
- 文件的压缩及解压

难点：
- 压缩时添加密码
- WinRAR 设置

通过压缩软件压缩的文件称为压缩文件，压缩的原理是把文件的二进制代码压缩，使之减少该文件的占用空间。

7.4.1　常用的压缩软件

常见的压缩软件有 WinRAR、好压压缩、WinZip 等，具体如表 7-4-1 所示。

表 7-4-1　常见的压缩软件

序号	软件名称	软件简介
1	WinRAR	WinRAR 是一个文件压缩管理共享软件，由 Eugene Roshal(所以 RAR 的全名是 Roshal ARchive)开发。WinRAR 内置程序可以解开 CAB、ARJ、LZH、TAR、GZ、ACE、UUE、BZ2、JAR、ISO、Z 和 7Z 等多种类型的档案文件、镜像文件和 TAR 组合型文件；具有历史记录和收藏夹功能；新的压缩和加密算法，压缩率进一步提高，而资源占用相对较少，并可针对不同的需要保存不同的压缩配置；固定压缩和多卷自释放压缩以及针对文本类、多媒体类和 PE 类文件的优化算法是大多数压缩工具所不具备的；使用非常简单方便，配置选项也不多，仅在资源管理器中就可以完成用户想做的工作；对于 ZIP 和 RAR 的自释放档案文件，单击属性就可以轻易知道此文件的压缩属性，如果有注释，还能在属性中查看其内容；对于 RAR 格式(含自释放)档案文件提供了独有的恢复记录和恢复卷功能，使数据安全得到更充分的保障
2	好压压缩	好压压缩软件(HaoZip)是强大的压缩文件管理器，是完全免费的新一代压缩软件，相比其他压缩软件系统资源占用更少，兼容性更好，压缩率比较高。软件功能包括强力压缩、分卷、加密、自解压模块、智能图片转换、智能媒体文件合并等，完美支持鼠标拖放及外壳扩展。使用简便，配置选项不多，仅在资源管理器中就可完成用户想做的所有工作；具有估计压缩功能，可以在压缩文件之前得到用 ZIP、7Z 两种压缩工具各 3 种压缩方式下的大概压缩率；还有强大的历史记录功能；强大的固实压缩、智能图片压缩和多媒体文件处理功能是大多压缩工具所不具备的
3	WinZip	WinZip 是一款功能强大并且易用的压缩实用程序，支持 ZIP、CAB、TAR、GZIP、MIME，以及更多格式的压缩文件，新版支持计划任务和视图风格切换

7.4.2 WinRAR 软件使用

下面介绍 WinRAR 软件的使用方法。

1. 下载

可以从互联网上下载 WinRAR 软件,安装后启动界面如图 7-4-1 所示。

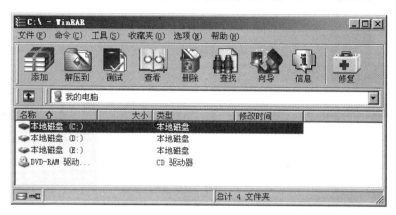

图 7-4-1　WinRAR 软件下载

2. 设置

进行 WinRAR 设置,可以使用选项菜单,选择设置,如图 7-4-2 所示。

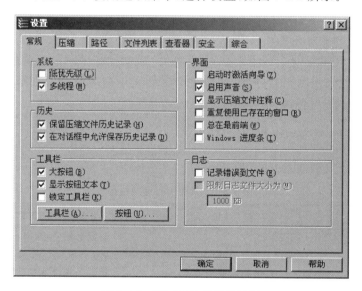

图 7-4-2　WinRAR 软件的设置

3. 创建压缩文件

将选中的文件进行压缩,如图 7-4-3 所示。可以通过压缩选项对压缩进行设置,比如创建自解压文件、添加用户身份、测试压缩文件等。

4. 压缩时添加密码

在压缩文件时,可添加密码,如图 7-4-4 所示。

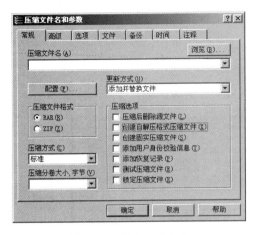
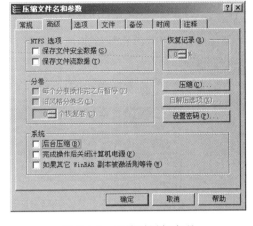

图 7-4-3　创建压缩文件　　　　　　　图 7-4-4　压缩时添加密码

7.5　网页浏览

📖 本节重点和难点：

重点：
- 通过浏览器查看网页的源文件

难点：
- 将浏览的网页保存下来

网页浏览器是显示网页服务器，并通过浏览器让用户与服务器之间实现互动的一种软件。

7.5.1　常用的网页浏览器

常用的网页浏览器如表 7-5-1 所示。

表 7-5-1　常用的网页浏览器

序号	名　称	软 件 介 绍
1	Internet Explorer	美国微软公司（Microsoft）开发
2	360 安全浏览器、360 极速浏览器	360 开发
3	搜狗浏览器、搜狗高速浏览器	搜狐公司旗下子公司搜狗公司开发
4	遨游浏览器	Jeff Chen 开发
5	QQ 浏览器、腾讯 TT	腾讯公司开发
6	火狐浏览器	Firefox 浏览器公司

7.5.2　Internet Explorer 使用

IE 是美国微软公司（Microsoft）推出的一款网页浏览器，它在市场上有着较大的市场占有率。它是安装 Windows 系统时必装的组件，详细使用参见 6.2.1 节。

7.6 下 载 软 件

📖 **本节重点和难点：**

重点：
- 常用的下载软件

难点：
- 迅雷的使用

下载(DownLoad)是通过网络进行传输文件,把互联网或其他计算机上的信息保存到本地电脑上的一种网络活动。下载可以显式或隐式地进行,只要是获得本地计算机上所没有的信息的活动,都可以认为是下载。

7.6.1 常用的下载软件

常用的下载软件是利用网络,通过 http://、ftp://、ed2k://、.torrent 等协议,下载数据有电影、音乐、软件、图片等。常用的下载软件如表 7-6-1 所示。

表 7-6-1　常用的下载软件

序号	软件名称	软件介绍
1	迅雷	由深圳市迅雷网络技术有限公司开发的迅雷下载软件,使用先进的超线程技术,基于网格原理,能够将存在于第三方服务器和计算机上的数据文件进行有效整合,通过这种先进的超线程技术,用户能够以更快的速度从第三方服务器和计算机获取所需的数据文件。这种超线程技术还具有互联网下载负载均衡功能,在不降低用户体验的前提下,迅雷网络可以对服务器资源进行均衡,有效降低了服务器负载
2	网际快车	网际快车采用基于业界领先的 MHT(Multi-server Hyper-threading Transportation)下载技术给用户带来超高速的下载体验；全球首创 SDT(Smart Detecting Technology)插件预警技术充分确保安全下载；兼容 BT、传统(HTTP、FTP 等)等多种下载方式,更能让用户充分享受互联网海量下载的乐趣
3	电驴	电驴是被称为"点对点"(P2P)的客户端软件,用来在互联网中交换数据的工具。一个用户可以从其他用户那里得到文件,也可以把文件散发给其他的用户
4	比特彗星	BitComet(比特彗星)是一个完全免费的 BitTorrent(BT)下载管理软件,也称 BT 下载客户端,同时也是一个集 BT/HTTP/FTP 为一体的下载管理器。BitComet(比特彗星)拥有多项领先的 BT 下载技术,有边下载边播放的独有技术,也有方便自然的使用界面。最新版又将 BT 技术应用到了普通的 HTTP/FTP 下载,可以通过 BT 技术加速用户的普通下载
5	QQ旋风	QQ旋风是腾讯公司推出的新一代互联网下载工具,下载速度更快,占用内存更少,界面更清爽简单。QQ旋风创新性的改变下载模式,将浏览资源和下载资源融为整体,让下载更简单,更纯粹,更小巧

计算机常用工具软件

7.6.2 迅雷软件

迅雷使用的多资源超线程技术基于网格原理,能够将网络上存在的服务器和计算机资源进行有效的整合,构成独特的迅雷网络,通过迅雷网络各种数据文件能够以最快的速度进行传递。多资源超线程技术还具有互联网下载负载均衡功能,在不降低用户体验的前提下,迅雷网络可以对服务器资源进行均衡,有效地降低了服务器负载。

迅雷软件可以通过 http://www.xunlei.com/网站下载进行安装,安装后如图 7-6-1所示。

图 7-6-1　迅雷工作界面

迅雷软件下载的方式如下。

(1) 单击"新建"按钮,便可建立新的下载。

(2) 选择使用直接输入下载 URL 的方式。

(3) 选择使用"BT 种子文件"下载。

(4) 在下载的超级链接上右击,选择使用迅雷下载。

7.7　上 传 软 件

📖 **本节重点和难点:**

重点:

- 常用上传软件

难点:

- Cute FTP 软件使用

上传就是将信息从个人计算机(本地计算机)传递到远程计算机上,让网络上的人都能看到,也可以将制作好的网页、文字、图片等发布到互联网上去,以便让其他人浏览、欣赏。

7.7.1 常用的上传软件

常用上传软件如表 7-7-1 所示。

表 7-7-1 常用上传软件

序号	软件名称	软件简介
1	Cute FTP	它是一个全新的商业级 FTP 客户端程序,其加强的文件传输系统能够完全满足今天的商家们的应用需求
2	Ftp fiend v2	一个新的功能强大的 FTP——上传/下载工具,支持批量上传、删除和下载;多状态显示:即可看到单个文件传输状态,又可看到全部任务的进度;支持网站地址的数据库存储
3	Flash FXP	融合了一些其他优秀 FTP 软件的优点,如可以比较文件夹,支持彩色文字显示,支持多文件夹选择文件,能够缓存文件夹。支持文件夹(带子文件夹)的文件传送、删除;支持上传、下载及第三方文件续传;可以跳过指定的文件类型,只传送需要的文件;可以自定义不同文件类型的显示颜色;可以缓存远端文件夹列表,支持 FTP 代理及 Socks3&4;具有避免空闲功能,防止被站点踢出;可以显示或隐藏"隐藏"属性的文件、文件夹等

7.7.2 Cute FTP 软件使用

从互联网上下载该软件进行安装,然后启动 CuteFTP 软件,在打开的界面中输入主机的 IP 地址、用户名、密码,再单击"端口"左侧的"链接"按钮,如图 7-7-1 所示。

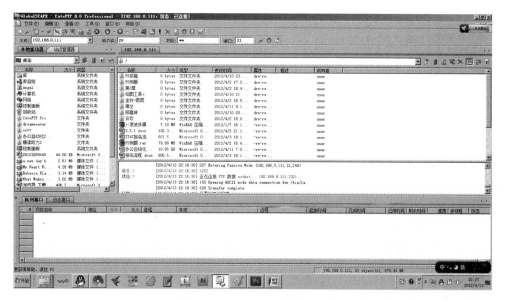

图 7-7-1 Cute FTP 软件界面

计算机常用工具软件

链接成功后在要上传的文件上右击,在弹出的快捷菜单中选择"上传"命令,即可上传文件,如图7-7-2所示。

在要下载的文件上右击,在弹出的快捷菜单中选择"下载"命令,即可下载需要的文件,如图7-7-3所示。

图 7-7-2　上传命令　　　　　　　图 7-7-3　下载命令

7.8　即时通讯软件

📖 **本节重点和难点:**

重点:
- 常用即时通讯软件
- QQ、人人等软件的注册、登录及使用

难点:
- QQ、人人等软件的注册、登录及使用
- 进行网络视频

即时通讯(Instant Messenger,IM)是指能够即时发送和接收互联网消息等的业务。它的功能日益丰富,逐渐集成了电子邮件、博客、音乐、电视、游戏和搜索等多种功能。它不再是一个单纯的聊天工具,而是发展为集交流、资讯、娱乐、搜索、电子商务、办公协作和企业客户服务等为一体的综合化信息平台。即时通讯不同于E-mail就在于它的交谈是即时的。大部分的即时通讯服务提供了状态信息的特性——显示联络人名单,联络人是否在线与能否与联络人交谈。

7.8.1　常用的即时通讯软件

常用即时通讯软件如表7-8-1所示。

表 7-8-1　常用即时通讯软件

序号	名　称	软件介绍
1	QQ	QQ 是深圳市腾讯计算机系统有限公司开发的一款基于 Internet 的即时通信(IM)软件。腾讯 QQ 支持在线聊天、视频电话、点对点断点续传文件、共享文件、网络硬盘、自定义面板、QQ 邮箱等多种功能,并可与移动通讯终端等多种通讯方式相连
2	人人	人人网是由千橡集团将旗下著名的校内网更名而来。2009 年 8 月 4 日,将旗下著名的校内网更名为人人网,社会上所有人都可以来到这里,从而跨出了校园内部这个范围。人人网为整个中国互联网用户提供服务的 SNS 社交网站,给不同身份的人提供了一个互动交流平台,提高用户之间的交流效率,通过提供发布日志、保存相册、音乐视频等站内外资源分享等功能,搭建了一个功能丰富、高效的用户交流互动平台。2011 年 5 月 4 日,人人网在美国纽交所上市。2011 年 9 月 27 日,人人网宣布以 8000 万美元全资收购视频网站 56 网
3	MSN	MSN 全称 Microsoft Service Network(微软网络服务),是微软公司推出的即时消息软件,可以与亲人、朋友、工作伙伴进行文字聊天、语音对话、视频会议等即时交流,还可以通过此软件来查看联系人是否联机。微软 MSN 移动互联网服务提供包括手机 MSN(即时通讯 Messenger)、必应移动搜索、手机 SNS(全球最大 Windows Live 在线社区)、中文资讯、手机娱乐和手机折扣等创新移动服务,满足了用户在移动互联网时代的沟通、社交、出行、娱乐等诸多需求,在国内拥有大量的用户群。另外,MSN 还表示"忙啥呢"以及"美少年 or 美少女"等的简称
4	阿里旺旺	阿里旺旺是将原先的淘宝旺旺与阿里巴巴贸易通整合在一起的新品牌。它是淘宝和阿里巴巴为商人量身定做的免费网上商务沟通软件。它能帮用户轻松找客户,发布、管理商业信息;及时把握商机,随时洽谈做生意;并详细讲述了阿里旺旺在中国市场的发展
5	新浪 UC	由新浪 UC 信息技术有限公司开发,融合了 P2P 思想的开放式即时通讯的网络聊天工具,具有远程协作、超大文件传输、多人免费语音会话、批量消息群发、500 人群组、群组文件共享、支持同时登录多款聊天软件、超大网盘、地图查询等功能
6	移动飞信	飞信(Fetion)是中国移动推出的"综合通信服务",即融合语音(Interactive Voice Response,IVR)、GPRS、短信等多种通信方式,覆盖三种不同形态(完全实时、准实时和非实时)的客户通信需求,实现互联网和移动网间的无缝通信服务。飞信不但可以免费从 PC 给手机发短信,而且不受任何限制,能够随时随地与好友开始语聊,并享受超低语聊资费

7.8.2　人人网

人人网现阶段向所有互联网用户开放,一般需要经过以下步骤才能注册成为正式用户。

（1）到注册页面,填写个人的真实姓名,E-mail 和设置密码。人人网将根据用户的身份来决定用户的注册方式和资料填写。根据要求填写相应的注册信息,用自己的 E-mail 或者手机号码作为账号注册。

（2）到用户的注册邮箱查收来自人人网的激活信,单击邮件里的激活链接激活用户的账号。

（3）激活成功后，通过验证即可成为正式用户。

人人网注册成功后登录，如图 7-8-1 所示。

图 7-8-1　人人网注册成功后登录界面

7.9　常用的系统工具软件

📖 **本节重点和难点：**

重点：

- 驱动精灵的使用
- 鲁大师的使用

难点：

- 备份、还原与卸载电脑驱动
- 使用鲁大师维护电脑

Windows 自身不携带而负责系统优化、管理等作用的工具，系统工具是为计算机系统提供驱动、检测，并在系统缓慢时对系统进行优化。

7.9.1　驱动精灵

驱动精灵是一款集驱动管理和硬件检测于一体的、专业级的驱动管理和维护工具。驱动精灵为用户提供驱动备份、恢复、安装、删除、在线更新等实用功能。另外，除了驱动备份恢复功能外，还提供了 Outlook 地址簿、邮件和 IE 收藏夹的备份与恢复，并且有多国语言界面供用户选择，如图 7-9-1 所示。

1. 下载驱动程序

单击桌面上的"驱动精灵"快捷方式，打开驱动精灵软件，单击"驱动更新"按钮，驱动精

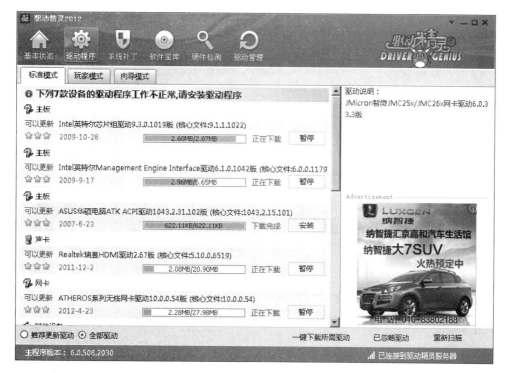

图 7-9-1　驱动精灵软件界面

灵会自动联网检测硬件设备,所有需要安装驱动程序的硬件设备均会被列出。可以通过单击硬件名称来确认是否需要更新驱动程序。

2. 备份驱动程序

通过驱动精灵的驱动备份功能首先选择所需要备份驱动程序的硬件名称,然后选择需要备份的硬盘路径,单击"开始备份"按钮,即可完成驱动程序的备份工作。

3. 还原驱动程序

还原驱动程序与备份驱动一样简单,需要单击"浏览"按钮,找到备份驱动程序的路径。单击"开始还原"按钮,即可还原驱动程序。

4. 驱动程序卸载

对于因错误安装或其他原因导致的驱动程序残留,推荐使用驱动程序卸载功能卸载驱动程序,卸载驱动程序仅需勾选硬件名称,然后单击"卸载所选驱动"按钮,即可完成卸载工作。

7.9.2　鲁大师

鲁大师主要是进行硬件检测,向用户提供厂商信息,了解计算机硬件配置情况,它适合于各种品牌台式机、笔记本电脑、DIY 兼容机。鲁大师还能进行升级补丁、安全修复漏洞、系统优化等功能。

1. 硬件检测

在硬件概览,鲁大师显示用户计算机的硬件配置的简洁报告,如图 7-9-2 所示,报告包含以下内容。

（1）计算机生产厂商（品牌机）。

计算机常用工具软件

（2）操作系统处理器型号。

（3）主板型号。

（4）芯片组。

（5）内存品牌及容量。

（6）主硬盘品牌及型号。

（7）显卡品牌及显存容量。

（8）显示器品牌及尺寸。

（9）声卡型号。

（10）网卡型号。

图 7-9-2　鲁大师软件主界面

检测到的电脑硬件品牌，其品牌或厂商图标会显示在页面左下方，单击这些厂商图标可以访问这些厂商的官方网站。

2．温度检测

在温度监测内，鲁大师显示计算机各类硬件温度的变化曲线图表，如图 7-9-3 所示。温度监测包含以下内容。

（1）CPU 温度显卡温度。

（2）显卡温度。

（3）硬盘温度。

（4）主板温度。

3．性能测试

可以测试处理器性能、显卡性能、内存性能、硬盘性能等，如图 7-9-4 所示。

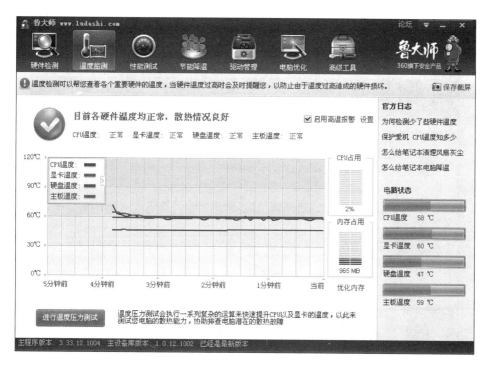

图 7-9-3　温度检测页面

图 7-9-4　性能测试页面

4. 节能降温

　　"节能降温"设置可根据需要进行调节。"全面节能"可以全面保护硬件,特别适用于笔记本;"智能降温"可对主要部件进行自动控制降温,特别适用于追求性能的台式机。

在"节能降温"的功能里，有一个很独特的按钮，就是"进入离开模式"。这个功能可以在完全无人值守的状态下，保持网络连接，并且关闭没有使用的设备，从而节约电能，如图 7-9-5 所示。

图 7-9-5　节能降温页面

5. 驱动管理

驱动管理主要是进行驱动安装、驱动备份、驱动恢复等功能，如图 7-9-6 所示。

图 7-9-6　驱动管理页面

6. 电脑优化

电脑优化主要是进行电脑系统的稳定、速度等的优化管理，如图 7-9-7 所示。

图 7-9-7　电脑优化

7.10　光盘刻录软件

📖 本节重点和难点：

重点：
- 常用的光盘刻录软件
- 光盘刻录软件的使用

难点：
- 使用光盘刻录软件刻录系统安装盘
- 在 ISO 光盘中提取或加入文件

如果我们的计算机具有光盘刻录的功能，那么便可以用光盘刻录软件，制作一张自己喜欢的音乐或者视频光盘。

7.10.1　常用的光盘刻录软件

常用的光盘刻录软件见表 7-10-1 所示。

表 7-10-1　常用的光盘刻录软件

序号	软　件	软 件 简 介
1	光盘刻录大师	是一款涵盖了数据刻录、影音光盘制作、音乐光盘制作、音视频文件转换、音视频编辑、光盘备份与复制、CD/DVD 音视频提取等多种功能的超级多媒体软件合集
2	UltraISO	UltraISO 是一款功能强大而又方便实用的光盘映像文件制作、编辑、格式转换工具，它可以直接编辑光盘映像和从映像中直接提取文件，也可以从 CD-ROM 制作光盘映像或者将硬盘上的文件制作成 ISO 文件。同时，用户也可以处理 ISO 文件的启动信息，从而制作可引导光盘。UltraISO 独有的智能化 ISO 文件格式分析器，可以处理目前几乎所有的光盘映像文件，包括 ISO 和 BIN，使用 UltraISO，用户可以打开这些光盘映像，直接提取其中的文件，进行编辑并将这些格式的映像文件转换为标准的 ISO 格式
3	Nero	Nero Burning Rom 是一款由德国 Ahead Software 公司出品的光盘专业刻录软件。由于其在刻录方面强大功能以及极好兼容性，被用户称为"全方位刻录大师"，也被大多数刻录机在购买时所附带。Nero Burning Rom 软件具有制作数据光盘、音频光盘、图像及视频光盘、备份光盘，以及对刻录机及其他设置等功能

7.10.2　UltraISO 软件

UltraISO 软件安装成功后，启动界面如图 7-10-1 所示。

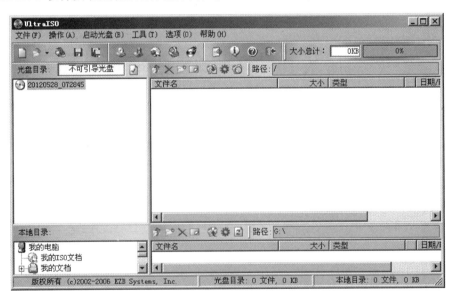

图 7-10-1　UltraISO 软件启动界面

UltraISO 软件的功能有新建一个 ISO 文件、编辑已有 ISO 文件、从 CD-ROM 制作光盘映像、从 CD-ROM 提取引导文件、制作软盘映像、光盘映像文件格式转换、刻录光盘映像文件、检查光盘、制作可启动映像文件、设置映像文件属性、新建一个音乐 CD 文件、编辑已有音乐 CD 文件。

7.10.3 Nero 软件

Nero 软件下载安装后,界面如图 7-10-2 所示。

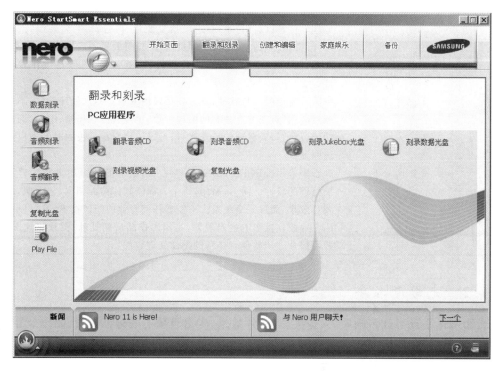

图 7-10-2 Nero 软件启动界面

Nero 软件可以进行音频 CD 的制作、数据光盘的刻录、复制光盘等操作。

7.11 图像处理软件

📖 **本节重点和难点:**

重点:
- 常用图像处理软件
- Phtoshop、美图秀秀、光影魔术手等软件的使用

难点:
- 通过图像处理软件将照片中的红眼去掉
- 调整照片的色阶和曲线

数码相机与计算机相连,可以把图像或照片通过计算机加工处理。在处理图像和照片时,无论专业人士还是非专业人士都要通过图像处理软件来完成。

7.11.1 常用的图像处理软件

常用图像处理软件如表 7-11-1 所示。

表 7-11-1　常用图像处理软件

序号	软件名称	软件简介
1	Photoshop	Photoshop 是 Adobe 公司最为出名的图像处理软件,它集图像扫描、编辑修改、图像制作、广告创意、图像输入与输出于一体的图形图像处理软件,可以进行平面设计、修复照片、广告摄影、包装设计、插画设计、影像创意、艺术文字、网页制作、建筑效果图后期修饰、绘画、绘制或处理三维贴图、婚纱照片设计、视觉创意、图标制作和界面设计等
2	美图秀秀	中国最流行的图片软件,是一款很好用的免费图片处理软件,不用学习就会用,美图秀秀独有的图片特效、美容、拼图、场景、边框、饰品等功能,加上每天更新的精选素材,可以让用户在最快的时间做出影楼级照片
3	光影魔术手	光影魔术手(nEOiMAGING)是一个对数码照片画质进行改善及效果处理的软件。简单、易用,每个人都能制作精美相框、艺术照,专业胶片效果,而且完全免费。不需要任何专业的图像技术,就可以制作出专业胶片摄影的色彩效果,是摄影作品后期处理、图片快速美容、数码照片冲印整理时必备的图像处理软件

7.11.2　光影魔术手

　　光影魔术手具有改善画质、人像美化、胶片效果、丰富且精美的边框素材、制作个性化相册、随心所欲拼图、便捷的文字和水印、拼图、涂鸦、场景等以及其他的图片批量处理等功能,广受用户青睐,如图 7-11-1 所示。

图 7-11-1　光影魔术手界面

光影魔术手软件的主要功能有以下几种。

（1）模拟反转片的效果。经处理后照片反差更鲜明，色彩更亮丽，暗部细节得到最大程度的保留，高光部分无溢出，红色还原十分准确，色彩过渡自然艳丽。

（2）晚霞渲染。这个功能不仅局限于天空，也可以运用在人像、风景等情况。使用以后，亮度呈现暖红色调，暗部则显蓝紫色，画面的色调对比很鲜明，色彩十分艳丽。暗部细节亦保留得很丰富。同时提供用户对色调平衡、细节过渡、艳丽度的具体控制，用户可以根据自己对色彩的喜好调制出不同的颜色。

（3）夜景效果。这个功能把夜景中，在黑暗的天空中存在的各类红绿噪点彻底删除，同时，对夜景的灯光、建筑细节、画面锐度等是没有影响的。

（4）色阶和曲线。这一功能的使用在于对色彩、明暗的控制十分直观简易，可以多点划分色阶，并且色阶之间的过渡通过曲线而变得圆滑自然。

（5）人像美容。人像磨皮＋柔光镜，可以自动识别人像的皮肤，把粗糙的毛孔磨平，令肤质更细腻白皙，同时可以选择加入柔光的效果，产生朦胧美。

（6）去红眼。传统的去红眼功能，用鼠标在红眼上点一点就行了，软件会自动判断红眼部分，不会影响到眼皮、睫毛等的颜色。

7.12　网络电视广播软件

📖 **本节重点和难点：**

重点：
- 常见的网络电视和广播软件
- 常见的网络电视和广播软件的使用

难点：
- 使用 PPTV、CNTV-Cbox 等软件在网络上点播电视节目
- 使用龙卷风网络收音机在线收听电台

网络电视与网络广播是指把电视机和广播电台与个人电脑及手持设备作为显示终端，通过接入宽带网络，实现观看电视节目和收听广播。

7.12.1　常用的网络电视广播软件

常用的网络电视和广播软件见表 7-12-1 所示。

表 7-12-1　常用的网络电视广播软件

序号	软件名称	软件简介
1	CNTV-CBox	CBox 是一款通过网络收看中央电视台及全国几十套地方电视台节目最权威的视频客户端。它的节目来源依托中国最大的网络电视台——中国网络电视台，海量节目随便看，直播、点播随便选
2	PPTV	PPTV 网络电视是一款全球安装量最大的网络电视。最新电影、热播剧、NBA 赛事直播、游戏竞技、动漫综艺全部免费在线观看，是广受网友推崇的装机必备软件

序号	软件名称	软件简介
3	UUSee	UUSee 网络电视是悠视网打造的网络电视收看软件,可以免费收看多个频道的精彩节目,包括 CCTV 在内的各大电视台的节目直播,各类体育赛事直播、高清电影电视剧和娱乐节目的点播等;具备稳定高效的系统内核;采用国际领先水平的 P2P 传输、视频编解码技术以及分布式服务器部署,保证用户流畅收看高清晰视频内容
4	PPS	PPS(全称 PPStream)是全球第一家集 P2P 直播点播于一身的网络电视软件,能够在线收看电影电视剧、体育直播、游戏竞技、动漫、综艺、新闻、财经资讯等。PPS 网络电视完全免费,无需注册,下载即可使用;灵活播放,随点随看,时间自由掌握;内容丰富,热门经典,应有尽有;播放流畅,P2P 传输,越多人看越流畅,完全免费,是广受网友推崇的上网装机必备软件。PPS 获得了 2012 年 TVB 所有电视剧集、综艺节目的独家版权
5	QQLive	QQlive 网络电视是由腾讯公司开发的、用于通过互联网进行大规模视频直播的软件。用户安装以后,就可以在网上免费、流畅地观看各种点播和直播的节目,给用户全新的视频体验。QQlive 网络电视采用了先进的 P2P 流媒体播放技术,可以确保在大量用户同时观看节目的情况下,节目依然流畅清晰;同时具有很强的防火墙穿透能力,为用户在任何网络环境下收看流畅的视频节目提供了有力保障;而且所有流媒体数据均存放在内存中,避免了频繁直接访问硬盘数据而导致的硬盘损坏
6	龙卷风	龙卷风网络收音机是一个免费软件,是一款可以收听全球各地网络电台的软件,内建有 100 多个中文电台(包括国语、粤语)及一些国际著名电台。程序已经内置了在线更新电台信息及在线升级程序功能,免去每当新版本发布时又得重新到网站下载之烦事。收录全世界 3 千多个电台,可以听财经、娱乐、社会新闻,听外语电台,听流行歌曲,享受摇滚、爵士、民乐、交响乐等

7.12.2 龙卷风网络收音机

可以从互联网上下载龙卷风网络收音机,安装后的界面如图 7-12-1 所示。

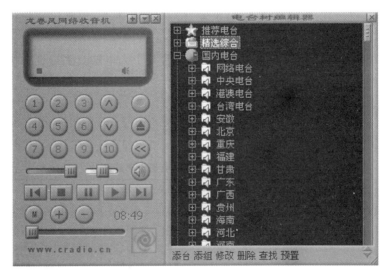

图 7-12-1 "龙卷风网络收音机"软件界面

7.13　屏幕捕捉软件

📖 **本节重点和难点：**

　　重点：
- 常用的屏幕捕捉软件
- 屏幕捕捉软件的使用

　　难点：
- 使用屏幕录像专家、QQ 视频录像机等进行屏幕录像
- 使用屏幕录像专家、QQ 视频录像机等进行屏幕截图

　　屏幕捕捉主要包括屏幕录像和屏幕截图两种。屏幕录像是将电脑桌面操作或窗口录制下来，比如录制播放器视频、录制 QQ 视频、录制游戏视频、录制聊天内容、录制视频监控等。屏幕截图是将整个屏幕的瞬间转换为图片并保存下来。

7.13.1　常用的屏幕捕捉软件

　　常用的屏幕捕捉软件如表 7-13-1 所示。

表 7-13-1　常用的屏幕捕捉软件

序号	软件名称	软件简介
1	屏幕录像专家	屏幕录像专家是一款专业的屏幕录像制作工具。使用它可以轻松地将屏幕上的软件操作过程、网络教学课件、网络电视、网络电影、聊天视频等录制成 FLASH 动画、WMV 动画、AVI 动画或者自播放的 EXE 动画。该软件具有长时间录像并保证声音完全同步的能力。该软件使用简单，功能强大，是制作各种屏幕录像和软件教学动画的首选软件
2	HyperSnap-DX	提供专业级影像效果，也可让用户轻松地抓取屏幕画面。支持抓取使用 DirectX 技术之游戏画面及 DVD，并且采用新的去背景功能，让用户将抓取后的图形去除不必要的背景；预览功能也可以正确地显示用户的图打印出来时会是什么模样等
3	红蜻蜓抓图精灵（RdfSnap）	红蜻蜓抓图精灵（RdfSnap）是一款完全免费的专业级屏幕捕捉软件，能够让用户得心应手地捕捉到需要的屏幕截图。捕捉图像方式灵活，主要可以捕捉整个屏幕、活动窗口、选定区域、固定区域、选定控件、选定菜单、选定网页等，图像输出方式也多种多样
4	QQ 视频录像机	免费录制 QQ 聊天视频、MSN 聊天视频、UC 聊天视频、ICQ 聊天视频、泡泡聊天视频、雅虎通聊天视频、网络视频聊天室、网络电视、电影片断、MTV 录像、卡拉 OK 录像、个人视频、可视邮件、教程和课件及帮助手册使用的动画演示

序号	软件名称	软件简介
5	MiniVCap	MiniVCap 是一款使用普通 USB 电脑摄像头录制视频的软件,可用于录制家庭视频或做店铺的监控录像。支持开机自动录像、后台隐身录像、多个摄像头同时录制,循环录像(磁盘空间循环利用),支持普通和高清两种画质模式,支持同步录音、人脸识别、邮件报警等。她空间占用少、资源消耗低、可无限期连续录像,是最好用的摄像头视频录制工具

7.13.2　屏幕录像专家

屏幕录像专家具有完善的屏幕录像制作功能,功能强大,容易上手,深受用户喜爱。安装后的界面如图 7-13-1 所示。

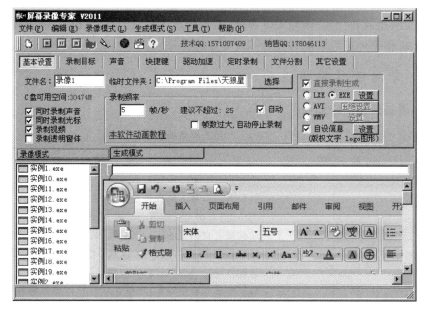

图 7-13-1　屏幕录像专家

屏幕录像专家软件的基本功能如下。

(1)支持长时间录像并且保证声音同步。

(2)录制生成 EXE 文件,可以在任何计算机(操作系统为 Windows 98/2000/2003/XP 等)上播放,不需附属文件。高度压缩,生成文件小。

(3)录制生成 AVI 动画,支持各种压缩方式。

(4)生成 Flash 动画,文件小可以在网络上方便使用,支持使用 MP3 流式声音,保证生成的 Flash 文件声音同步。

(5)生成微软流媒体格式 WMV/ASF 动画,可以在网络上在线播放。

(6)支持后期配音和声音文件导入,使录制过程可以和配音分离。

(7)录制目标自由选取:可以是全屏、选定窗口或者选定范围。

(8)录制时可以设置是否同时录制声音,是否同时录制鼠标。

（9）可以自动设置最佳帧数。

（10）可以设置录音质量。

（11）EXE 录像播放自动扩帧功能，更加平滑，即使是 1 帧/秒也有平滑的效果。

（12）AVI 扩帧功能，可以制作 25 帧/秒的 AVI 动画。

（13）鼠标单击自动提示功能。

（14）自由设置 EXE 录制播放时各种参数，如位置、大小、背景色、控制窗体、时间等。

（15）支持合成多节 EXE 录像。录像分段录制好后再合成多节 EXE，播放时可以按顺序播放，也可以自主播放某一节。

（16）后期编辑功能，支持 EXE 截取、EXE 合成、EXE 转成 LX、LX 截取、LX 合成、AVI 合成、AVI 截取、AVI 转换压缩格式、EXE 转成 AVI 等功能。

（17）支持 EXE 录像播放加密和编辑加密。播放加密后只有密码才能够播放，编辑加密后不能再进行任何编辑，有效保证录制者权益。

（18）可以用于录制软件操作教程、长时间录制网络课件、录制 QQ/MSN 等聊天视频、录制网络电视节目、录制电影片段等。

参 考 文 献

[1] 李翠梅,曹风华. 大学计算机基础——Windows 7+Office 2013 实用案例教程. 北京:清华大学出版社,2014.

[2] 王彪,乌英格. 大学计算机基础——实用案例驱动教程. 北京:清华大学出版社,2012.

[3] 蒋加伏. 大学计算机应用基础.修订版. 北京:北京邮电大学出版社,2007.

[4] 崔岩,张杰. 计算机应用案例教程. 北京:中国石化出版社,2006.

[5] 杰诚文化. Office 2007 三合一. 北京:中国青年出版社,2008.

[6] 杰诚文化. PowerPoint 2007 多面体演示从入门到精通. 北京:中国青年出版社,2007.

[7] 杰诚文化. Excel 2007 公司办公从入门到精通. 北京:中国青年出版社,2007.

[8] 高光来,等. 大学计算机应用基础. 北京:清华大学出版社,2006.

[9] 石蔚云. 计算机上网与上机操作. 成都:成都时代出版社,2006.

[10] 周虹,黄北惠. 大学计算机应用. 北京:清华大学出版社,2005.

[11] 李秀,等. 计算机文化基础.5 版. 北京:清华大学出版社,2005.

图 书 资 源 支 持

感谢您一直以来对清华版图书的支持和爱护。为了配合本书的使用,本书提供配套的素材,有需求的用户请到清华大学出版社主页(http://www.tup.com.cn)上查询和下载,也可以拨打电话或发送电子邮件咨询。

如果您在使用本书的过程中遇到了什么问题,或者有相关图书出版计划,也请您发邮件告诉我们,以便我们更好地为您服务。

我们的联系方式:

地　　址:北京海淀区双清路学研大厦 A 座 707

邮　　编:100084

电　　话:010－62770175－4604

资源下载:http://www.tup.com.cn

电子邮件:weijj@tup.tsinghua.edu.cn

QQ:883604(请写明您的单位和姓名)

用微信扫一扫右边的二维码,即可关注清华大学出版社公众号"书圈"。

扫一扫
资源下载、样书申请
新书推荐、技术交流